스마트

건축시공

김창훈 박 신 조병후 최순묵

머 리 말

최근 산업의 발전과 생활수준의 향상으로 건축물 또한 대형화, 고층화, 다양화되어 가고 있으며, 이에 따른 시공기술의 중요성도 점차 증대되고 있다.

또한 과거와 같이 한 명의 건축가가 전체 프로젝트를 총괄하기에는 현대건축의 다양화로 인한 디자인, 환경, 시공기술, 구조역학 등이 전문화·세분화되면서 새로운 기술과 새로운 공법을 필요로 하고 있다.

이러한 흐름에 맞추어 건축현장에 진출하려는 건축 전공 학생들과 현장에서 이론적 내용이 필요한 기술자들에게 필요한 대비서로서, 필자는 오랜 실무경험과 학교 강의 경험을 바탕으로 참신하고 정확한 책을 만들고자 노력하였다.

본 서의 구성내용은 다른 책과 달리 새로운 시공공법에 맞게 최근 공사현장에서 사용하고 있는 공법 위주로 정리하였으며, 새로운 환경에 대하여 대처할 수 있도록 포괄적인 개념을 도입하였다. 특히 시공은 나열식 구성이 아닌 학생들이나 기술자들의 생리에 맞는 사진 위주의 정리식으로 하였으며, 새로운 공법과 표준시방서의 기준은 이 책만으로도 혼자 공부할 수 있도록 매우 자세히 정리하였다.

이 한 권의 책은 건축 전공 학생들과 현장기술자들에게 있어 새로운 기쁨을 느낄 수 있도록 정성을 다해 집필하였다. 하지만 본의 아니게 미흡한 부분도 있으리라 사료되며, 이에 대해서는 지속적으로 보완해 나갈 것이며, 더 좋은 지침서가 되도록 끊임없는 노력을 할 것임을 약속드린다.

아무쪼록 건축시공을 준비하는 학생 및 현장기술자들에게 바이블과 같은 교재가 되기를 바라며, 끝으로 출판이 되기까지 적극적인 관심을 보여준 기문당 출판사 강해작 사장님과 편집부 직원들과 본문 내용을 검토해준 주택공사건축부와 현대건설기술연구소와 대림건설기술연구소 직원에 감사의 뜻을 전하며, 이 모든 영광을 하나님께 돌립니다.

저자 일동

차 례

제1장 총 론

Ⅰ. 건축시공의 개요

Ⅱ. 공사관계자 및 조직특성

Ⅲ. 공사시공방식 및 계약방식

Ⅳ. 입찰과 입찰방식

Ⅴ. 계약서류 및 시방서

Ⅵ. 공사관리

Ⅶ. 공정관리

Ⅰ. 건축시공의 개요

1. 건축시공의 의의

(1) 원가절감

- 건축경제학 개념을 통한 철저한 원가관리기법의 도입
- VE기법 적극 도입
- 새로운 경영기법의 도입 및 활용
- Life Cycle Cost 개념의 계획, 시공

➤ 원 가 관 리

(2) 공기단축

- 재료의 규격화, 건식화
- 건축생산의 규격화, 단순화, 전문화 ⇒ 3S 시스템
- 기계화시공 및 시공기법의 개발, 연구

➤ 공 정 관 리

(3) 정밀시공(품질향상)

- 과학적 품질관리기법의 도입 활용
- 시공기술의 연구 개발 및 현장 관리 철저
- 전산화
- Robot 개발
- TQC
- 성력화

➤ 품 질 관 리

(4) 안전시공

- 안전교육
- 표준안전관리비

➤ 안 전 관 리

(5) 건축생산기술의 합리화

- 생산기술의 종합화
- 정보화를 통한 생산합리화
- 자동화를 통한 생산합리화
- 고객만족(Customer Satisfaction) : 품질보증시스템의 요구

➤ 노 무 관 리
자 재 관 리
전산통합관리

2. 건축공사의 성력화(省力化 : labor saving) 방안

(1) 정의

건축공사에서 성력화는 투입자원 전체를 검토하여 작업 및 생산 과정에서 불필요한 요소를 없애고, 단순화 · 기계화로 생산성을 높여 인력감소 · 원가절감하는 것을 말한다.

(2) 성력화의 필요성

① 건축공사의 고층화 · 대형화 · 다양화 추진
② 3D 현상으로 기능인력 부족 및 고임금
③ 산업발달에 의한 기계화, 자동화, robot 시공 가능
④ 인력감소 · 원가절감 추구
⑤ 고품질 및 안전성 요구

(3) 성력화 방안

단 계 별	특 징
계약단계	① 계약서류의 전산화 및 설계 · 시공의 일괄발주방식 채택 ② 고속궤도방식(fast track method) 이용
설계단계	① 설계의 단순화, 표준화 ② CAD(computer aided design)를 이용한 설계
재료구매 단계	① 자재 전체를 조기에 일괄발주 ② 집중구매방식 적용
시공단계	① 시공부재의 단순화 · 규격화 · 표준화에 의한 공장제작 ② 재료의 건식화, 프리패브화 ③ 시공방법의 기계화 및 시공의 시스템화
관리단계	① 품질관리로 하자발생 최소화 및 사무자동화로 효율적인 관리 ② 신공법 및 재료의 개발
신기술도입	① 인력절감 위한 기술 개발 및 도입 ② 공기단축을 위한 PERT, CPM의 신기술 적용 ③ 과학적인 기법(tool) 활용 : SE, IE, OR, TQC, VE 등

3. 건축프로젝트 전개과정

(1) 프로젝트 전개과정 순서

① 프로젝트의 착상 및 타당성 분석 → ② 설계 → ③ 구매 · 조달 → ④ 시공 → ⑤ 시운전 및 완공 → ⑥ 인도

(2) 공사계획 및 공사시공순서

공정계획의 요소	공사계획순서	공사 시공순서
① 공사시기	① 현장원 편성	① 가설공사
② 공사규모	② 공정표 작성	② 토공사
③ 공사의 내용	③ 실행예산의 편성과 조정	③ 지정 및 기초공사
④ 노무자 수배	④ 하도급자의 선정	④ 구체공사
⑤ 재료의 수배	⑤ 가설준비물의 결정	⑤ 방수공사
⑥ 시공기기의 수배	⑥ 재료의 선정 및 인력의 결정	⑥ 지붕 및 홈통공사
⑦ 가설동력설비 등의 수배	⑦ 재해예방	⑦ 외벽마무리 공사
		⑧ 창문달기
		⑨ 내부마무리 공사

참 고

■ 실행예산

공사목적물을 계약된 공기 내에 완성하기 위하여 공사손익을 사전에 예시하고, 이익계획을 명확히 하여 합리적이고 경제적인 현장운영 및 공사수행을 도모하도록 사전에 작성되는 예산

(3) 건축프로젝트의 식전(式典 : 예식)

기공식(起工式)	공사 착수 전에 행해지는 의식으로 착공식이라고도 한다.
정초식(定礎式)	기초공사 완료시에 행하는 의식
상량식(上梁式)	콘크리트조에서 지붕공사 완료시에 행하는 의식
낙성식(落成式)	공사가 준공되어 건물의 인도가 끝난 후 행해지는 의식

(4) 건설공사 현장의 보고(報告)순서(주기 짧은 것 → 긴 것)

① 일보 → ② 주보 → ③ 순보 → ④ 월보 → ⑤ 분기보

4. 공사기간(공기) 지배요소

요 소	내 용
1차적 지배요소(기술적)	건축물의 구조, 규모 및 용도
2차적 지배요소(사회적)	청부자의 능력, 자금사정, 기후
3차적 지배요소	발주자의 요구(설계변경), 설계의 적부, 감리 능력 등

Ⅱ. 공사관계자 및 조직특성

1. 공사관계자

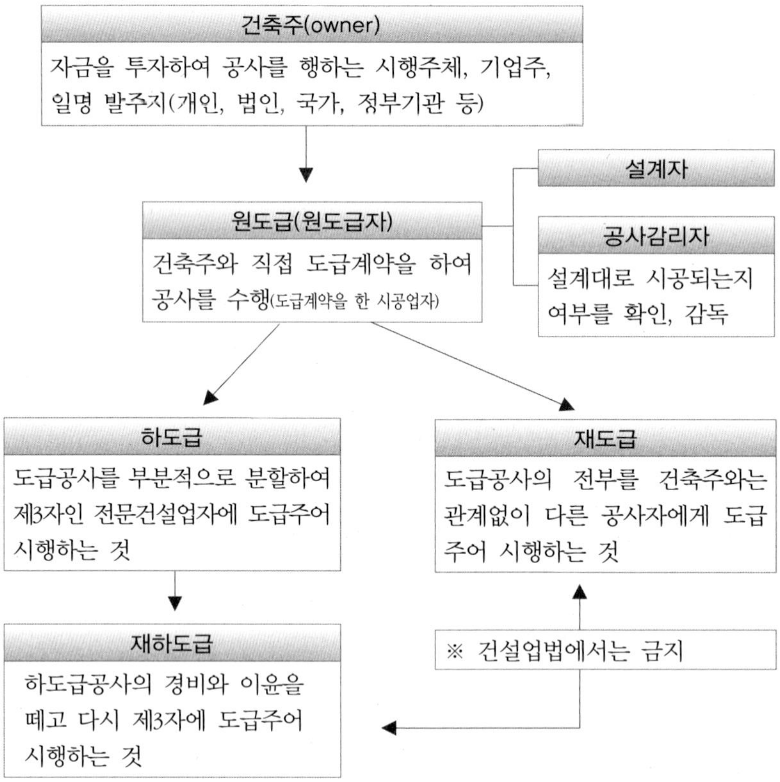

2. 건축주와 도급자의 권리와 의무

구 분	건축주	도급자
권 리	완성된 건축물을 인수	건축공사의 공사비를 청구
의 무	건축공사의 공사비를 지불	건축공사를 기간 내에 완성

3. 건설노무자

(1) 고용형태

직용 노무자	원도급자에 직접 고용되어 임금을 받는 노무자로서 잡역 등 미숙련자가 많다.
정용 노무자	직종별 전문업자 혹은 하도급업자에게 상시 종속되어 있는 기능노무자로 출역일수로 임금을 받는다.
임시고용 노무자	날품노무자로서 보조 노무자이고, 임금도 싸다.

(2) 임금형태

정액 임금제	출역일수에 따라 1일 정해진 금액을 지급(일급제)
기성고 임금제	일정한 작업량의 완수에 따라 노동시간에 관계없이 임금을 지급

4. 공사조직의 특징

(1) 직계식 조직(라인조직 ; line organization)

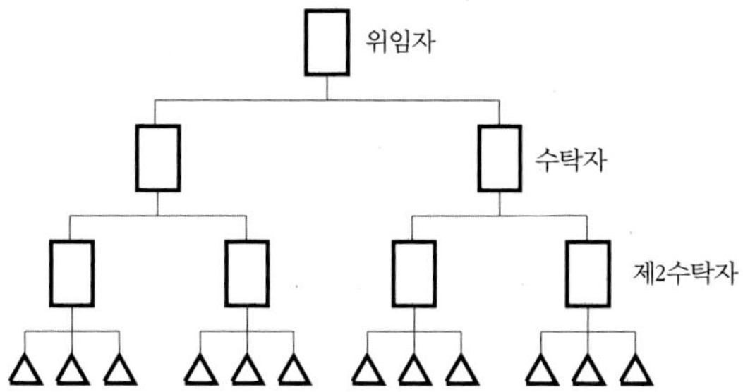

〈직계식 조직〉

① 정의

지휘명령 계통이 완전히 하나가 되는 가장 단순한 형태의 조직으로 건축공사현장 조직에 많이 사용(대규모 조직에는 부적합)

② 장 · 단점

장 점	단 점
㉮ 책임, 권한 명확, 질서유지 ㉯ 명령 전달의 신속, 정확 ㉰ 운영상 경비절감	㉮ 횡적인 연락과 협조의 어려움 ㉯ 책임자는 이질적 업무까지 담당 ㉰ 소수능력에 따라 성패 좌우

(2) 기능식 조직(펑셔널 조직 ; functional organization)

① 정의

직무를 기능별로 나누어 분할하여 복수의 책임자를 만들고, 각 책임자가 작업자에게 분담 업무에 대해 지시하는 형태

② 장 · 단점

장점	㉮ 전문화로 숙련도, 능률 향상 ㉯ 직능별로 업무수행, 통제 용이 ㉰ 전문적 지시, 지도 가능
단점	㉮ 결과에 대한 책임 불명확 ㉯ 권한다툼, 업무조정이 힘들다. ㉰ 지령계통 질서가 문란하기 쉽다.

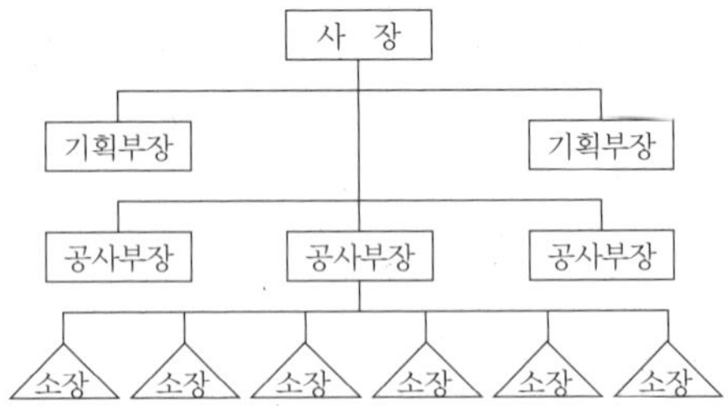

(3) 조합식 조직(라인 · 스태프조직 ; line & staff organization)

① 정의

직계식 조직에 전문적인 사업관리 지식을 갖춘 관리자(staff)들의 지원을 받는 조직형태이다.

② 장 · 단점

장점	㉮ 전문 분야의 기능별 조직의 장점을 살릴 수 있다.(CM조직) ㉯ 독선에 빠지지 않는다. ㉰ 라인 본래의 주임무에 정진가능 ㉱ 스태프에 의해 라인을 객관적으로 평가할 수 있다.
단점	㉮ 스태프의 월권행위 우려 ㉯ 스태프에 의한 조직력의 낭비, 혼돈 우려 ㉰ 스태프가 주된 의사 결정권을 갖거나 역으로 스태프활용이 안 되는 경우가 있다.

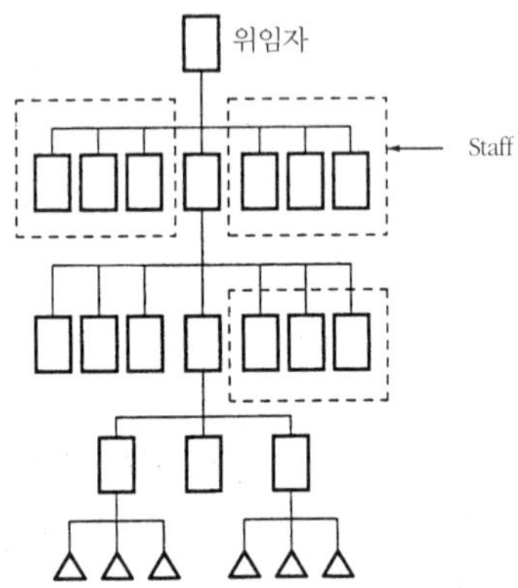

(4) 기타 조직의 특성

형 태	특 성
전담반 조직 (task force 조직)	① 다양한 기능조직으로부터 파견된 작업자들이 한시적으로 팀을 구성하여 주어진 임무를 수행하고 다시 본래의 조직으로 복귀하는 조직형태 ② 긴급공사, 중요공사나 일정기간 내 완료해야 하는 공사, 상호의존적 기능을 요하는 경우에 구성하는 조직
매트릭스 조직 (matrix 조직)	① 기능조직과 전담반 조직을 결합한 조직형태. 지하철, 공항, 발전소 등 대규모 복합 사업에 적합하다. ② 각 부분의 전문가를 효과적으로 배치하여 업무조정이 용이 하고, 최대 효과를 얻을 수 있는 장점이 있다.
부문별 조직	① 각 부분이 하나의 자주적, 독립채산적인 경영을 한다. ② 플랜트 사업부, 주택사업부, SOC 사업부 등
전략사업부 조직 SBU(Strategic Business Unit)	조직의 복잡화, 권한의 지나친 분산 등에 따른 경영의 통제 불능상태 해결을 위해 조직을 몇 개 부분으로 묶어서 그 책임자에게 권한과 책임을 위임한 구조의 조직

Ⅲ. 공사시공방식 및 계약방식

- 설계와 시공의 분리계약 제도 (전통적 방식)
  - 직영공사
  - 도급공사
    - 공사실시방식
      - 일식도급
      - 분할도급
      - 공동도급(Joint Venture)
    - 도급금액 지불방식
      - 정액도급
      - 단가도급
      - 실비정산보수가산 도급
- 업무범위에 따른 계약방식 (설계 · 시공 포괄)
  - Turn key방식(일괄수주방식)
  - 건설사업관리(CM)방식(설계와 시공조직을 관리하는 전문가 집단)
  - 프로젝트관리(PM)방식
  - 파트너링(partnering)방식
  - 성능발주방식
  - BOT(Build-Operate-Transfer)방식

1. 설계와 시공의 분리계약제도(전통적 방식)

(1) 종류

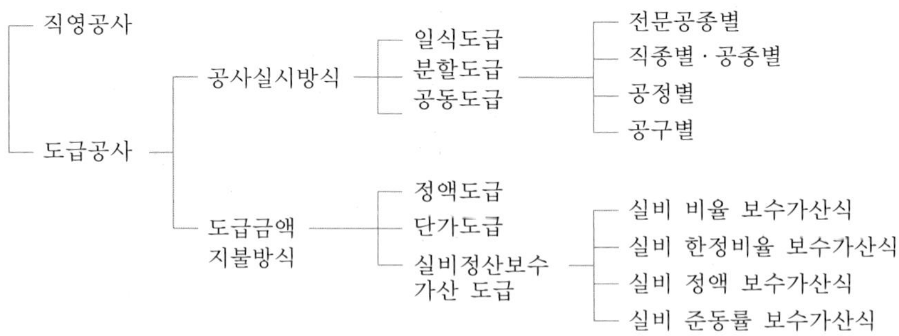

(2) 직영공사

① 정의

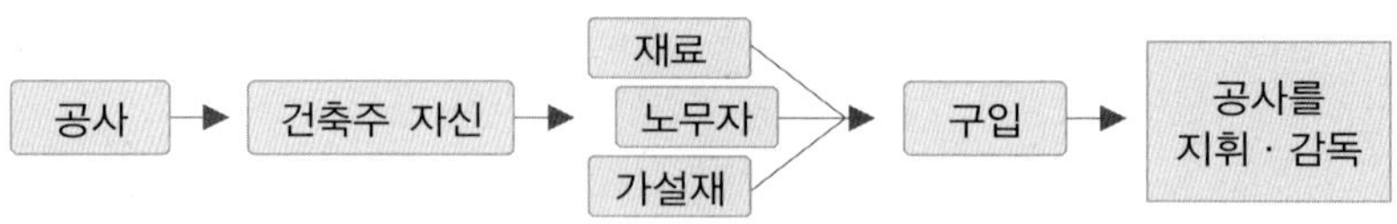

② 특징

㉮ 공사가 간단하고 시공과정이 용이할 때

㉯ 확실한 견적이 곤란할 때

㉰ 풍부하고 저렴한 노동력, 재료의 보유 또는 구입 편의가 있을 때

㉱ 시급한 공사를 필요로 하지 않을 때

③ 장 · 단점

장 점	단 점
㉮ 도급공사에 비해 확실한 공사 가능 ㉯ 계약의 구속감이 없는 임기응변 처리 가능 ㉰ 발주계약 등 수속 절감	㉮ 공사비 증대 ㉯ 재료낭비 또는 잉여, 시공시기의 비경제성 ㉰ 시공관리 능력 부족으로 공사기간 연장

(3) 일식도급(총도급)

① 정의

② 장 · 단점

장 점	단 점
㉮ 공사비 산정, 공사관리 용이함. ㉯ 계약, 감독업무가 단순하다. ㉰ 가설재 중복이 없으므로 공사비 절감	㉮ 건축주 의도나 설계도서의 의도가 충분히 이행되지 못한다. ㉯ 도급자 이윤가산으로 공사비 증대와 조잡한 공사가 우려된다.(하도급 관행)

(4) 분할도급

① 정의

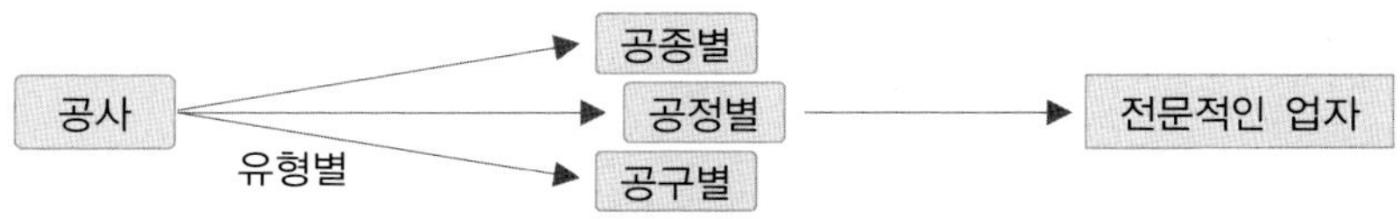

② 종류

종 류	특 징
전문공종별 분할도급	㉮ 설비공사를 주체공사에서 분리하여 도급 주는 것. ㉯ 설비업자와 자본기술이 강화되고 복잡한 공사내용이 전문화되므로 기업주와 시공자와의 의사소통이 잘 되지만 공사전체 관리가 곤란해질 수 있다.
공정별 분할도급	㉮ 시공과정별로 도급 주는 방식 ㉯ 예산 배정상 구분이 될 때 택하는 것으로 후속공사에 대하여 도급업자를 바꾸기 곤란하다.
공구별 분할도급	㉮ 대규모 공사에서 지역별로 발주하는 것. ㉯ 도급업자에게 균등한 기회를 주며, 공기단축, 시공기술 향상 및 공사의 높은 성과를 기대할 수 있다.
직종별 · 공종별 분할도급	㉮ 전문직별이나 각 공종별 도급주는 것. ㉯ 직영제도에 가까운 형태로 전문직공에게 건축주의 의도를 철저하게 시공시킬 수 있으나 현장 종합관리가 번잡하고 경비도 가산된다.

③ 장 · 단점

장 점	단 점
㉮ 전문업자가 시공하므로 우량공사 기대 ㉯ 업자간 경쟁으로 저액시공 가능 ㉰ 건축주와 의사소통이나 설계도서의 취지가 잘 반영된다.	㉮ 건축공사와의 관계에 대한 상호교섭 등이 복잡하게 된다. ㉯ 감독상 업무가 증가된다. ㉰ 비용증가

(5) 공동도급

① 정의

대규모 공사의 시공에 있어서 시공자의 기술, 자본 및 위험 등의 부담을 분산·감소시킬 목적으로 여러 개의 건설회사가 공동출자하여 한 회사의 입장에서 공사수급을 시행하는 도급형태

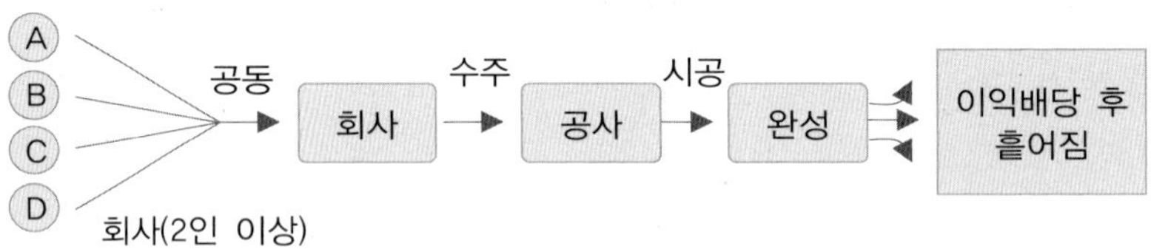

② 종류

종 류	정 의
공동이행방식	참여회사들이 일정비율의 노무, 기계, 자금을 제공하여 새로운 조직으로 시공하는 방식
분담이행방식	㉮ 각자 회사가 공사를 구분(분할) 시공하는 형태 ㉯ 연속 반복되는 단일공사에 주로 적용
주계약자형 공동도급방식	주계약자는 자신의 분담공사 이외에 전체 공사에 대해 관리, 조정하며 다른 회사의 계약이행에 대해서도 연대책임을 지면서 다른 회사의 공사금액에 대해서 자신의 실적으로 인정받는 방식

③ 장 · 단점

장 점	단 점
㉮ 융자력 증대 ㉯ 위험부담 분산 ㉰ 시공의 확실성 ㉱ 공사도급 경쟁 완화 수단 ㉲ 상호 기술의 확충	㉮ 단일회사 도급보다 경비가 증대 ㉯ 도급자 상호 간의 이해 충돌 ㉰ 경영방식 차이에서 오는 능률 저하 ㉱ 사무관리, 현장관리, 혼란의 우려 ㉲ 하자책임 불분명

④ 페이퍼 조인트(paper joint)

컨소시엄(Consortium)에 있어서 명목상(서류상)으로는 여러 회사의 공동도급이지만 실제로는 한 회사가 공사 전체를 진행하며 나머지 회사는 하도급 형태로 참여하거나 단순한 이익배당에만 참여하는 서류상의 공동도급을 의미한다.

(6) 정액도급

① 정의

공사비 총액을 확정하여 계약하는 방식으로 공사발주와 동시에 공사비가 확정되고 관리업무가 간편하다.

② 장 · 단점

장 점	단 점
㉮ 경쟁입찰로 공사비 저하 ㉯ 공사 관리업무 간편 ㉰ 총액이 확정되므로 자금계획 명확	㉮ 공사변경에 따른 도급금액 증감 곤란 ㉯ 이윤관계로 공사 조잡 우려 ㉰ 설계도서가 완성되어야 하므로 대규모의 장기공사에는 부적당

(7) 단가도급

① 정의

단위공사 부분(재료, 노임, 면적, 체적)의 단가만을 계약하고 실시수량 확정에 따라 차후 정산하는 방식으로 긴급공사나 수량이 명확치 않을 때 채용

② 장 · 단점

장 점	단 점
㉮ 공사의 신속한 착공 ㉯ 설계 변경에 의한 수량 증감 용이 ㉰ 긴급 공사일 경우 간단한 계약 가능	㉮ 총공사비 미예측 ㉯ 자재, 노무비를 절감하고자 하는 의욕저하 ㉰ 공사비 상승

(8) 실비정산(청산) 보수가산 도급

① 정의

공사비의 실비를 3자(건축주, 감독자, 시공자) 입회하에 확인 청산하고, 건축주는 미리 정한 보수율에 따라 공사비를 지급하는 방법이다.

② 종류

종 류	공사비 산출근거	지불방식
실비 비율 보수가산식	A+Af	사용된 실비와 이 실비에 미리 계약된 비율을 곱한 금액을 지불하는 방식
실비 한정비율 보수가산식	A′+A′f	실비에 제한을 두고 시공자에게 제한된 금액 내에서 공사를 완성시키는 방식

종 류	공사비 산출근거	지불방식
실비 정액 보수가산식	A+F	실비 여하를 막론하고, 실비와 미리 계약된 일정액의 보수만을 지불하는 방식
실비 준동률 보수가산식	A+(F−A×Variable f)	실비를 미리 여러 단계로 분할하여 공사비가 각 단계의 금액보다 증가될 때는 비율보수 또는 정액보수를 체감하는 방식

참고

[A : 공사실비, A′ : 한정실비, f : 비율, Af : 비율보수, F : 정액보수]

③ 장 · 단점

장 점	단 점
㉮ 신용계약의 기초가 되며, 양심시공 기대 ㉯ 우수한 시공 기대, 시공자가 손해 볼 여지가 적다.	㉮ 공사기간 연장의 우려가 크다. ㉯ 공사비 절감 노력이 없어지고, 공사비 증가가 우려된다.

2. 업무범위에 따른 계약방식

(1) 턴키(turn-key base) 도급

① 정의

대상계획의 금융, 토지, 설계, 시공, 기계설치, 시운전 등 모든 요소를 포괄하는 도급계약방식으로 주문자가 필요로 하는 모든 것을 조달하여 주문자에게 인도하는 방식

② 계약방식의 종류

㉮ 설계도서 없이 성능만을 제시하고 설계도서 요구

㉯ 기본설계도서에 따라 구체적인 설계도서 요구

㉰ 상세설계도서에 따라 특정한 부분의 대안 요구

③ 장 · 단점

장 점	단 점
㉮ 설계와 시공의 의사소통 개선 ㉯ 창의적 설계, 신공법 개발 유도	㉮ 건축주 의도 반영의 어려움 ㉯ 대규모 회사 유리, 중소업체 육성 저해

장 점	단 점
㉰ 책임시공으로 책임한계 명확 ㉱ 공기단축, 공사비 절감 노력 ㉲ 공법의 연구개발, 기술개발 촉진	㉰ 최저가 낙찰제인 경우 공사품질 저하 ㉱ 공사비 사전 파악의 어려움 ㉲ 우수한 설계의도 반영이 어려움

(2) 건설사업관리(construction management) 방식

1) 정의

건축주를 대신하여 설계자 및 시공자를 관리하는 조직으로 설계에서부터 각종 공사의 활용성 및 시공성을 고려하여 원가절감 및 공기단축을 꾀할 수 있는 설계와 시공의 통합시스템

참고

■ CM 방식과 turn key 방식의 차이점 비교

구 분	CM 방식	turn key 방식
운용방식	① 발주자의 위임으로 결정 ② 통합관리 system 및 계약방식	① 사업 일체를 일괄하여 도급 ② 도급계약방식의 일종
업무내용	발주자 · 설계자 · 시공자간에 분쟁 조정 및 기술지도	발주자 사업의 전권을 위임받아 공사진행
발주자 입장	발주자의 의견을 시공자 · 설계자에게 CM 관리자가 반영	시공자의 기술력에만 의존
목적	궁극적으로 발주자의 이익증대	기업의 이윤 추구

2) 주요업무

주요업무	내 용
① 기술관리	설계변경시 설계도면 반영 및 철저한 설계변경 관리
② 시공관리	시공기술 및 공법 사전검토, 시공과정별 기록 및 체계유지
③ 공정관리	각 시공자의 공정표 검토승인 및 주요 지연공정에 대한 분석
④ 비용관리	각 계열사별로 공사비 집행분석 및 설계변경에 의한 공사비 증감확인 및 지원
⑤ 품질관리	품질보증계획에 따라 계획검토 승인

3) 단계별 역할

단 계	역 할
pre-design(기획)단계	① 사업의 타당성 검토 ② 사업수행의 구체적 계획수립단계 ③ 초기견적 및 공사예산 분석
design(설계)단계	① 건축물의 기획 입안 ② 비용분석 및 VE기법의 도입 ③ 대안공법의 검토단계
pre-construction(발주)단계	① 입찰 및 계약절차 지침 마련 ② 전문공종별 업체 선정 및 계약체결 ③ 공정계획 및 자금계획 수립
construction(시공)단계	① 설계도면, 시방서에 따른 공사진행 검사 및 검토단계 ② 설계변경 및 클레임(claim) 관리
post-construction(유지관리)단계	① 유지관리 지침서 작성 ② 사용계획 및 최종 인허가 ③ 하자보수계획 수립

4) 분류

- CM의 분류
  - CM 역할수행자
    - CM 전문회사
    - 종합건설회사
    - 설계전문회사
    - Consulting 회사
  - CM 기본형태
    - CM for fee
    - CM at risk
  - CM 계약방식 (계약유형)
    - ACM(Agency CM)
    - XCM(Extended CM)
    - OCM(Owner CM)
    - GMPCM(Guaranteed Maximum Price CM)

① CM의 기본형태

종류	대리인형 CM(CM for fee)	시공자형 CM(CM at risk)
정의	발주자와 하도급업체는 직접 계약을 체결하며, CM은 발주자의 대리인 역할을 수행하여 서비스에 대한 수수료를 받는다.	하도급업체와의 계약을 CM이 원도급자 입장에서 체결하여 공사의 품질, 공정, 원가 등을 직접 관리하고 CM 자신의 이익을 추구한다.

종류	대리인형 CM(CM for fee)	시공자형 CM(CM at risk)
그림	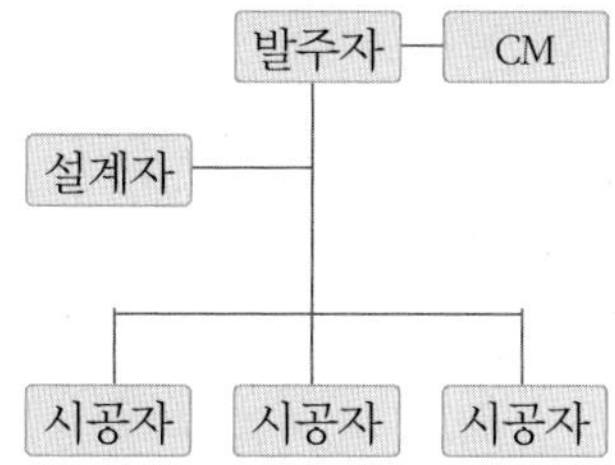	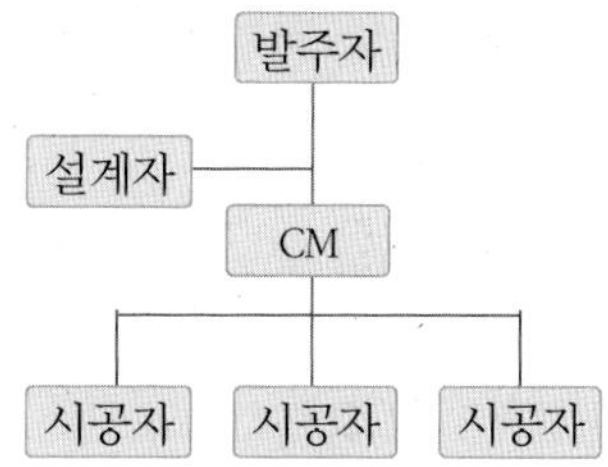

② CM의 계약방식(유형)

계약유형	내 용
ACM (agency CM)	㉮ CM의 기본형태 ㉯ 발주자에게 고용되어 활동하는 용역형태
XCM (extended CM)	㉮ CM의 본래의 역할 이외에 설계자, 시공자, 도급자로서의 복합업무 수행 ㉯ 기획, 계약, 설계, 시공, 유지관리 전과정의 사업관리(PM)과 유사
OCM (owner CM)	발주자 자체가 CM 업무를 수행하는 방식으로써 자체 CM 조직을 보유해야 하므로 경영상 부담 우려
GMPCM (guaranteed maximum price CM)	㉮ XCM과 유사업무를 담당하며 공사금액 초과시 발주자와 함께 CM도 책임을 진다. ㉯ 공사완료시 최종공사비가 초과되지 않도록 하는 방법

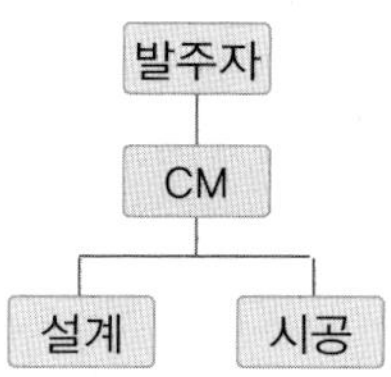

<ACM>

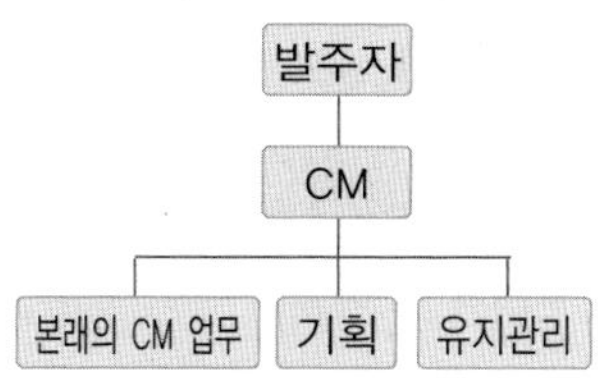

<XCM>

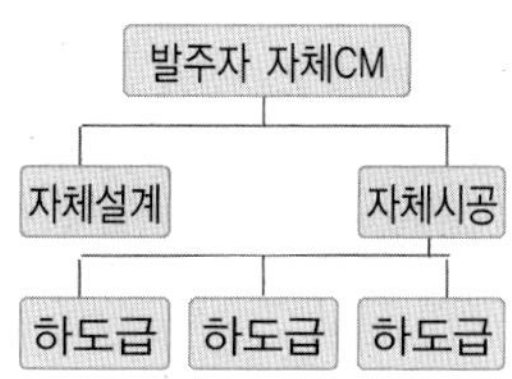

<OCM>

(3) 프로젝트 관리(Project management)방식

① 정의

초대형 공사에서 주로 사용되고 있는 개념으로 건축주가 최고 경영자가 되고 CM회사에서 나온 전문인력과 A/E(architect/engineer) 또는 컨설턴트를 이용하여 건축주가 통합된 프로젝트 관리를 하는 것.

참고

■ 사업관리(CM)와 공사관리(PM)의 차이점 비교

구 분	CM	PM
용어적용 개 념	건설사업에 국한되는 개념	활용주체와 무관하게 포괄적, 일반적 Project관리 개념
비용부담	발주자 측의 추가비용 부담	추가비용 부담 없음
관리주체, 특 징	CM관리자(Manager)가 건설공사 전과정을 종합적, 총괄적 서비스	도급자가 발주자와의 계약조건 이행과 자체 이익확보를 위한 공정, 원가, 품질, 안전관리

② PM의 관리분류 및 단계

PM의 관리분류	㉮ 업무영역관리 ㉯ 공정관리 ㉰ 품질관리 ㉱ 원가관리 ㉲ 인사관리 ㉳ 계약 및 구매관리 ㉴ 정보관리 ㉵ 위험도관리
PM의 관리단계	㉮ 제안단계 ㉯ 착수 초기단계 ㉰ 실행단계 ㉱ 인계단계 ㉲ 보증단계

(4) 성능발주 방식

① 정의

발주자는 설계에서 시공까지 건물의 요구성능만을 제시하고 시공자가 재료나 시공방법을 선택하여 요구성능을 실현하는 방식

② 장 · 단점

장 점	단 점
㉮ 시공자의 창조적 시공을 최대한 기대할 수 있다. ㉯ 설계와 시공의 관계를 개선할 수 있다. ㉰ 시공자의 기술향상을 기대할 수 있다.	㉮ 성능을 확인하기 어렵다. ㉯ 성능을 정확히 표현하기 어렵다. ㉰ 공사비가 증대된다.

(5) 파트너링(partnering)방식

① 정의

발주자가 직접 설계, 시공에 참여하고 프로젝트 관련자들이 상호 신뢰를 바탕으로 팀을 구성해서 프로젝트의 성공과 상호이익 확보를 공동목표로 하여 프로젝트 집행 및 관리하는 새로운 방식으로 미국 등지에서 활용하고 있는 새로운 공사수행방식이다.

② 기대효과

㉮ 능률 향상과 비용절감

㉯ 공사기간의 단축

㉰ 분쟁(claims)의 축소

㉱ VE(Value Engineering)의 활성화

㉲ 설계와 시공의 의사소통 개선

(6) BOT, BOO, BTO 계약방식

① 개요

최근 사회간접자본(SOC)에 대한 필요성이 급격히 증가되지만 정부 투자력의 한계에 따라 이러한 방식들이 생겨났으며, Turn-key 방식에 추가되어서 계약이 이루어지는 경우도 있다.

> **참고**
> 사회간접자본(SOC)이란 사회간접시설인 도로 · 철도 · 항만 · 공항 등을 건설할 때 소요되는 자본을 말한다.

② 종류별 특징

종 류	정 의
BOT 방식 (Build-Operate-Transfer)	설계 · 시공 → 운영 → 소유권 이전 발주측이 Project 공사비를 부담하는 것이 아니라 민간부문 수주측에 설계, 시공 후 일정기간 시설물을 운영하여 투자금을 회수하고 시설물과 운영권을 무상으로 발주측에 이전하는 방식이다.
BOO 방식 (Build-Operate-Own)	설계 · 시공 → 운영 → 소유권 획득 민간부문이 설계, 시공 주도 후 그 시설물의 운영과 함께 소유권도 민간에 이전되는 방식이다.
BTO 방식 (Build-Transfer-Operate)	설계 · 시공 → 소유권 이전 → 운영 사회간접시설을 민간부문 주도하에 설계, 시공 후 소유권을 공공부문에 먼저 이양하고, 약정기간 동안 그 시설물을 운영하여 투자금액을 회수하는 방식이다.

Ⅳ. 입찰과 입찰방식

1. 입찰의 종류

- 입찰방식
  - 경쟁입찰
    - 공개경쟁입찰
    - 제한경쟁입찰
      - 지역제한 경쟁입찰
      - 군(group)제한 경쟁입찰
      - 도급한도액제한 경쟁입찰
      - 실적제한 경쟁입찰
      - P.Q.제도
    - 지명경쟁입찰
  - 특명입찰(수의계약 : individual negotiation)

종 류	정 의
특명입찰 (수의계약)	건축주가 해당 공사에 가장 적격한 단일 도급업자를 지명하여 입찰시키는 방식
공개경쟁입찰	입찰 참가자를 공모(관보, 신문공고)하여 유자격자는 모두 참여시켜 입찰하는 방식
지명경쟁입찰	건축주가 해당 공사에 적격하다고 인정되는 여러 개의 도급업자를 선정하여 입찰시키는 방식

2. 각 입찰방식의 장 · 단점

종 류	장 점	단 점
특명입찰	① 입찰수속 간단 ② 공사기밀 유지 ③ 우량시공 기대	① 공사금액 결정 불명확 ② 공사비 증대 ③ 불공평한 일이 내재
공개경쟁입찰	① 경쟁으로 인한 공사비 절감 ② 담합의 우려가 적음 ③ 균등한 기회	① 입찰수속 복잡 ② 과다경쟁으로 부실공사 우려 ③ 부적격업자에게 낙찰될 우려 있음
지명경쟁입찰	① 부적격업자 제거 ② 시공상의 신뢰성	① 담합의 우려 있음 ② 공사비가 공개경쟁보다 상승

3. 입찰순서

(1) 순서나열

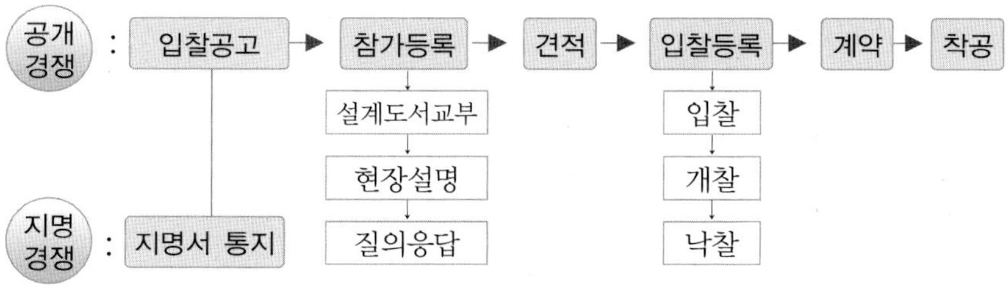

(2) 현장설명사항

① 대지의 위치, 고저차 등

② 인접대지상황 및 주변안전사항

③ 지하매설물(전기, 설비, 기초)

④ 공사비 지불조건 및 공사기간

(3) 재계약할 수 있는 요건

① 계약사항의 변경이 있는 경우

② 도면과 시방서의 결함, 오류

③ 현장조건이 상이한 경우

4. 입찰자 선정방식

(1) PQ제도(pre-qualification) : 입찰참가자격 사전심사제도

① 정의

건설업체의 공사수행능력을 기술적 능력, 재무능력, 조직 및 공사능력 등의 비가격 요인을 검토하여 가장 효율적으로 공사를 수행할 수 있는 업체에 입찰참가자격을 부여하는 입찰참가자격 사전심사제도이다.

② 주요심사 내용

㉮ 경영상태(30점)　　㉯ 기술능력(40점)

㉰ 시공경험(30점)　　㉱ 신인도(±20점)

③ 장 · 단점

장 점	단 점
㉮ 부실공사 방지 ㉯ 기업의 경쟁력 확보 ㉰ 입찰자 감소로 입찰시 소요시간과 비용감소 ㉱ 무자격자로부터 유능업체 보호 ㉲ 건실업체 시공으로 우수시공 기대	㉮ 자유경쟁 원리에 위배 ㉯ 대기업에 유리한 제도 ㉰ 평가의 공정성 확보 문제 ㉱ 신규 참여업체에 장벽으로 간주 ㉲ PQ 통과 후 담합 우려

④ 심사절차

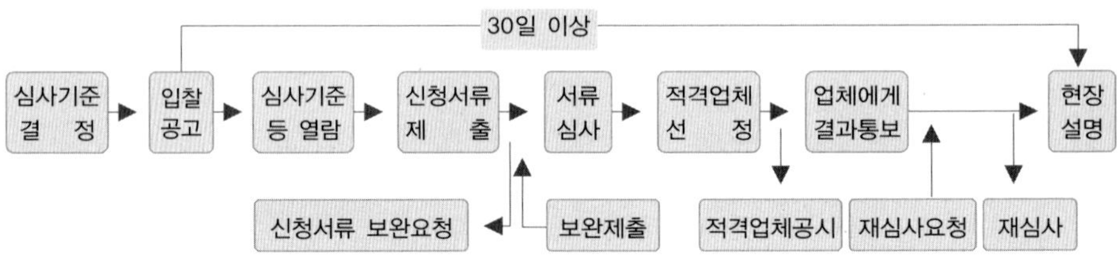

(2) 부대입찰제도

하도급업체의 보호육성차원에서 입찰자에게 하도급자의 계약서를 입찰서에 첨부하도록 하여 덤핑입찰을 방지하고 하도급의 계열화를 유도하는 입찰방식이다.

(3) 대안입찰제도

① 정부공사에서는 대형공사나 신규공사의 경우 당초 설계된 내용보다 더 공사비를 낮추면서도 기본방침의 변경 없이 동등 이상의 기능효과를 가진 방안을 시공자가 제시할 경우, 이를 검토하여 채택할 수 있는 제도가 대안입찰방식이다.
② 원안입찰과 함께 대안입찰이 허용되는 입찰방식으로 우리나라만의 독특한 방식이다.

(4) 내역입찰제

입찰시 입찰자로 하여금 별지서식에 단가 등 필요한 사항을 기입한 산출내역서를 제출하게 하는 방식

5. 낙찰자 선정방식

(1) 일반적 선정방식

구분	내용
① 최저가 낙찰제	예정가격 범위 내에서 최저가격으로 입찰한 자 선정
② 저가 심의제	㉮ 예정가격 85% 이하 업체 중 공사수행 능력을 심의하여 선정 ㉯ 공사비 내역·공사계획·경영실적·기술경험 등 전반에 대한 심의
③ 부찰제(제한적 평균가 낙찰제)	예정가격과 예정가격의 85% 이상 금액의 입찰자 사이에서 평균금액을 산출하여 평균금액 직하에 가장 근접한 입찰자 선정
④ 제한적 최저가 낙찰제 (lower limit)	부실공사를 방지할 목적으로 예정가격 대비 90% 이상 입찰자 중 가장 낮은 금액으로 입찰한 자를 선정
⑤ 적격낙찰(심사) 제도	입찰가격·기술능력 등을 종합적으로 판단하여 종합점수 85점 이상 중 최저가 입찰자에게 낙찰

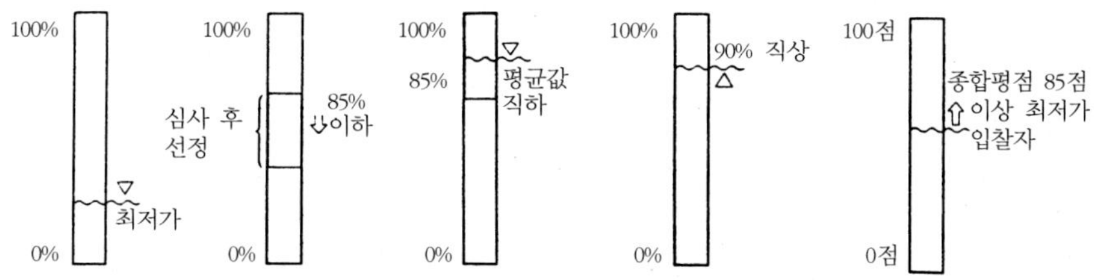

〈최저가 낙찰제〉〈저가 심의제〉 〈부찰제〉〈제한적 최저가 낙찰제〉〈적격낙찰제〉

(2) T.E.S(Two Envelope System ; 신기술 후가격 협상제도)

① 정의

㉮ 공사발주시 기술능력 우위업체를 선정하기 위한 방법으로 기술제안서와 가격제안서를 분리하여 제출받아 평가하는 낙찰자 선정제도이다.

㉯ 입찰 참가자격 사전심사제도에 의해 자격이 합당한 업체 중에서 기술능력이 우수한 3개 업체를 선정하여 기술능력 점수가 우수한 업체 순으로 예정가격 내에서 입찰가를 협상하여 계약하는 제도이다.

② 장·단점

장 점	단 점
㉮ 부실공사 방지 ㉯ 입찰 참가자격을 사전 심사함으로써 부적격업체 배제 ㉰ 신기술 개발 촉진 ㉱ 시공능력 위주로 낙찰	㉮ 심사기준의 미정립 ㉯ 참가등록 서류의 복잡 ㉰ 실적 위주의 참가제한으로 중소업체에 불리

참고

■ P.Q.제도에 의한 기술능력 우수업체 세 곳 선정

구 분	A업체	B업체	C업체	비 고
기술능력 순위	1순위	2순위	3순위	
기술능력 점수	90점	85점	80점	기술능력 점수 100점 만점
입찰가격	240억	210억	180억	예정가격 200억

■ 낙찰자 선정

① A업체와 예정가격 이내로 협상하여 A업체가 응할 경우 A업체와 계약체결
② A업체와 예정가격 이내로 협상이 안 될 경우 B업체와 예정가격 이내로 협상
③ B업체와 예정가격 이내로 협상하여 응할 경우 B업체와 계약체결
④ B업체와 예정가격 이내로 협상이 안 될 경우 예정가격 이내인 C업체와 계약 체결

V. 계약서류 및 시방서

1. 도급계약서류

- 계약서류
  - 필요서류
    - 공사도급계약서 — 도급계약약관
    - 설계도서
      - 설계도
      - 구조계산서
      - 시방서
  - 참고서류
    - 공사비 내역서
    - 현장설명서
    - 질의응답서
    - 공정표

2. 도급계약서의 기재내용

① 공사내용
② 도급금액
③ 공사 착수시기, 완공시기
④ 도급금액 지불방법, 지불시기
⑤ 준공검사 및 인도시기
⑥ 천재지변에 의한 손해부담

3. 클레임(claim)

(1) 정의

계약당사자 간의 분쟁에 관하여 그 한편이 상대편에 대하여 요구하는 청구 또는 이의 신청

(2) 클레임의 유형

① 공기지연 클레임(delay claim)
② 작업범위 클레임(scope-of-work claim)
③ 공기단축 클레임(acceleration claim)
④ 현장조건 변경 클레임(changing-site-condition claim)

(3) 클레임 해결방안

종 류	방 법
협상(negotiation)	분쟁당사자 간의 협의를 통한 일차적인 해결방법
조정(mediation)	객관적인 조정자의 도움으로 분쟁을 해결하는 방법
중재(arbitration)	중재위원회의 판결에 따라 분쟁을 해결하는 방법
소송(litigation)	재판에 의한 최종적인 분쟁의 해결방법

4. 공사비 지불순서

순 서	내 용
① 착공금	전도금, 선수금, 선급금, 착수금이라고 하며, 보통 도급금액의 70% 이내
② 중간불	기성불, 기성고라고 하며 월별이나 공종부문별로 지급한다. 통상 9/10까지 지급
③ 준공불	완공불, 일시불이라고도 하며, 건물인도 후 대금 청산하고 계약 해지한다.
④ 하자보증금	준공검사 후 하자에 대한 보증금. 1~3년까지 1/100~5/100를 예치한다.

5. 시방서

(1) 정의

설계도면에 표현할 수 없는 내용과 공사의 전반적인 사항, 지침이 되도록 설계자가 작성하는 설계도서의 일부이다.

(2) 종류

① 내용에 따른 분류

기술시방서	제품명이나 상품명을 사용하지 않고 공사자재 공법의 특성이나 설치방법을 정확히 규정하여 성능실현을 위한 방법을 기술함.
일반시방서	공사기일 등 공사 전반에 걸친 비기술적 사항을 규정한 시방서

② 작성방법에 따른 분류

공통시방서 (표준시방서)	모든 공사의 공통적인 사항을 건설교통부가 제정한 공통시방서
특기시방서	표준시방서에 기재되지 않은 특기사항, 공법 등을 규정한 시방서

③ 목적에 따른 분류

공사시방서	특정공사별로 건설공사 시공에 필요한 사항을 규정한 시방서
안내시방서 (참고시방서)	공사시방서를 작성할 때 참고나 지침서가 될 수 있는 시방서(몇 가지를 첨부하거나 삭제하면 공사시방서가 될 수 있도록 한 것이다.)
표준규격시방서	공사에 관련된 재료, 제품에 따라 표준규격과 표준공법을 나타내는 시방으로 우리나라의 KS, 일본의 JIS, 미국의 ASTM 등이 사용되며 국제입찰에도 인용된다.
약술시방서 (개략시방서)	설계자가 초기 사업진행단계에서 설명용으로 작성된다.

④ 성능시방서

목적하는 결과, 성능의 판정기준, 이를 판별하는 방법 등을 기술한 시방서

(3) 기재내용

① 성능의 규정 및 지시

② 사용재료, 자재의 검사방법

③ 시공의 일반사항 및 주의사항

④ 시공의 정밀도

(4) 작성시 주의사항

① 시공순서에 맞게 빠짐없이 기재한다.
② 중복되지 않게 간단명료하게 작성한다.
③ 재료, 공법은 정확하게 지시한다.
④ 이중으로 해석되는 문구를 피한다.
⑤ 오자, 오기가 없어야 한다.

(5) 설계도면과 시방서상의 상이점 발생시 우선순위

설계도면과 공사시방서가 상이할 때	공사시방서
표준시방서와 전문시방서가 상이할 때	전문시방서
기본도면과 상세도면이 상이할 때	상세도면

VI. 공사관리

1. 관리개념

(1) 의의

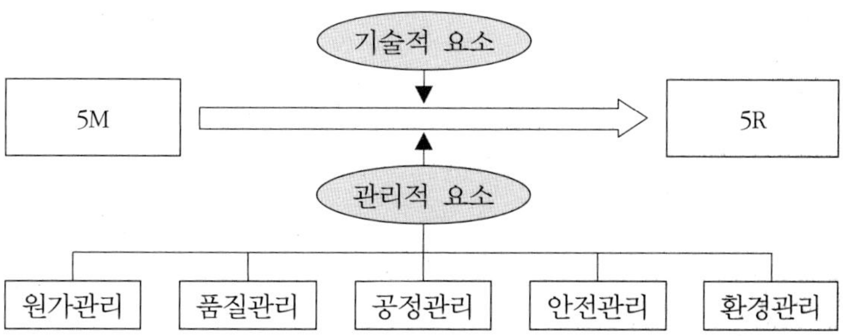

※ 3대 관리 : 원가관리, 품질관리, 공정관리

현대 건축시공기술은 관리적인 기술이 발전함에 따라 더욱 값싸고, 빠르면서 품질이 우수한 건축물을 창출하고 있다. 즉 5M을 이용하여 5R을 만드는 과정에서 관리기법이 적절히 사용될수록 좋은 건축시공이 되기 때문에 현대 건축에서 그 중요성은 더욱 증가되고 있다.

(2) 5M 및 5R

5M	5R
① Men : 노무관리	① Right product : 적정한 생산관리
② Material : 자재관리	② Right quality : 적정한 품질관리
③ Machine : 기계(장비)관리	③ Right quantity : 적정한 물량관리
④ Money : 자금(회계, 경비)관리	④ Right time : 적정한 시간관리
⑤ Method : 시공방법	⑤ Right price : 적정한 가격관리

(3) 관리 사이클(cycle) 4단계

계획(plan) ; 작업의 표준 설정
↓
실시(do) ; 표준에 의한 작업 실시
↓
검토(check) ; 계측 및 검토
↓
시정(action) ; 조치 및 수정

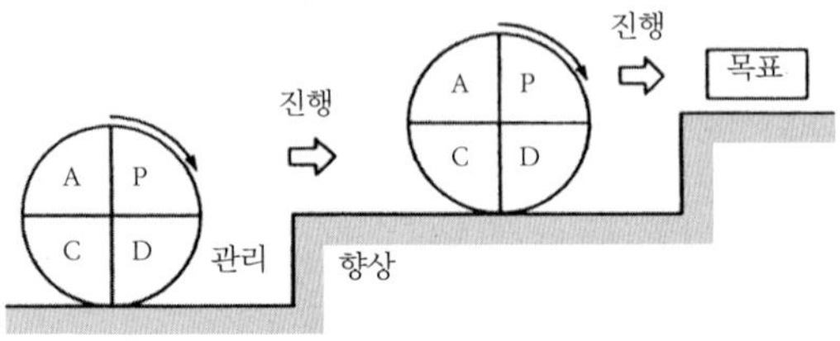

참고

■ 품질경영(QM : quality management)의 3단계

1. 품질관리(quality control) : 생산품에 대하여 품질을 관리하는 행위
2. 품질감리(quality assurance) : 시공자와 하도급 입장에서 본 품질관리 행위
3. 품질인증(quality verification) : 품질검사 활동이나 실험하는 행위

(4) 관리개념에 따른 정리

1) 전통적 관리개념

① x곡선 : 작업의 속도를 빠르게 하면 가격은 싸질 것이고 너무 빠르게 하면 반대로 가격이 높아진다.

② y곡선 : 품질을 좋게 하면 가격이 높아진다.

③ z곡선 : 작업 속도를 빠르게 하면 품질은 떨어진다.

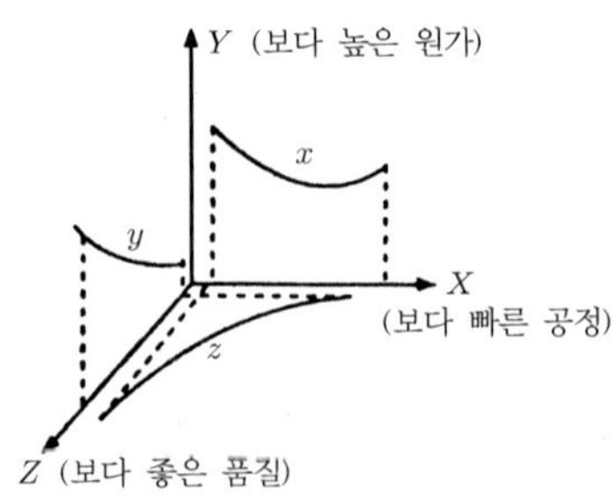

2) 근대적 관리개념

① x'곡선 : 경제속도의 존재를 나타내는 것으로 오른쪽 그림과 같다.

② y' 곡선 : 원가와 품질의 관계를 나타내는 것으로 적합품질을 인정하는 것이다.

③ z' 곡선 : 속도를 느리게 할수록 품질이 좋아지는 것이 아니라 경제속도의 존재와 같이 적합품질에 알맞는 품질속도의 존재를 고려한 것이다.

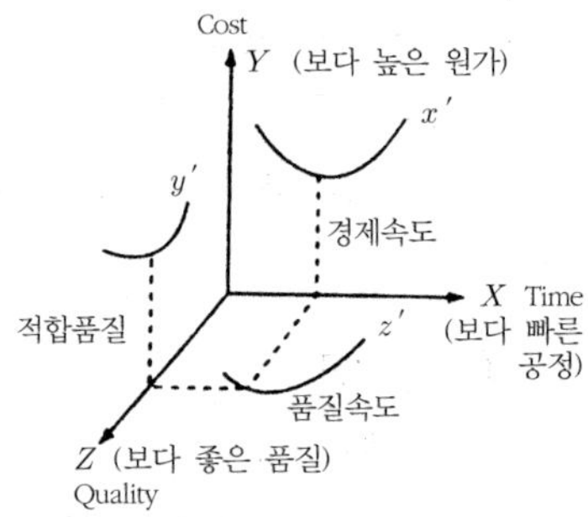

3) 공기와 시공속도의 관계

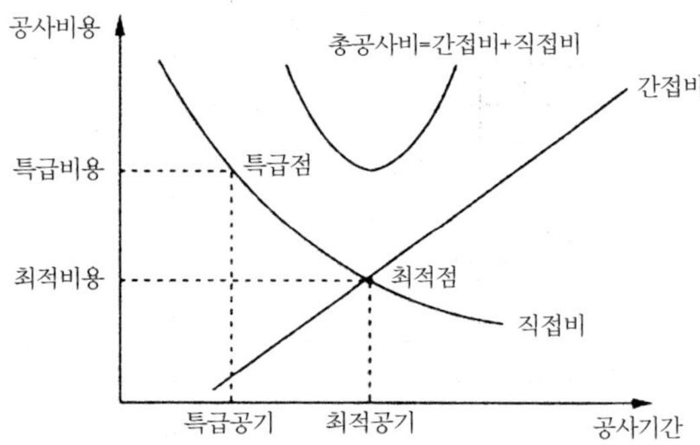

① 직접비 : 시공속도가 빠를수록 증대(예 인력, 자재, 장비 등)
② 간접비 : 공사기간에 거의 비례(예 관리비, 금리 등)
③ 최적점 : 직접비와 간접비의 합이 최소가 되는 점
④ 특급점 : 직접비를 투입하여도 단축할 수 없는 한도

4) 비용구배

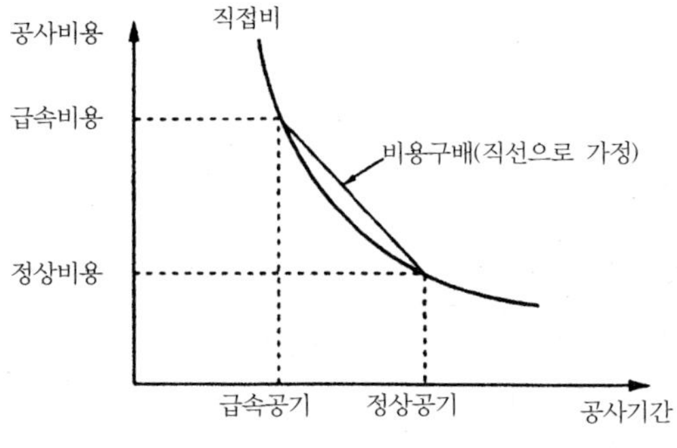

공기를 1일 단축하는 데 드는 비용

$$\text{비용 구배} = \frac{\text{급속비용} - \text{정상비용}}{\text{정상공기} - \text{급속공기}}$$

5) 시공속도관리

공사 진행속도와 예정된 공사일정을 비교·검토하면서 공사 진행을 허용범위 안에 위치하도록 관리하는 방법

참고

■ 바나나형(S-curve) 곡선의 예

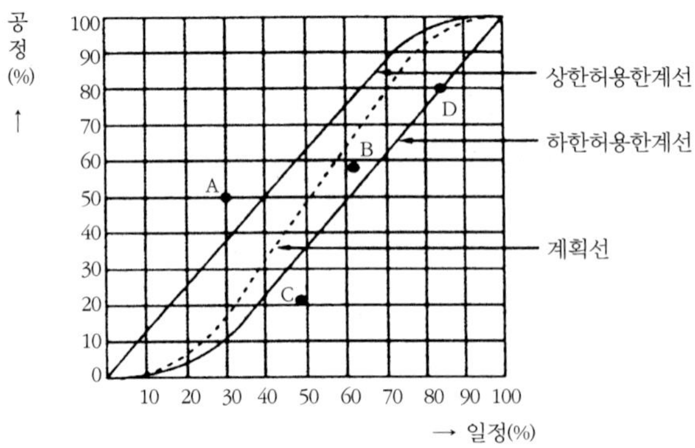

① A점이 예정공기보다 많이 진행되어 허용한계 외에 있으니 비경제적인 시공이다.

② B점은 예정공기에 가까운 적당한 공정이므로 그 속도로 진행하면 된다.

③ C점은 허용한계를 벗어나 공기가 지체됐으므로 공기단축을 위한 대책이 필요하다.

④ D점은 허용한계선에 있으며 준공일이 가까우므로 더욱 촉진시켜야 한다.

2. 안전관리

(1) 안전관리의 필요성

① 기업경영에 수지가 맞는다.	이상이 있을 때 빨리 수리에 착수하는 것이 비용도 적게 들고, 안전도 확보되며, 품질도 향상된다.
② 바람직한 노사관계 형성	안전을 생산에 우선시킨다.
③ 재해로 인한 손실은 거액이다.	직접보상비 이외에 설비파손, 생산회복 손실, 생산관계 이외의 업무 등 간접손실이 더 커진다.

(2) 재해예방 기본원칙과 대책 선정의 원칙

재해예방 기본원칙	대책신정의 원칙
① 예방가능의 원칙 : 재해발생 전과 발생 후의 대책을 생각해야 한다. ② 손실우연의 원칙 : 손실은 예측할 수 없으므로 예방이 중요하다. ③ 원인계기의 원칙 : 사고발생과 원인은 필연적 인과관계이다.(재해원인 : 기술적, 교육적, 관리적 원인)	기술적 대책, 교육적 대책, 규제적 대책 등이 재해방지의 중요한 고려사항이다. **안전관리의 3E** ① 기술(Engineering) : 안전공학 ② 교육(Education) : 안전교육 ③ 규제(Enforcement) : 안전규제

3. 전산통합관리

(1) EDB(Engineering Data Base)

프로젝트 전단계에 걸쳐 발생되는 정보의 통합관리를 목표로 한다.

(2) CIC(Computer Integrated Construction : 건설산업정보통합화 생산)

① 정의

건설 생산과정에 참여하는 모든 참가자들로 하여금 공사 진행시 모든 과정에 걸쳐 서로 협조하며 하나의 팀으로 구성하여 건설 분야의 생산성 향상·품질확보·공기단축·원가절감 및 안전 확보를 통한 대외 경쟁력을 높이는 데 적절한 시스템이다.

② 개념도

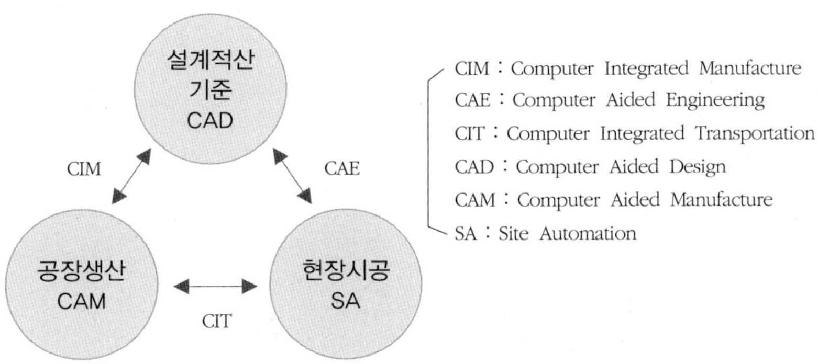

(3) PMIS(Project Management Information System)

사업 전반에 걸쳐서 조직을 관리 · 운영하고 경영의 계획 및 전략을 수립하도록 관련 정보를 신속 · 정확하게 경영자에게 전해줌으로써 합리적인 경영을 유도하는 프로젝트별 경영정보체계

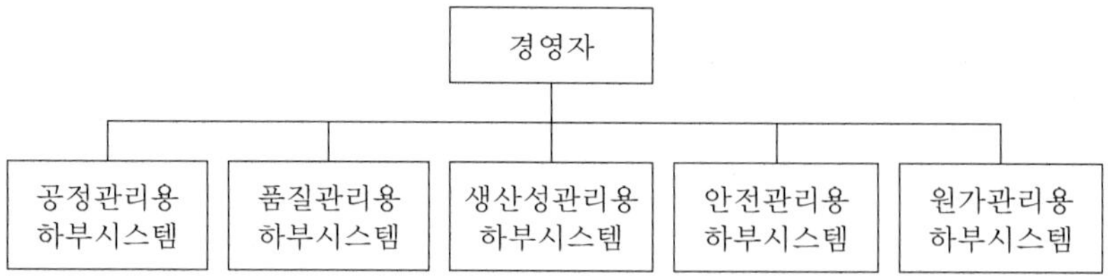

(4) CALS(Continuous Acquisition and Life cycle Support)

① 정의

건설업의 기획 · 설계 · 계약 · 시공 · 유지관리 등 건설 생산 활동의 전 과정을 통하여, 정보를 발주기관 · 건설관련업체들이 컴퓨터 전산망을 통하여 신속하게 교환 및 공유하여 건설산업을 지원하는 건설 분야 통합정보시스템을 말한다.

② 개념도

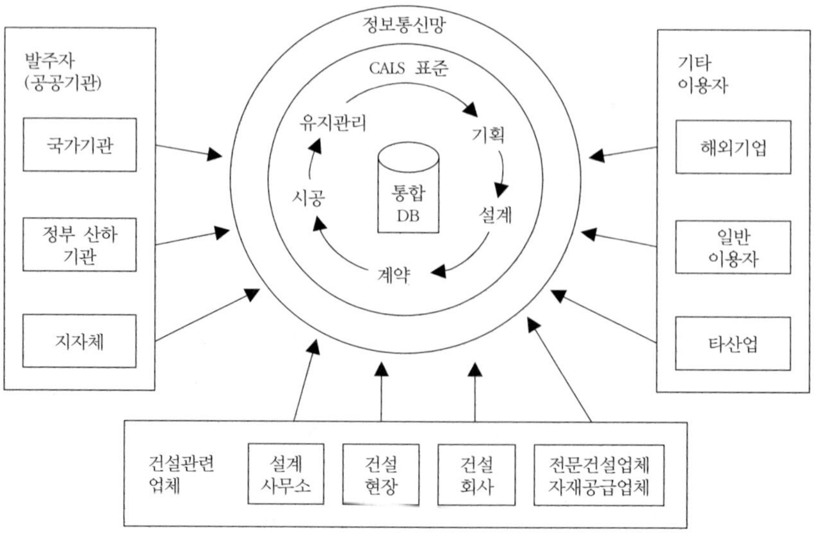

4. 관리기법

(1) VE(Value Engineering : 가치공학)기법

① 정의

발주자가 요구하는 성능, 품질을 보장하면서 가장 싼값으로 공사를 수행하기 위한 수단을 찾고자 하는 체계적이고 과학적인 공사방법이다.

② 기본공식

$$\text{Value (가치)} = \frac{\text{Function (기능)}}{\text{Cost (비용)}}$$

③ VE 사고방식

㉮ 고정관념의 제거
㉯ 사용자 중심의 사고(고객본위)
㉰ 기능중심의 접근
㉱ 조직적 노력(집단사고)

④ 추진절차

기본단계	세부단계	실시항목
정보수집단계	대상선정 정보수집	그것은 무엇인가?
기능분석단계	기능정의 기능정리 기능평가	기능은 무엇인가?
대체안 개발단계	아이디어발상 평가	다른 것은 없는가? 어느 것을 선택할 것인가?
실시단계	제안 실시	예상대로 실시되는가?

(2) S.E(System Engineering : 시스템공학)

설계단계에서부터 최적시공계획을 발견하기 위한 관리기법이다.

(3) EC(Engineering Construction)

종래의 단순시공에서 벗어나 고부가가치를 추구하기 위해 사업발굴에서 유지관리에 이르기까지 사업(project) 전반에 대한 업무영역의 확대를 말한다.

(4) 작업분류체계(WBS : Work Breakdown Structure)

① 정의

공사내용을 파악하기 위해 작업의 공종별로 세분화시킨 작업분류체계를 말하며, 작업 상호관계 조정과 인력배당, 작업내용 파악과 예산 파악을 통해 경제적인 최상의 시공관리가 목적이다.

② 분류체계(Breakdown Structure)의 종류

WBS (작업분류체계)	Work Breakdown Structure 공사내용을 작업의 공종별로 분류
OBS (조직분류체계)	Organization Breakdown Structure 공사내용을 관리조직에 따라 분류
CBS (원가분류체계)	Cost Breakdown Structure 공사내용을 원가발생요소의 관점에서 분류한 공사비 내역체계의 표준화를 말한다.

(5) 건축물의 수명주기 비용(life cycle cost)

① 건축물의 초기투자에서 설계, 시공, 유지관리, 해체로 이어지는 일련의 과정을 건축물의 수명(life cycle)이라 하며, 여기에 필요한 제비용을 합한 것을 L.C.C (life cycle cost : 전생애비용)라 한다.

② L.C.C기법이란 종합적 total cost로 경제성을 평가하는 방법을 말한다.

[L.C.C=생산비+유지관리, 해체비용]

Ⅶ. 공정관리

1. 정 의

건축물을 시공시 지정된 공기 내에 요구품질을 확보하면서, 최적의 비용으로 최단기간에 완공하기 위해 각 작업활동을 분석하고 지도·관리하는 기법이다.

2. 공정표의 종류(내용에 따른 분류)

(1) 횡선식 공정표(bar chart)

횡축에 공사날짜를 표시하고, 종축에 각 공종별 공사종목을 시공순서대로 표시한 후 공사 진행을 막대그래프로 그려나가는 공정표

장 점	단 점
• 공종별 공사와 공정시기가 일목요연하다. • 각 공종별 공사 진행사항의 표시가 쉽다. • 경험이 적은 자도 작성이 쉽고 알기 쉽다.	• 작업 상호간 연결관계가 불분명하다. • 주공정선(CP)의 파악이 어렵다. • 작업 상호간의 여유시간 파악이 어렵다.

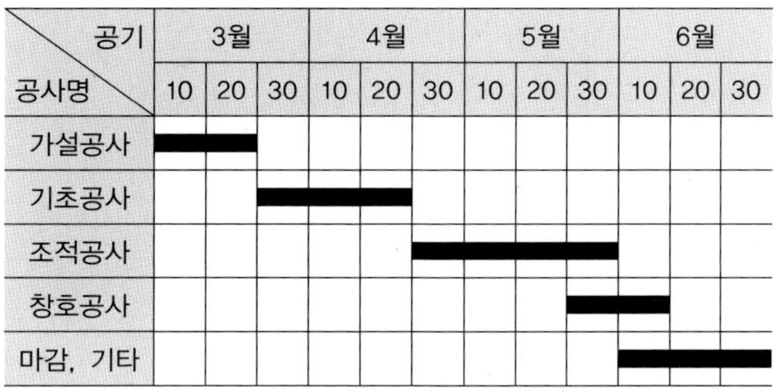

〈횡선식 공정표 작성의 예〉

(2) 사선식 공정표

횡축에 공사기간을 표시하고, 종축에 공사의 기성고를 표시하는 공정표

장점	• 전체 기성고의 파악이 쉽다. • 공사 진행상태를 파악하기 쉽다. • 예정 공사 진행보다 빠르거나 늦는 경우 조속한 대처가 가능하다.
단점	• 작업 상호간 연결관계가 불분명하다. • 주공정선(CP) 파악이 어렵다.

※ 기성고 누계곡선 : 이론적으로 S자형이 가장 이상적이다.

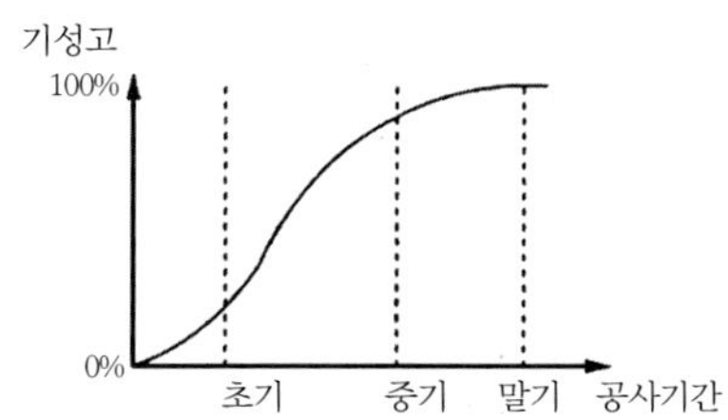

〈사선식 공정표 작성의 예〉

① 초기 : 가설 · 토공사 등 불예측 사항이 많은 기간으로 시공속도가 느리다.

② 중기 : 구체공사 등 본공사로 시공속도가 빠르다.

③ 말기 : 마무리 공사 등 뒷정리로 인해 시공속도가 느리다.

(3) 열기식 공정표

글자로써 공사일정, 작업량, 노무자 수, 장비 · 재료 수배 등을 나열하는 방식으로 인부 및 재료 · 장비 수배에 적합하다.

(4) 네트워크(network) 공정표

전체 project를 단위작업으로 분해하여 상호 작업관계를 ○와 →로 표기한 망상도로써 CPM과 PERT기법이 있다.

① 특징

㉮ 공사 전체의 파악이 용이하다.

㉯ 작업 상호관계가 명확히 표시된다.

㉰ 계획단계에서 공정상 문제점의 발견이 쉽다.

㉱ 공사작업 전에 수정을 가할 수 있다.

㉲ 주공정선(CP)을 한눈에 보기 쉽다.

㉳ 여유시간 산출이 가능하여 노무 · 자재관리가 쉽다.

② 장 · 단점

장 점	단 점
• 개개의 작업관련 내용이 도시되어 있어 공사 전체의 공정 파악이 쉽다. • 주공정선(CP)을 한눈에 보기 쉽다. • 여유시간의 산출이 가능하여 노무 · 자재 등 관리가 쉽다.	• 작성일 검사에 특별한 기능이 요구된다. • 작성시간이 많이 걸린다. • 네트워크가 표현기법상 세분화하는 데 어느 정도 한계가 있다(부분 공정표).

3. 기타 용어 설명

(1) PDM(Precedence Diagram Method)

각 작업을 타원이나 네모형의 노드로 나타내고, 각 작업의 선 · 후 관계를 연결하여 전체 공정표를 작성하는 기법으로 CPM 네트워크에서 dummy는 없어지고 개시점과 종료점이 발생한다.

① 특징

㉮ 노드 안에 작업과 관련된 많은 작업사항을 표시

㉯ dummy의 사용이 불필요

㉰ 네트워크가 간단하므로 컴퓨터 사용이 용이

㉱ 선 · 후 작업의 연결관계를 다양하게 표현

㉤ 네트워크 독해, 수정작업이 쉽다.

② 표현법

㉮ 타원이나 네모에 작업을 표시할 수 있으나 실무에서는 네모(box)형 노드 사용

㉯ 노드 안에서 작업과 관련된 많은 사항이 표기됨.

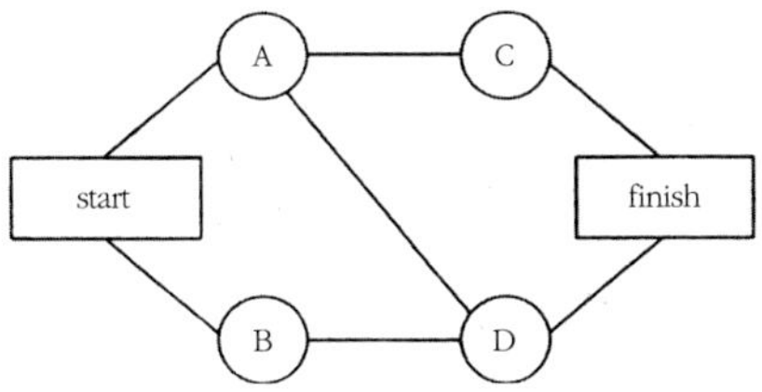

〈PDM 공정표〉

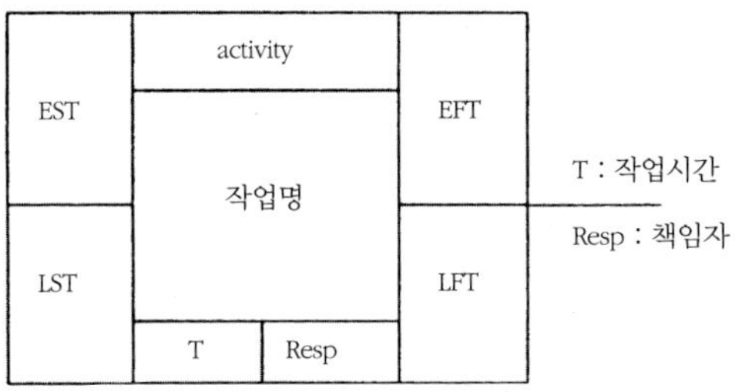

〈네모형 노드〉

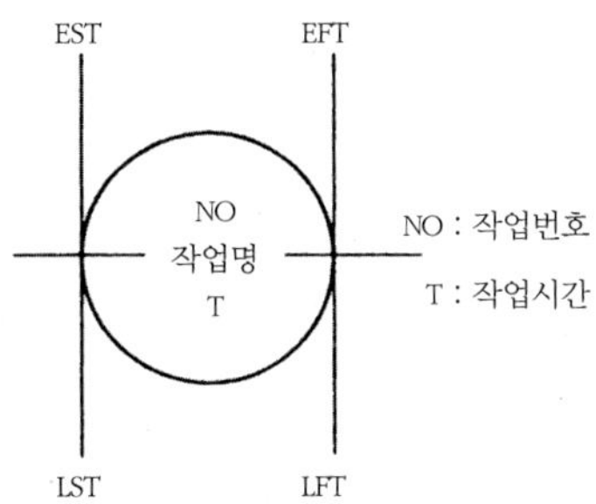

〈타원형 노드〉

(2) Lead Time

실제의 작업을 시작하기 전에 필요한 사전준비작업 시간으로서, 선도시간이라고도 한다.

예 인력동원, 자재 조달, 장비 수배 등의 시간

① 특징

㉮ 공사에 대한 지식이나 경험이 풍부해야 원활하게 lead time을 사용할 수 있다.

㉯ 공사 관리자가 단위공사의 준비를 위한 필요시간이다.

㉰ lead time은 모든 작업공정에서 일어날 수 있다.

㉱ lead time을 적절히 활용시 공기단축 및 공정마찰을 방지할 수 있다.

㉤ 준비에 소요되는 시간이 lead time을 초과하게 되면 본공사의 전체 공기가 늘어난다.

② 공정상 lead time의 실례

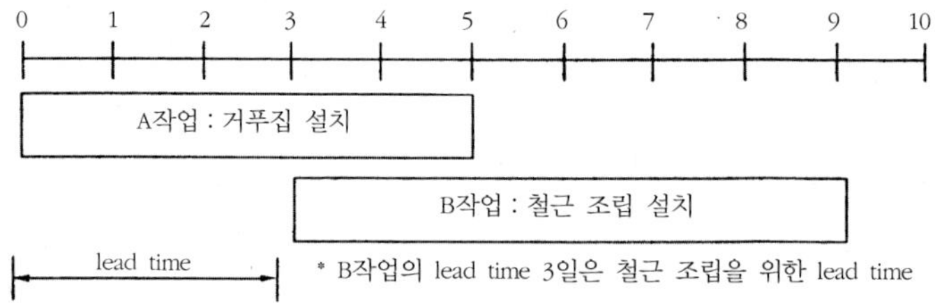

※ lead time=한 작업의 EST(3)−선행작업의 EST(0)=3−0=3일

(3) LOB(line of balance)

초고층 건축물과 같이 반복작업이 많은 프로젝트의 경우 연결선과 결합점이 많아져서 복잡해지는 문제점을 해결하고 작업의 연속성을 도모하기 위해서 개발

① 특징

㉮ 네트워크 기법에 비해서는 작성이 쉽고, 바차트가 많아 정보제공이 쉽다.

㉯ 각 공정의 진도율 표현이 용이하다.

㉰ 각 작업의 세부일정을 알 수 있다.

㉱ 예정공정과 실적공정의 비교가 어렵다.

㉲ 공정간섭을 받을 때는 효율적이지 못하다.

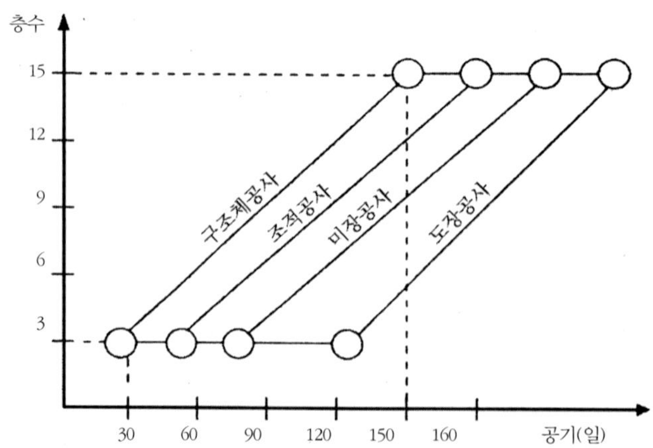

〈LOB 다이어그램〉

② 작성의 예

한 작업의 생산성을 나타내는 기울기가 선행작업의 기울기보다 작을 때 두 직선은 작업단위가 증가함에 따라 발산(diverge)하게 되고, 역으로 기울기가 클 때는 수렴(converge)하게 되면, 전체 공사의 주공정선은 생산성 기울기가 작은 작업에 의존한다.

제2장 가설공사

Ⅰ. 가설공사 일반사항

Ⅱ. 가설건물

Ⅲ. 기준점 및 규준틀

Ⅳ. 비계공사

Ⅰ. 가설공사 일반사항

1. 가설공사 계획

(1) 개요

① 가설공사는 공사 목적물의 완성을 위한 임시 설비로서 본 공사를 능률적으로 실시하기 위해 필요한 가설적인 제반 시설 및 수단을 말하며, 공사가 완료되면 해체·철거·정리되는 임시적으로 행하여지는 공사이다.

② 일반적으로 설계도서에 표시되지 않으며 가설공사의 양부에 따라 공사 전반에 걸쳐 영향을 미치게 되므로 가설계획 초기부터 철저한 사전계획에 의해 추진되어야 하며, 공통 가설공사와 직접 가설공사로 대별할 수 있다.

(2) 가설공사 계획시 고려사항

① 가설설계시에는 시공계획의 방침에 따라 안전 확보 및 공해방지를 전제로 하여 제반 공사가 원활히 추진될 수 있도록 하여야 한다.

② 가설공사 설비는 시공용 설비로 가설적인 것이므로 필요한 최소한도의 것으로 그 목적을 충분히 완수함과 동시에 가능한 한 경제적인 것이 바람직하다.

③ 경제적으로 하기 위해서는 가능하면 가공성이 좋은 저렴한 재료를 사용하고, 단순한 조합으로 조립·해체의 품이 적게 들수록 바람직하다.

④ 조립·해체의 비용을 절감하기 위해서는 조립·해체가 쉬운 접합방법을 연구하여 채용하든지 미리 유닛 부재를 만들어 조립·해체하여 경비 절감을 도모하는 방책을 세우는 것이 좋다.

⑤ 비내구성 자재도 좋으므로 저렴한 재료를 한 번 사용할 것인가, 아니면 반대로 초기비용이 높다 하더라도 내구성 자재를 사용하여 반복사용으로 그 현장의 경비부담액을 절감할 것인가를 비교·분석하여 의사결정하는 것이 필요하다.

(3) 가설설비의 새로운 경향

① 목재 등의 사용으로부터 강도가 크고 내구성이 있는 강재, 더욱 경량인 금속 등의 사용으로 이행

② 공장재의 프리패브 부재의 현장조립, 즉 유닛 부재의 현장조립·해체에 의함

③ 시설의 동력화에 의한 자동화, 자주화(自走化), 기계화 등의 추진

④ 취급비·운반비의 경감을 위해 경량재료의 채용, 부재체적의 축소, 접합법의 간략화, 보수정비의 간략화 연구

⑤ 초고층건축물의 시공에서 무비계공법 채택 등과 같이 시공기술의 진전과 더불어 가설설비의 현장 설치를 최소화하는 경향

2. 가설공사 항목 분류

분류	공통가설	직접가설
정의	공사 전반에 걸쳐 공통으로 사용되는 공사용 기계, 공사관리에 필요한 시설	본공사의 직접적인 수행을 위한 시설
종류	① 가설울타리 ② 가설건물(숙소, 현장사무소, 기자재창고) ③ 가설운반로(가설도로) ④ 동력설비(공사용 동력, 전기설비) ⑤ 용수(用水)설비(급배수 설비) ⑥ 운반설비(운반) ⑦ 시공장비(양중 · 하역설비)	① 규준틀 ② 비계 ③ 보양재료(콘크리트 양생) ④ 먹매김 ⑤ 안전설비 ㉮ 수평 · 수직 낙하물방지망 ㉯ 방호선반 ㉰ 방호시트 ㉱ 방호철망

〈안전설비(낙하물방지망)〉

Ⅱ. 가설건물

1. 가설울타리

(1) 정의

① 설치 목적에서 공사현장 대지의 경계표시, 외부로의 교통차단, 위험방지, 도난방지, 미관의 효과도 고려한다.

② 종류는 판자울타리, 철조밍울타리, 철망울다리 등이 있다.

(2) 특징

① 공사현장 주위에는 공사기간 중 공사시방서에서 정하는 바가 없을 때에는 지반면(지반면이 공사현장 주위의 지반면보다 낮은 경우에는 공사현장 주위의 지반

면)에서 높이 1.8m 이상의 가설울타리를 설치하고, 야간에도 잘 보이도록 발광 시설을 설치하여야 하며, 차량과 사람이 출입할 문을 두어 자물쇠를 채울 수 있게 한다.

② 공사장 부지 경계선으로부터 50m 이내에 주거 · 상가건물이 있는 경우에는 높이 3m 이상으로 설치하여야 한다.

〈가설울타리 설치 전경〉

2. 시멘트 창고

(1) 시멘트 창고의 구조 표준

구 분	A종	B종
바 닥	마룻널 위 철판깔기	마룻널
주위벽	골함석 또는 골슬레이트 붙임	널판이나 골함석 또는 골슬레이트 붙임
지 붕	골함석 또는 골슬레이트 이음	루핑, 기타 비가 새지 않는 것

(2) 설치 및 관리방법

① 설치시 주위에 배수로를 두어 침수를 방지한다.

② 바닥은 지면에서 300mm 이상의 높이로 한다.

③ 필요한 출입구 및 채광창 이외에 공기유통을 막기 위하여 될 수 있는 한 개구부를 설치하지 않는다.(환기창 설치금지)

④ 반입 및 반출구는 따로 두고 먼저 반입한 것을 먼저 사용한다.
⑤ 포대시멘트를 쌓아서 단기간 저장하는 경우, 시멘트를 쌓아올리는 높이는 13포대 이하로 하는 것이 바람직하다.(단, 장기 저장시 7포대 이상 쌓아 올리지 않음)
⑥ 3개월 이상 장기간 저장한 시멘트는 사용하기에 앞서 재시험을 실시하여 그 품질을 확인한다.

3. 기타 시설물 설치

(1) 현장사무소

① 지붕 및 벽체가 있는 공간으로서 조명설비, 전기설비, 환기설비, 냉 · 난방설비, 기타 보안 및 안전방재시설 등을 설치하고, 실내마감을 하여야 한다.
② 공사감독자의 현장사무소는 공종별 시공계획서에 따라 필요한 인원이 상주 근무할 수 있는 충분한 바닥면적이 확보되어야 한다.
③ 수급인의 현장사무소는 공정표 및 기타 자료를 부착할 수 있는 상황판과 승인받은 견본을 보관할 수 있는 선반을 마련하여야 하며, 현장관리직원 및 하도급업체 직원용 사무실도 설치하여야 한다.
④ 사무소와 창고는 신설하는 구조물에서 10m 이상 떨어져 설치하여야 한다.

(2) 위험물 저장창고

① 도료 및 유류, 기타 인화성 재료의 저장창고는 건축물 및 재료 적치장에서 격리된 장소를 선정하여 관계법규에 정하는 바에 따라 방화구조 또는 불연구조로 하고, 각 출입문은 자물쇠를 달고 소화기를 비치한다.
② 위험물 가스 저장용기는 직사광선을 차단하고 통풍과 환기가 잘 되는 곳에 보관한다.

(3) 동력소 및 변전소

① 비상시를 대비하여 사무실 가까이에 배치하도록 한다.
② 감전방지를 위해 통로 간격을 충분히 두는 것이 좋다.
③ 주변에 조명설비를 설치하고 야간에도 점등을 해둔다.
④ 지붕, 벽, 바닥은 누수방지시공을 한다.

〈현장사무소 전경〉

Ⅲ. 기준점 및 규준틀

1. 기준점(bench mark)

(1) 정의

공사 중에 건축물의 높낮이 기준이 되며, 기존 공작물이나 신설한 말뚝 등의 높이 기준으로 표시한 것을 말한다.

(2) 설치시 주의사항

① 이동의 염려가 없는 곳에 설치한다.
② 현장 어디서나 바라보기 좋고 공사에 지장이 없는 곳에 설치한다.
③ 최소 2개소 이상 설치한다.
④ 지면에서 0.5~1m 정도의 위치에 설치하는 것이 좋다.
⑤ 마땅한 장소가 없을 경우 건물의 지표가 될 수 있는 곳에 따로 설치한다.
⑥ 설치개소는 현장일지에 기록해둔다.

〈기준점 설치 전경〉

2. 규준틀

(1) 수평 규준틀

① 종류 : 평규준틀, 귀규준틀

② 건물의 각부 위치 및 높이, 기초너비, 길이 등을 정확히 결정하기 위하여 설치한다.

③ 이동 · 변형이 없도록 견고하게 설치한다.

④ 규준틀 말뚝은 통나무 끝마구리 직경 75mm 통나무(또는 60×60mm 각목), 길이 1.5m 이상의 것을 쓰고, 밑둥박기는 750mm 이상으로 한다. 말뚝머리는 엇비슷하게 자른다.

⑤ 수평띠장은 두께 15mm, 너비 120m 이상의 것을 쓰고, 윗면은 먹줄을 칠 수 있도록 대패질한 것을 규준틀 말뚝에 수평으로 덧대고 못질한다.

⑥ 경미한 공사에는 말뚝길이 900mm 이상, 밑둥박기는 300mm 이상, 수평띠장은 두께 12mm, 너비 90mm 이상의 것을 사용하고, 윗면은 대패질하여 규준틀 말뚝에 수평으로 덧대고 못질한다.

(2) 세로규준틀

목 적	벽돌, 블록, 돌쌓기 등 조적공사에서 고저 및 수직면의 기준을 삼고자 설치한다.
기입사항	① 창문틀 등 개구부의 안목치수 ② 나무벽돌, 앵커볼트 위치 ③ 벽돌, 블록, 돌 등 켜수 ④ 인방, 테두리보 위치 표시
설치위치	① 건물의 모서리 ② 교차부 및 중요부분 ③ 긴벽의 경우 중앙부

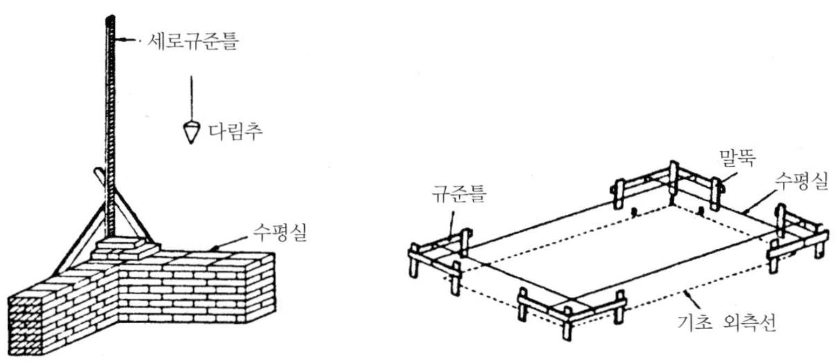

〈세로규준틀〉

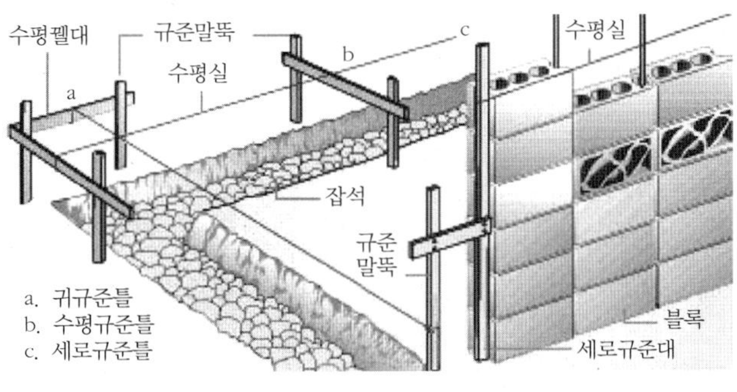

〈수평규준틀〉

Ⅳ. 비계공사

1. 개요

(1) 비계의 일반사항

① 외부비계는 구조체에서 0.3~0.45m 떨어져 쌍줄비계로 설치하되, 별도의 작업발판을 설치할 수 있는 경우에는 외줄비계로 할 수 있다.

② 비계는 강관비계 등으로 하되, 시공여건, 안전도 및 경제성을 고려하여 담당원의 승인을 받아 동등규격 이상의 재질로 변경·적용할 수 있다.

③ 비계는 시공에 편리하고 안전하도록 공사의 종류, 규모, 장소 및 공기구 등에 따라 적합한 재료 및 방법으로 견고하게 설치하고 유지 보존에 항상 주의한다.

④ 6층 이상의 건축물인 경우, 비계설치 후 안전에 이상이 있다고 판단되는 경우, 담당원은 구조기술사의 안전확인서를 요청할 수 있다.

(2) 비계의 종류

재료별 분류	① 통나무비계 ② 강관파이프(단관, 틀)비계
용도(위치)상 분류	① 외부비계 : 외줄비계, 겹비계, 쌍줄비계, 달비계 ② 내부비계 : 수평비계, 말(안장)비계 ③ 비계다리
비계를 매는 형식(공법)상 분류	① 외줄비계 ② 겹비계 ③ 쌍줄비계

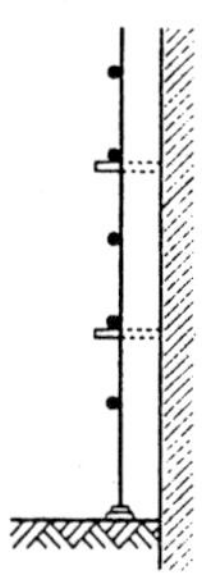
〈외줄비계〉

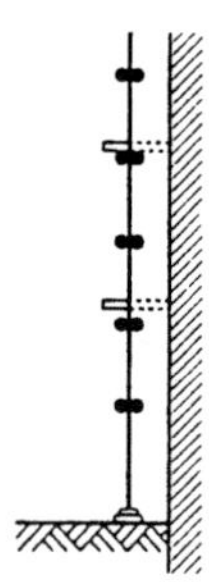
〈겹비계〉

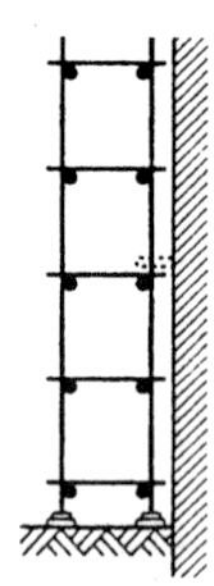
〈쌍줄비계〉

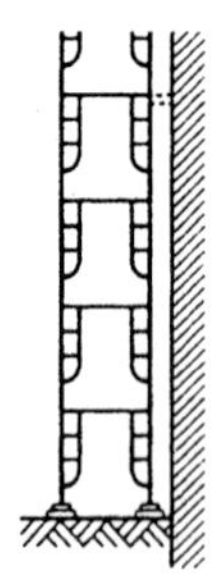
〈틀비계〉

〈내부수평비계〉

2. 강관비계

(1) 비계기둥

① 비계기둥은 이동이나 흔들림을 방지하기 위해 수평재, 가새 등으로 안전하고 단단하게 고정되어야 한다.

② 간격은 띠장(도리) 방향 1.5m 이상~1.8m 이하, 장선(간사이) 방향 1.5m 이하이어야 한다.

③ 기둥 높이가 31m를 초과하면 기둥의 최고부에서 하단 쪽으로 31m 높이까지는 강관 1개로 기둥을 설치하고, 31m 이하의 부분은 좌굴을 고려하여 강관 2개를 묶어 기둥을 설치하여야 한다.

④ 비계기둥과 구조물 사이의 간격은 별도로 설계된 경우를 제외하고는 추락방지를 위하여 30㎝ 이내이어야 한다.

(2) 띠장

① 띠장의 수직간격은 1.5m 이하로 하며, 지상으로부터 첫 번째 띠장은 통행을 위해 강관의 좌굴이 발생되지 않는 한도 내에서 2m 이내로 설치할 수 있다.

② 띠장을 연속해서 설치할 경우에는 겹침이음으로 하며, 겹침이음을 하는 띠장 간의 이격거리는 순 간격이 10㎝ 이내가 되도록 하여 교차되는 비계기둥에 클램프로 결속한다. 다만, 전용의 강관조인트를 사용하는 경우에는 겹침이음한 것으로 본다.

③ 띠장의 이음위치는 각각의 띠장끼리 최소 30cm 이상 엇갈리게 한다.

(3) 장선

① 장선은 비계의 내·외측 모든 기둥에 결속하여야 한다.

② 장선의 간격은 1.5m 이내로 하며, 비계기둥과 띠장의 교차부에서는 비계기둥에 결속하며, 그 중간부분에서는 띠장에 결속하여야 한다.

③ 작업 발판을 맞댐 형식으로 깔 경우, 장선은 작업 발판의 내민 부분이 10~20cm의 범위가 되도록 간격을 정하여 설치하여야 한다.

④ 장선은 띠장으로부터 5cm 이상 돌출하여 설치한다. 또한 바깥쪽 돌출부분은 수직 보호망 등의 설치를 고려하여 일정한 길이가 되도록 한다.

(4) 가새

① 대각으로 설치하는 가새는 비계의 외면으로 수평면에 대해 40~60° 방향으로 설치하며, 기둥 또는 띠장에 결속한다.

② 가새의 배치간격은 약 10m마다 교차하는 것으로 한다.

③ 가새와 비계기둥과의 교차부는 회전형 클램프로 결속한다.

④ 수평가새는 벽 이음재를 부착한 높이에 각 스팬(span)마다 설치하여 보강한다.

[강관비계 설치 사례]

(5) 부속철물

1) 커플링(Coupling)

① 정의 : 강관파이프 비계의 직선연결에 쓰이는 부속철물

② 종류 : 마찰형, 전단형

2) 클램프

① 직교형

② 자재형

③ 특수형

3) 받침철물

① 비계기둥의 밑둥에는 받침철물을 사용하고 인접하는 비계기둥과 밑둥잡이로 연결한다.

② 연약지반에서는 소요폭의 깔판을 비계기둥에 3본 이상 연결되도록 깔아댄다.(단, 이 깔판에 받침철물을 고정했을 때는 밑둥잡이를 생략할 수 있다.)

③ 받침대(베이스 플레이트)는 조절형과 고정형이 있다.

[베이스플레이트 설치장면]

(6) 하중의 한도

① 띠장은 비계기둥의 간격이 1.8m일 때는 비계기둥 사이의 하중한도를 3,920N으로 하고, 비계기둥의 간격이 1.8m 미만일 때는 그 역비율로 하중한도를 증가할 수 있다.

② 비계기둥 1개에 작용하는 하중은 7.0kN 이내이어야 한다.

3. 강관틀비계

(1) 높이

① 전체 높이는 원칙적으로 45m를 초과할 수 없다.

② 높이 20m를 초과할 경우 또는 중량작업을 할 경우에는 내력상 중요한 틀의 높이를 2m 이하로 하고 틀의 간격을 1.8m 이내로 한다.

③ 연결용 통로, 출입구 및 개구부 등에서 내력상 충분히 안전한 경우에는 주틀의 높이 및 간격을 전술한 규정보다 크게 할 수 있다.

④ 주틀의 기둥재 바닥은 작용한 하중을 안전하게 기초에 전달할 수 있도록 받침철물을 사용하거나, 견고한 기초 위에 놓여야 한다. 다만, 주틀의 바닥에 고저차가 있을 경우에는 조절형 받침철물을 사용하여 각 주틀을 수평과 수직으로 유지하여야 하며, 연약지반에서는 받침철물의 하부에 적당한 접지면적을 확보할 수 있도록 깔판을 깔아댄다.

(2) 가새, 띠장틀 및 수평재

① 주틀의 최상부와 다섯단 이내마다 띠장틀 또는 수평재를 설치하여야 한다.

② 교차가새는 각 단, 각 스팬마다 설치하고 결속 부분은 진동 등으로 탈락하지 않도록 이탈방지를 하여야 한다.

③ 작업상 부득이하게 일부의 교차가새를 제거할 때에는 그 사이에 수평재 또는 띠장틀을 설치하고 벽 이음재가 설치되어 있는 단은 해체하지 않아야 한다.

(3) 부축틀, 보틀 및 내민틀

① 도리방향으로 길이 4m 이하이고, 높이 10m를 초과할 때는 높이 10m 이내마다 띠장방향으로 유효한 보강틀을 설치한다.

② 보틀 및 내민틀(캔틸레버)은 수평가새 등으로 옆흔들림을 방지할 수 있도록 보강해야 한다.

(4) 하중의 한도

① 주틀의 간격이 1.8m일 경우에는 주틀 사이의 하중한도를 4.0kN으로 하고, 주틀의 간격이 1.8m 이내일 경우에는 그 역비율로 하중한도를 증가할 수 있다.

② 주틀의 기둥관 1개당 수직하중의 한도는 견고한 기초 위에 설치하게 될 경우에는 24.5kN으 로 한다. 다만, 깔판이 우그러들거나 침하의 우려가 있을 때 또는 특수한 구조일 때는 규정에 따라 이 값을 낮추어야 한다.

4. 달비계

(1) 정의

건물에 고정된 돌출보 등에 밧줄이나 와이어 등으로 매어다는 비계로 고층건물의 외부마감공사, 외벽청소, 유리창 청소 등에 사용된다.

[달비계 전경]

(2) 설치방법

① 와이어로프, 달기체인, 달기강선 또는 달기로프는 한쪽 끝을 비계의 보 등에 다른쪽 끝을 영구 구조체에 각각 부착시켜야 한나.

② 체인을 이용한 달비계의 체인, 띠장 및 장선의 간격은 1.5m 이내로 하며, 작업 발판과 철골보와의 거리는 0.5m 이상을 유지하여야 한다.

③ 체인을 이용한 달비계의 외부로 돌출되는 띠장과 장선의 길이는 1m 정도로 하여 끝을 맞추되, 그 끝에는 미끄럼막이를 설치하여야 한다.
④ 달기틀의 설치간격은 1.8m 이하로 하며, 철골보에 확실하게 체결하여야 한다.
⑤ 작업바닥의 테두리 부분에 낙하물 방지를 위한 발끝막이판과 추락 방지를 위한 안전 난간을 설치하여야 한다. 다만, 안전 난간의 설치가 곤란하거나 작업 필요상 임의로 난간을 해체하여야 하는 경우에는 망을 치거나 안전대를 사용하여야 한다.
⑥ 안전 난간이 설치된 외부 면과 외부로 돌출된 부분에는 안전방망을 설치하여야 한다.
⑦ 비계의 보, 작업 발판에 버팀을 설치하는 등의 동요 또는 이탈을 방지하기 위한 조치를 하여야 한다.
⑧ 작업바닥 위에서 받침대나 사다리를 사용하지 않아야 한다.
⑨ 달비계에 자재를 적재하지 않아야 한다.
⑩ 비계의 승강 시에는 작업 발판의 수평이 유지되도록 하여야 한다.
⑪ 와이어로프를 설치할 경우에는 와이어로프용 부속철물을 사용하여야 하며, 와이어로프는 수리하여 사용하지 않아야 한다.
⑫ 와이어로프의 일단은 권상기에 확실히 감겨져 있어야 하며 권상기에는 제동장치를 설치하여야 한다.
⑬ 와이어로프의 변동 각이 90°보다 작은 권상기의 지름은 와이어로프 지름의 10배 이상이어야 하며, 변동 각이 90° 이상인 경우에는 15배 이상이어야 한다.
⑭ 달기틀에 설치된 작업 발판과 보조재 등을 매달고 이동할 경우에는 낙하하지 않도록 고정시켜야 한다.

(3) 와이어로프로 사용 불가능 조건

① 와이어로프 한 가닥에서 소선이 10% 이상 절단된 것
② 지름이 공칭지름의 7% 이상 감소된 것
③ 변형이 심하거나, 부식된 것
④ 꼬인 것

제3장 토공사

Ⅰ. 흙의 성질

1. 지반의 허용지내력

지반		장기 허용지내력	단기 허용지내력
경암반	화강암, 내연암, 편마암, 안산암	4,000kN/m²	장기하중에 대한 허용응력도의 1.5배
연암반	판암, 편암 등의 수성암	2,000kN/m²	
	혈암, 표반암	1,000kN/m²	
자갈		300(600)kN/m²	
자갈, 모래의 혼합물		200(500)kN/m²	
모래 섞인 점토 또는 loam토		150(300)kN/m²	
모래, 점토		100(400, 250)kN/m²	

【주】 ① loam토 : 모래+실트+점토(실트 : 지름 0.005~0.05mm의 미세분)
② (　　) 안은 지반이 밀실한 경우의 지내력이다.

2. 흙의 전단강도

(1) 정의

흙의 가장 중요한 역학적 성질로서 이것으로부터 기초의 극한 지지력을 알 수 있다. 기초의 하중이 그 흙의 전단강도 이상이 되면 흙은 붕괴하고 기초는 침하되며, 이하이면 흙은 안정되고 기초는 지지된다.

(2) 공식

$$\tau = c + \sigma \tan\phi$$

τ : 전단강도　　c : 점착력　　$\tan\phi$: 마찰계수
ϕ : 내부 마찰각　　σ : 파괴면에 수직인 힘

① 점토의 경우 : $\tau \fallingdotseq c$ ($\because$ 점토의 내부 마찰각 $\phi \fallingdotseq 0$)
② 모래의 경우 : $\tau \fallingdotseq \sigma \tan\phi$ ($\because$ 모래의 점착력 $c \fallingdotseq 0$)

3. 투수성

터파기시 지반의 투수성은 배수공사와 지하수처리에 영향을 준다.

(1) Darcy's Law (**투수계수 파악**)

침투수량 = 투수계수 × 수두경사(기울기) × 단면적

(중력작용에 의해 물이 흙 속을 흐를 때 유량을 계산하는 기본이 되는 식)

(2) **투수계수의 성질**

① 투수계수가 크면 침투량이 크다.

② 간극비가 클수록, 포화도가 클수록 투수계수는 증가한다.

(3) **투수량**

시료의 길이에 반비례하고 단면적에 비례한다.

4. 간극, 함수, 포화도

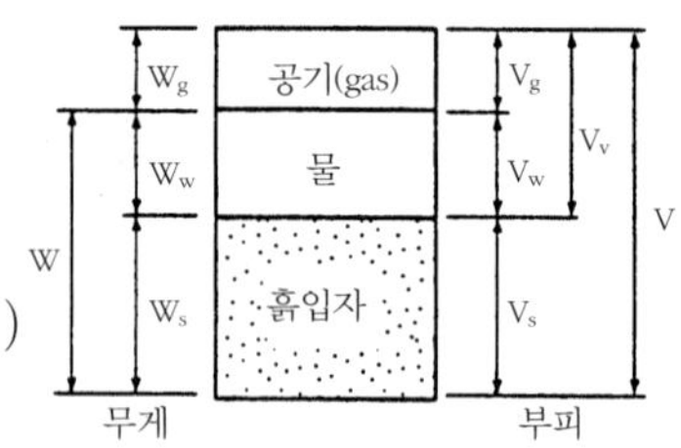

〈흙의 주상도〉

(1) **간극비** $= \dfrac{\text{간극의 용적}}{\text{토립자의 용적}} = \dfrac{V_v}{V_s}$

(2) **공극률** $= \dfrac{\text{공극의 용적}}{\text{흙전체의 용적}} \times 100(\%) = \dfrac{V_v}{V} \times 100(\%)$

(3) **함수비** $= \dfrac{\text{물의 중량}}{\text{토립자의 중량}} \times 100(\%) = \dfrac{W_w}{W_s} \times 100(\%)$

(4) **함수율** $= \dfrac{\text{물의 중량}}{\text{흙전체의 중량}} \times 100(\%) = \dfrac{W_w}{W} \times 100(\%)$

(5) **포화도** $= \dfrac{\text{물의 용적}}{\text{공극(간극)부분의 용적}} \times 100(\%) = \dfrac{V_w}{V_v} \times 100(\%)$

5. 흙의 성질

(1) 압밀과 다짐

분 류	정 의	특 징
압밀(침하) (consolidation)	외력에 의하여 간극 내의 물이 빠져 흙입자 간의 사이가 좁아지며 침하되는 것.	① 점토에서 발생 ② 흙 중의 간극수를 배제하는 것. ③ 장기압밀 침하 ④ 침하량이 비교적 크다. ⑤ 소성 변형 발생
다짐 (compaction)	사질지반에서 외력에 의해 공기가 빠져나가면서 압축되는 현상(간격이 좁아지는 현상, 밀도가 증가되는 현상)	① 사질지반에서 발생 ② 흙 중의 공극을 제거하는 것. ③ 단기적, 침하발생 ④ 흙의 역학적, 물리적 성질 개선 ⑤ 탄성적 변형 발생

(2) 예민비(sensitivity ratio)

$$예민비 = \frac{자연시료의\ 강도(천연시료의\ 강도)}{이긴시료의\ 강도(흐트러진\ 시료의\ 강도)}$$

① 정의

진흙의 자연시료는 어느 정도 강도는 있으나 그 함수율을 변화시키지 않고 이기면 약하게 되는 성질이 있고 그 정도를 나타내는 것이 예민비이다.

② 특징

㉮ 흙의 일축압축 시험은(KS F 2314) 흙의 압축강도와 예민비를 결정하는 시험이다. (압축강도의 감소비가 예민비이다.)

㉯ 예민비가 4 이상은 예민비가 크다고 한다. (점토 : 4~10 정도, 모래 ≒ 1)

㉰ 예민비 값이 클수록 공학적 성질이 약하다.

(3) 간극수압(공극수압)

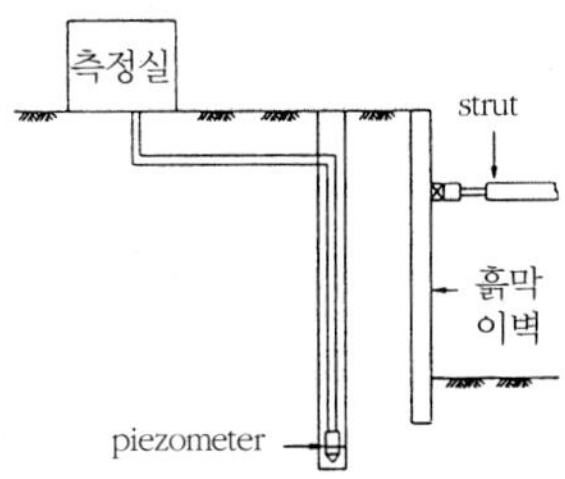

① 흙 속에 포함된 물에 의한 상향수압을 말한다. 간극수압은 지반의 강도를 저하시키며 물이 깊을수록 커진다.

② 흙의 유효응력은 전체응력에서 간극수압을 뺀 값을 말한다.

③ 간극수압은 well point공법, 샌드드레인 등과 관계가

깊으며, 피에조미터(Piezometer)에 의해 측정할 수 있다. 토압은 토압계(Earth Pressure Meter)로 측정한다.

(4) 액상화(Liquefaction)

① 사질토층에서 지진, 진동 등에 의해서 간극수압의 상승으로 유효 응력이 감소하여 전단저항을 상실하여 액체와 같이 급격히 변형을 일으키는 현상

② 흙이 유효응력을 상실할 때 발생하며 부동침하, 지반이동, 작은 건축물의 부상(浮上) 등이 발생된다.

(5) 샌드 벌킹(Sand Bulking)현상

① 모래에 물이 흡수되어 체적이 팽창되는 현상이다.

② 물의 표면장력 때문에 발생하여 함수율 6~12%(10% 정도)에서 체적 팽창이 최대로 되고, 중량이 최소로 되며 체적변화는 모래의 함수율과 입자의 크기에 따라 좌우된다.

③ 샌드 벌킹의 시험

㉮ 팽창률 시험

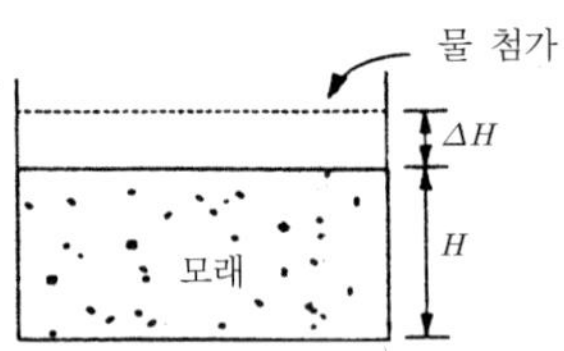

㉯ 팽창압 시험

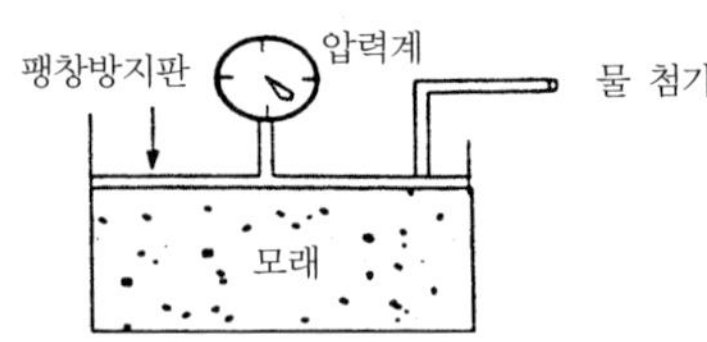

6. 아터버그(Atterburg) 한계 : 흙의 연경도 시험

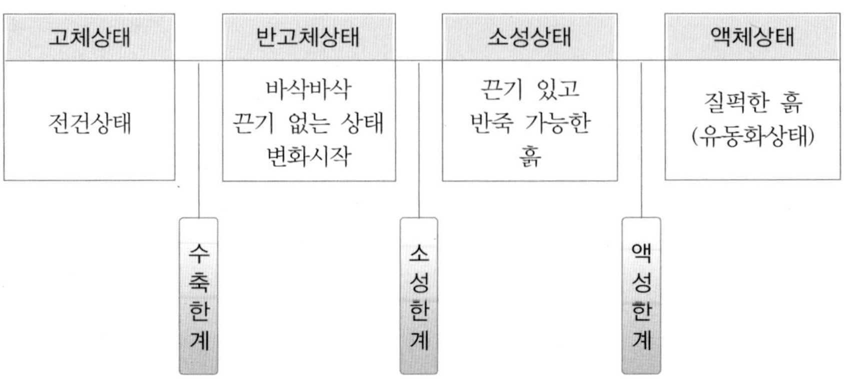

7. 사질층과 점토층의 비교

흙의 성질	사 질	점 토 질
투수계수	크다.	적다.
압밀성	적다.	크다.
압밀속도	빠르다.(순간침하)	느리다.(장기압밀침하)
가소성	없다.	있다.
불교란 시료	채집하기 어렵다.	비교적 채집하기 쉽다.
건조수축	수축하기 어렵다.	수축하기 쉽다.

Ⅱ. 지반조사

1. 지반조사 순서

순 서	내 용
사전조사	예비지식으로 지반의 개황을 조사
예비조사	본조사의 기본자료가 되는 대지 내의 기초적 조사
본 조 사	지반의 물리적, 역학적 성질을 본격적으로 조사
추가조사	본 조사의 결과를 보완하기 위한 보충조사

〈지반조사 장면〉

2. 지반조사 항목

항 목	종 류
지하탐사법	① 짚어보기(탐사간) ② 터파보기 ③ 물리적 탐사법

항 목	종 류	
보링(boring)	① 오거(auger)보링 ③ 충격식보링	② 수세식 보링 ④ 회전식 보링
시료 채취(sampling)	① 교란시료 채취	② 불교란시료 채취
사운딩(sounding)	① 표준관입시험 ③ 콘관입시험	② 베인(vane)시험 ④ 스웨덴식 사운딩
토질시험	① 물리적 시험	② 역학적 시험
지내력 시험	① 평판 재하시험	② 말뚝 재하시험

3. 지하탐사법

종 류	방 법
터파보기 (test pit)	① 대지의 일부분을 시험하기 위하여 그 지층의 상태를 보고 내력을 추정 ② 가장 간단하고 확실한 방법으로 직경 60~90cm, 깊이 1.5~3m, 간격 5~10m로 구덩이를 파서 조사
짚어보기 (탐사간)	① 수개소 시행하여 지층의 깊이 추정 ② 9mm 정도의 철봉을 땅속에 박아서 침하력으로 생땅의 위치나 흙의 강도 등을 측정
물리적 지하탐사	① 광대한 대지의 지하구성층의 개략적 탐사 ② 전기저항식, 강제 진동식, 탄성 파식이 있고, 전기저항식이 많이 쓰이며, 건축공사에는 거의 사용 안함.

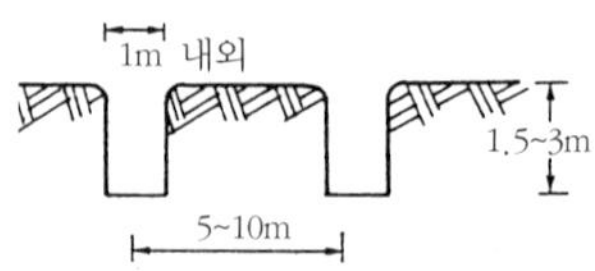

〈터파보기〉

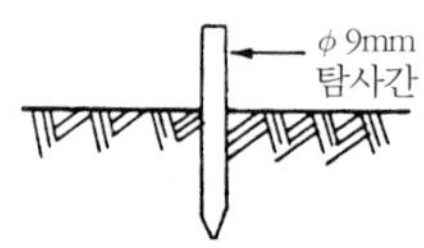

〈짚어보기〉

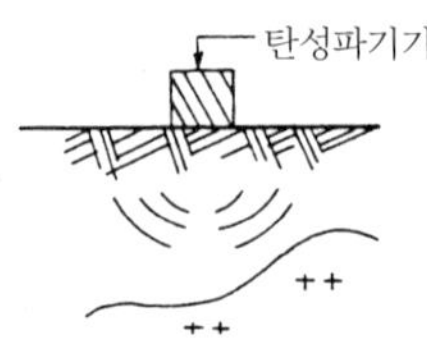

〈물리적 탐사법〉

〈전기저항식 지하탐사법〉

4. 보링(boring)

(1) 정의

지중의 토사에 철관을 꽂아 토질의 시료를 채취하여 지층의 상황을 판단하기 위한 토질조사법

(2) 종류

종 류	방 법
오거 보링 (auger boring)	① 나선형으로 된 송곳을 인력으로 지중에 틀어박는 방법으로 가장 간단하다. ② 깊이 10m 이내의 점토층에 사용
수세식 보링	① 비교적 연약한 토사에 수압을 이용하여 탐사하는 방식 ② 선단에 충격을 주어 이중 관을 박고 물음 뿜어내어 파진 흙과 물을 같이 배출
충격식 보링	① 경질층을 깊이 파는 데 이용되는 방식 ② 와이어로프의 끝에 충격날의 상하작동에 의한 충격으로 토사암석을 파쇄 천공하여 파쇄된 토사는 배출
회전식 보링 (rotary boring)	① 지층의 변화를 연속적으로 비교적 정확히 알고자 할 때 이용하는 방식으로 불교란 시료의 채취가 가능하다. ② rod의 선단에 첨부하는 날(bit)을 회전시켜 천공하는 방법

(3) 보링의 구성기구

① Casing(외관) : 공벽보호용
② Rod(쇠막대) : 지지연결대
③ Core tube(코어튜브) : 시료 채취기
④ Bit(칼날) : 굴삭용

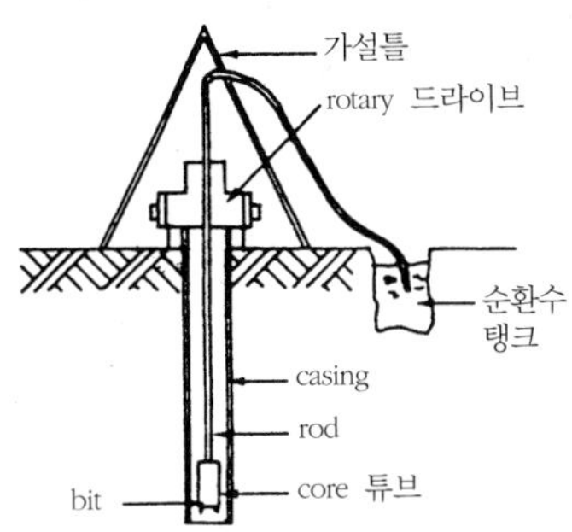

참고

■ 토질 주상도(柱狀圖)

1) 정의

지질단면을 도화(圖化)할 때에 사용하는 도법으로, 지층의 층서(層序) · 포함된 제물질의 상태 · 층두께 등을 축적으로 표시한 것

2) 토질주상도 기입내용

① 지반조사 지역 ② 조사일자 및 작성자 ③ boring 방법 ④ 지하수위
⑤ 심도에 따른 토질 및 색조 ⑥ 지층두께 및 구성상태

5. 샘플링(Sampling : 시료채취)

(1) 개요

① 지반의 토질판별을 위하여 시료를 채취하는 방법을 말한다.

② 샘플링하는 용도는 토질 주상도 작성의 기초자료, 토층의 성상판별, 지내력 추정이다.

③ 시료를 채취하는 방법에는 크게 교란시료 채취와 불교란시료 채취방법으로 분류할 수 있다.

(2) 교란시료 채취(disturbed sampling)

① 토질이 흐트러진 상태로 채취한 시료를 말한다.

② 토질의 성질, 다짐성 등을 시험

③ remold sampling(; auger에 의하여 연속적으로 샘플을 채취하는 방법)

(3) 불교란시료 채취(undisturbed sampling)

① 토질이 자연상태 그대로 흩어지지 않도록 채취하는 것으로 보링과 병행하여 실시한다.

② 채취방법

종 류	적 용 토 성
신월(thinwall) 샘플링	N치 0~4 정도의 연약한 점토채취, 높은 신뢰도
컴포지트(composite) 샘플링	N치 0~8 정도의 굳은 점토 또는 다져진 모래 채취
덴션(dension) 샘플링	N치 4~20 정도의 경질점토 채취
포일(foil) 샘플링	연약지반에 사용되며 완전히 연결된 시료채취 가능

6. 사운딩(sounding)

(1) 정의

Rod 선단에 설치한 저항체를 땅속에 삽입하여서 관입, 회전, 인발(빼올리기) 등의 저항으로 토층의 성상을 탐사하는 방법으로서 원위치시험이라고 한다.

(2) 탐사방법

종 류	목 적
표준관입시험	사질지반의 밀도측정
베인 테스트(vane test)	점토지반의 점착력 파악

종 류	목 적
콘(cone)관입시험	흙의 경연 정도를 조사하며 연약한 점토질 지반에 사용
스웨덴식 사운딩 시험	관입량과 회전수로 토층의 상황판단

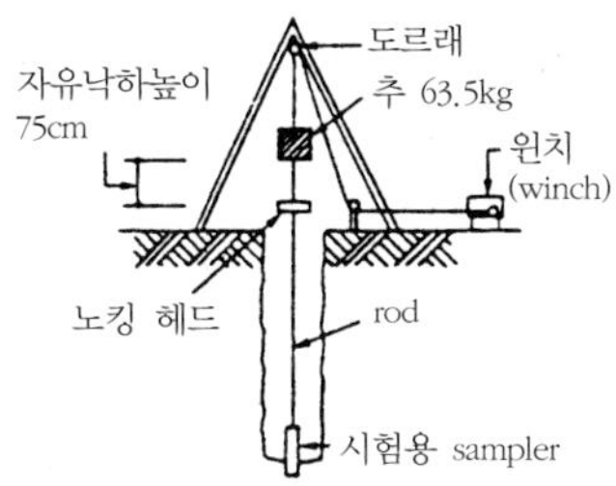

〈표준관입시험〉

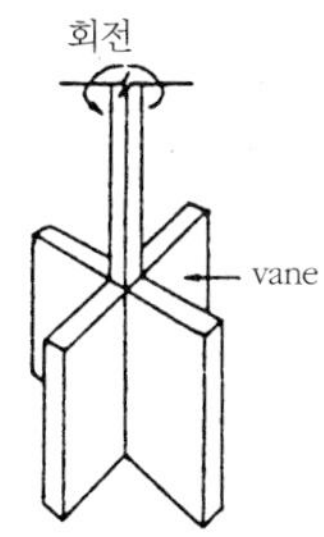

〈Vane test〉

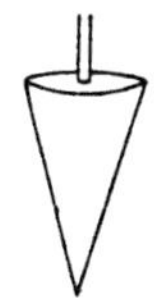
〈Cone 관입시험〉

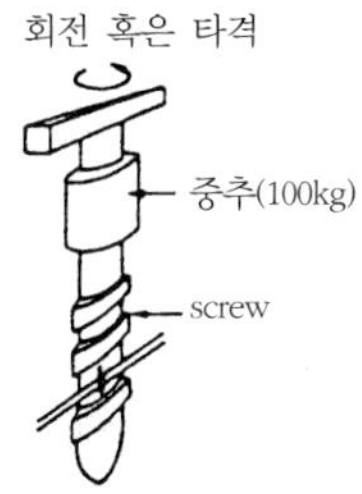

〈스웨덴식 사운딩 시험〉

(3) 표준관입시험(standard penetration test : SPT)

① 개요

㉮ 점성토지반에서는 실시하지 않는 것을 원칙으로 하되, 흐트러지지 않은 시료의 채취가 불가능한 사질 지반에서 지반을 구성하는 토층의 경연, 상대 밀도를 측정할 때 사용되는 방법으로 *N*값도 알 수 있지만 동시에 시료도 채취되므로 보링을 실시할 때 같이 실시하기도 한다.

㉯ 사질토지반에서는 시추공 내 수위를 최소지하수위 이상으로 유지하여야 하며, 표준관입시험은 케이싱(casing) 하단에서 실시하여야 한다.

㉰ 한국산업표준 KS F 2307 시험방법의 규정에 따라 최대 2m 심도 간격으로, 대표성이 있는 곳이나 지층이 변하는 곳에서 실시하는 것을 원칙으로 한다.

〈표준관입시험 실시 장면〉

② 시험방법

㉮ 표준관입시험은 매 150mm 관입마다 3회 연속적으로 타격수를 기록하여야 하며, 만일 슬라임(slime) 또는 시추공 벽의 붕괴 등으로 인하여 50mm 이상 차이가 났을 때에는 이를 제거한 후 시험을 실시하여야 한다.

㉯ 표준관입 시험용 샘플러를 중량 63.5kg의 추로 76cm 높이에서 자유낙하시킨 충격으로 30cm 관입시키는 데 요하는 타격횟수 N값을 측정하여 구한다.

㉰ N 값에 따른 지반 상태

지반종류	N 값
아주 밀실한 모래	50 초과
밀실한 모래	30~50
중정도 모래	10~30
느슨한 모래	5~10
아주 느슨한 모래	5 미만

(4) 베인테스트

① 땅 속의 토층에서 시료를 채취하지 않고 보링 구멍을 이용하여 +자 날개형의 베인을 지반에 박고 회전시켜 그 저항력에 의하여 연약 점토 지반의 점착력을 판별한다.

② 연한 점토질에 쓰이며 굵은 진흙층에는 테스터 삽입이 곤란하다.

(5) 콘(cone)관입 시험

① 강봉의 선단에 원추형 콘을 달고 지중에 관입시켜, 관입저항치를 측정하여 지반의 지지력을 측정하는 시험이다.

〈콘관입시험 실시 장면〉

② 비교적 넓은 지역의 조사시 보링공과 공 사이의 개략적인 토층성상을 파악하기 위해 실시하며, 연약지반에 주로 사용된다.

③ 종류

- 정적 콘 관입시험
  - 휴대용 콘 관입시험(portable cone penetration test)
  - 화란식 콘 관입시험(dutch cone penetration test)
- 동적 콘 관입시험(dynamic cone penetration test)

7. 토질시험

물리적 시험	함수비 시험	흙의 함수량을 측정
	비중시험	흙의 비중을 측정
	액성 한계시험	흙의 끈기가 있는 상태의 정도를 측정
	소성 한계시험	흙의 바삭바삭한 정도를 측정
역학적 시험	1축 압축시험	측압력이 없이 수직응력만 가하는 보통의 압축시험
	3축 압축시험	고무막에 넣은 원통형의 시료에 일정한 측압을 가하면서 수직하중을 가하는 간접전단시험
	전단시험	수직력과 전단력과의 관계에서 점착력과 마찰각을 측정하는 직접전단시험
	압밀시험	흙의 압밀변형량을 측정

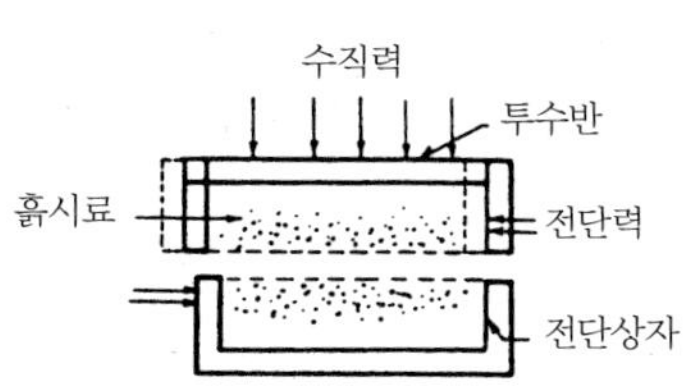

〈전단시험〉

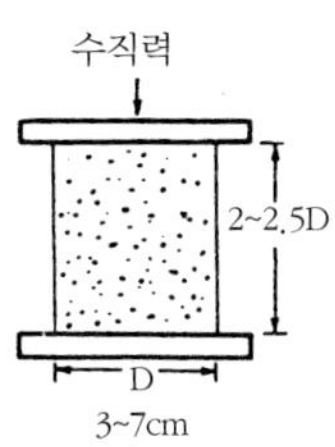

〈1축 압축시험〉

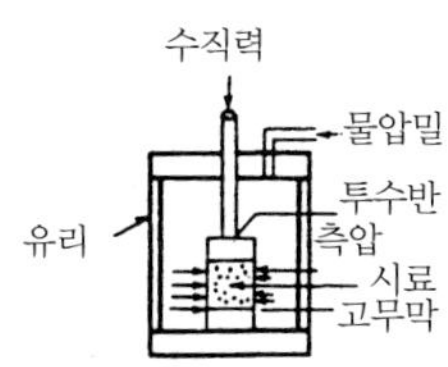

〈3축 압축시험〉

8. 지내력(地耐力)시험

(1) 정의

지반면에 직접 하중을 가하여 기초지반의 지지력을 추정하는 시험을 말한다.

(2) 종류

1) 평판재하시험(P.B.T : Plate Bearing Test)

① 평판재하시험의 재하판은 직경 300mm를 표준으로 하며, 예정 기초저면에 설치한다.

② 최대 재하하중은 지반의 극한지지력 또는 예상되는 장기설계하중의 3배로 한다.

③ 재하는 5단계 이상으로 나누어 시행하고 각 하중 단계에 있어서 침하가 정지되었다고 인정된 상태에서 하중을 증가한다.

④ 침하 증가가 2시간에 0.1mm의 비율 이하가 될 때 침하가 정지된 것으로 간주하며, 하중 증가 크기는 매회 1t 이하 또는 예정 파괴하중의 1/5 이하이다.

⑤ 24시간 경과 후 0.1mm 이하의 변화를 보인 때의 총침하량이 20mm에 달했을 때까지의 하중 또는 총침하량이 20mm 이하이지만 지반이 항복상태를 보인 때까지의 하중 가운데 작은 값을 기준으로 산정한 것을 단기허용지내력도로 한다.

⑥ 실제 건축물에 적용하는 장기허용지내력도는 단기허용지내력도의 1/2로 한다.

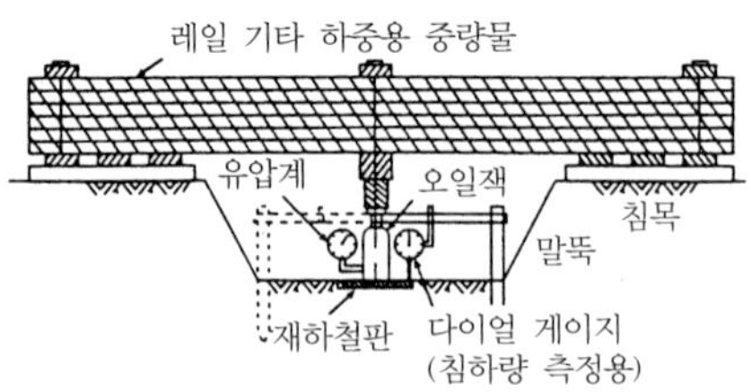

〈재하지험장치〉

2) 말뚝재하시험

① 사용예정인 말뚝에 대해 실제로 사용되는 상태 또는 이것에 가까운 상태에서 지지력 판정의 자료를 얻는 시험으로 직접적으로 지지력을 확인하는 방법

② 종류

- 정재하시험
  - 압축재하시험 : 실물재하시험, 반력 pile 재하시험
  - 인발시험
  - 수평재하시험
- 동재하시험

〈정재하시험 장면〉

〈동재하시험 장면〉

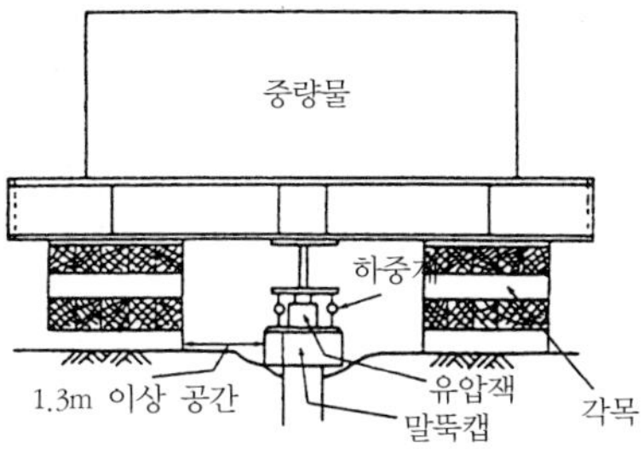

〈실물 재하방법〉

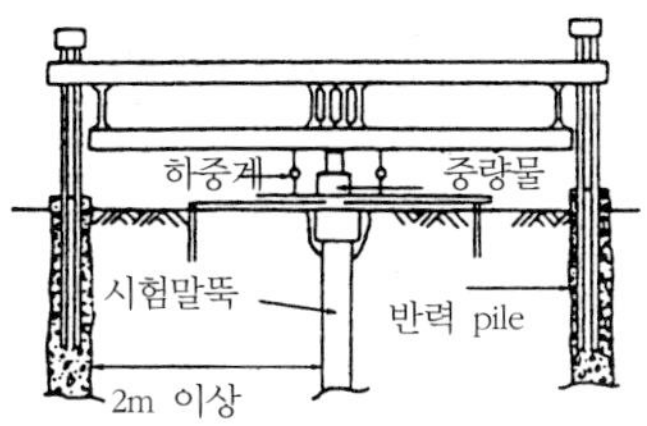

〈반력 Pile 재하방법〉

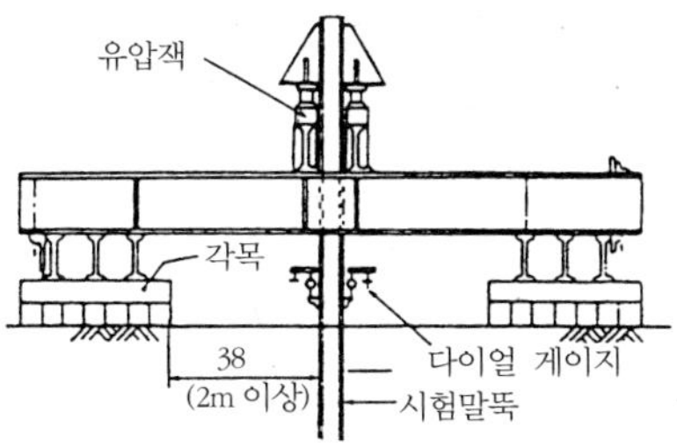

〈인발시험〉

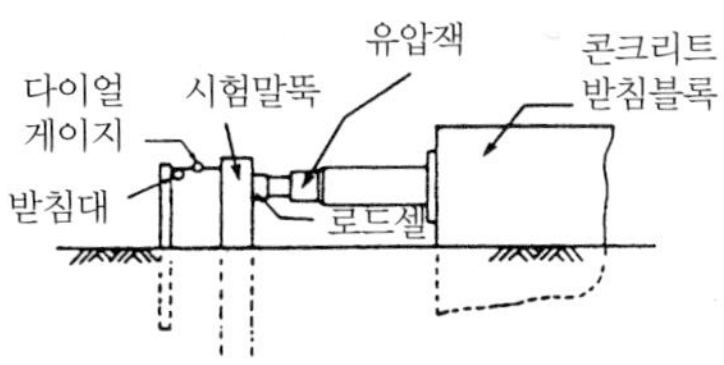

〈외말뚝의 수평재하시험〉

(3) 시험순서

① 시험면 터파기 → ② 재하판 설치 → ③ 하중대 설치 → ④ 재하 및 침하량 측정 → ⑤ 단기허용지내력 산출 → ⑥ 장기허용지내력 산출

Ⅲ. 지반개량공법

1. 지반개량의 목적

① 지반의 지지력 증대
② 부동침하 방지
③ 지하굴착시 안전성 확보
④ 기초의 보강
⑤ 말뚝의 가로저항력 증가

2. 지반개량공법의 종류

공 법	적용지반	종 류
다짐법	사질토	① 바이브로 플로테이션(vibro flotation)공법 ② 바이브로 콤포저(vibro composer)공법 ③ 다짐말뚝(sand compaction pile)공법 ④ 동압밀공법(동다짐공법 : dynamic compaction) ⑤ 폭파다짐공법
재하(압밀)공법	점토질	① 선행재하공법 ② 사면선단재하공법 ③ 압성토공법
치환공법	점토질	① 굴착치환공법 ② 미끄럼치환공법 ③ 폭파치환공법
탈수 및 배수공법	점토질	① sand drain공법 ② paper drain공법 ③ 생석회말뚝공법
	사질토	④ well point공법 ⑤ deep well(깊은 우물)공법
고결공법	점토질	① 소결공법 ② 동결공법 ③ 약액주입공법
혼합공법	사질토 점성토	① 입도조정법 ② soil cement법 ③ 화학약제 혼합공법

3. 종류별 세부사항

(1) 다짐법

종 류	방 법
진동다짐공법 (vibro floatation)	수평방향으로 진동하는 vibro float를 이용하여 사수와 진동을 동시에 일으켜 느슨한 모래지반을 개량하는 공법
vibro composer 공법	특수 파이프를 관입하여 모래를 투입하고, 이것을 진동하여 다지면서 파이프를 빼내어 진동다짐 모래말뚝을 형성하는 공법

종 류	방 법
다짐말뚝공법	사질지반에서 모래로 지중에 말뚝을 형성하여 다지는 공법
동다짐공법	개량하고자 하는 지반에 10~200t의 중추를 크레인 또는 타워 등의 특별한 장치를 사용하여 10~40m 높이에서 낙하시켜 지표면에 충격을 주어, 이때 발생하는 충격에너지(100~4,000t · m)가 지반의 심층까지 다짐효과를 주어 지반을 다져 강도를 증진시키는 공법
폭파다짐공법	지중에 화약류를 폭파시켜서 지반을 파괴하여 다지는 공법

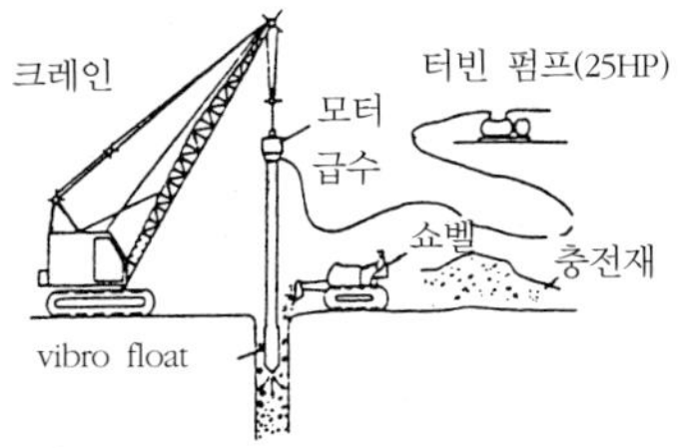

〈진동다짐공법〉

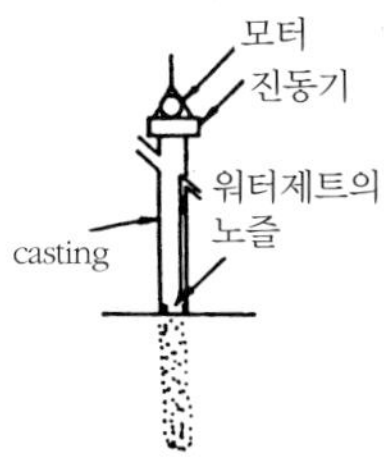

〈vibro composer공법〉

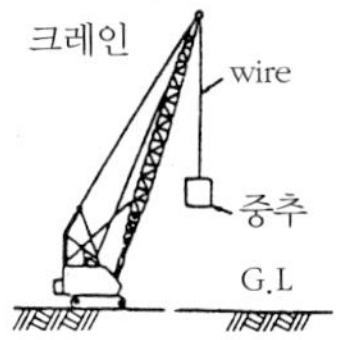

〈동다짐공법〉

(2) 치환공법

지반으로 흙을 양호한 흙으로 전체 바꾸어서 지반을 개량하는 방법

종 류	방 법
굴착치환공법	연약층의 일부 또는 전부를 굴착 제거하여 양질의 흙으로 치환하는 공법
미끄럼치환공법	양질의 치환토의 성토자중에 의해 연약층 전단면을 강제적으로 밀어내어 연약지반을 양질토로 치환하는 공법
폭파치환공법	연약층 중에 폭약을 삽입하여 폭발시킴으로써 연약토를 밀어내어 양질의 성토재와 치환하는 공법

(3) 탈수 및 배수공법

종 류	내 용	
웰포인트 (well point)공법	**사질지반에 대표**적인 탈수공법으로 집수장치를 붙인 파이프를 지중에 박아 이것을 지상의 집수관에 연결하여 펌프로 지중의 물을 배수하는 공법	
샌드드레인 (sand drain)공법	정의	**점토지반의 대표**적인 탈수공법으로 지름 40~60cm의 철관을 이용 모래말뚝을 형성한 후, 지표면에 성토하중을 가하여 점토질 지반을 압밀탈수하는 공법
	목적	연약점토층의 수분을 탈수시켜 지반의 경화개량을 도모
	방법	① 지름 40~60cm의 철관을 적당히 간격으로 때려 박는다. ② 철관 속에 모래를 다져 넣어 모래말뚝을 형성한다. ③ 지표면에 성토하중을 가하여 모래말뚝을 통해서 수분을 탈수시킨다.

종 류	내 용
페이퍼드레인 (paper drain)공법	점토지반에서 모래 대신 합성수지로 된 card board를 사용하여 탈수하는 공법
생석회말뚝(케미코 파일)공법	지반 내에 생석회(CaO)에 의한 말뚝을 설치하여 흙을 고결화시켜 지지력의 증대와 말뚝 주변의 지반 강화를 도모하는 공법

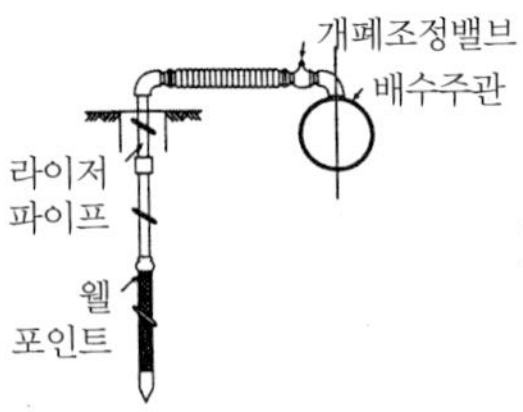

〈웰포인트공법〉

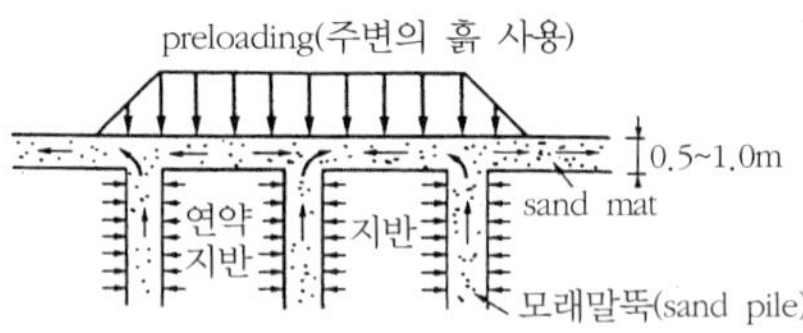

〈샌드드레인공법〉

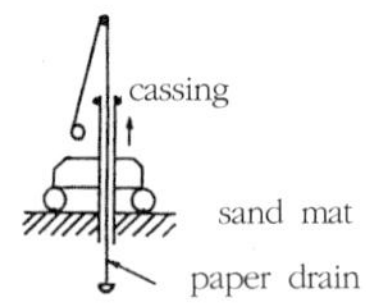

〈페이퍼드레인〉

〈샌드드레인공법〉

〈페이퍼드레인공법〉

(4) 고결공법(약액주입법)

고결재를 흙입자 사이의 공극에 주입시켜 흙의 화학적 고결작용을 통해 지반의 강도 증진 · 압축성의 억제 · 투수성의 변화를 촉진시키는 공법

종 류	방 법
동결공법	지중의 수분을 일시적으로 동결시켜 지반의 강도와 차수성을 향상하고 그 동안에 목적된 본공사를 실시하는 일종의 가설공법
소결공법	점토질의 연약지반 중에 보링하여 구멍을 뚫고 그 속을 가열하여 그 주변의 흙을 탈수시켜 지반을 개량하는 고결공법의 일종
약액주입공법	지반 내에 시멘트, 약액 등을 주입하여 연약지반을 고결시켜 지내력을 증진시키는 공법
J.S.P공법 (jumbo special pile)	초고압(200kg/cm^2)의 제트를 이용하여 연약지반의 내력을 증가시키는 지반 고결재(시멘트 주입재)의 주입공법으로 double rod 선단에 Jetting 노즐을 장착하여 시멘트 주입재를 분사하면서 회전하게 하여 지반을 강화한다.

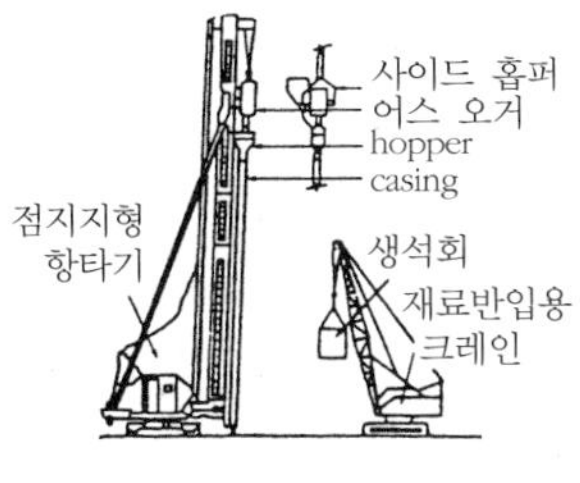

〈생석회말뚝공법〉

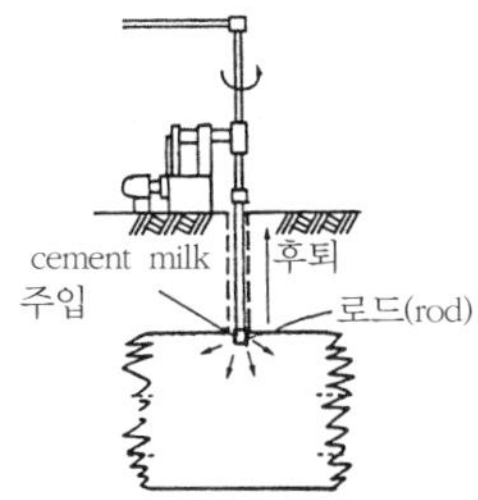

〈J.S.P공법〉

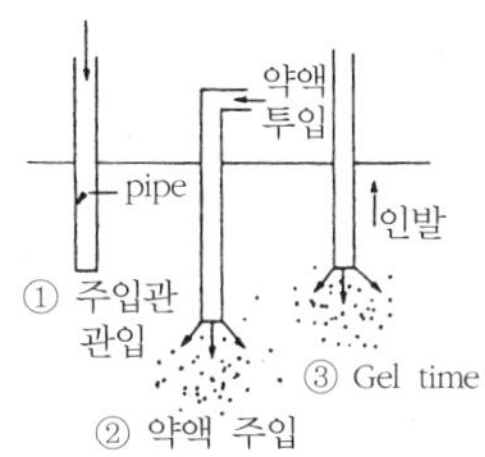

〈약액주입공법〉

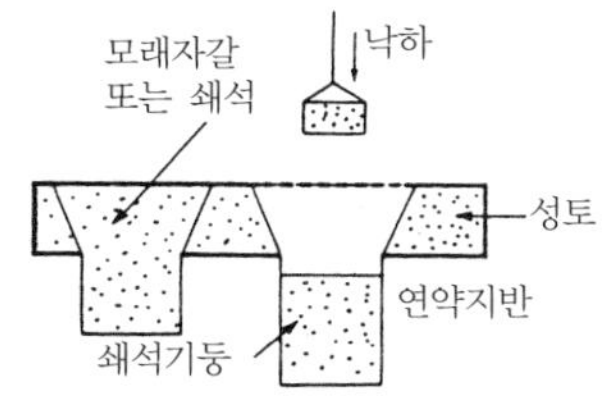

〈동치환공법〉

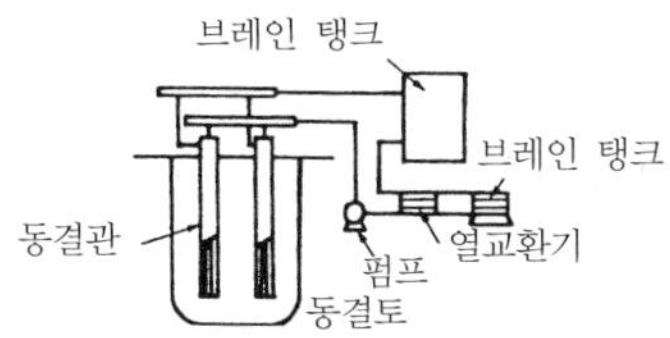

〈동결공법〉

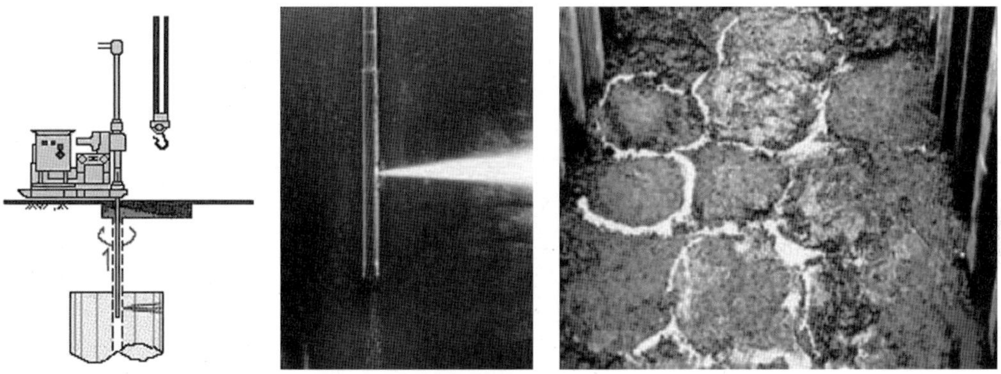

〈J.S.P공법 시공 장면〉

IV. 흙막이공법

1. 종 류

- 지지방식에 의한 분류
  - 자립식 공법
    - 줄기초 흙막이
    - 어미말뚝식 흙막이
    - 연결재 당겨매기식 흙막이
  - 버팀대식 공법
    - 수평 버팀대식
    - 빗(경사) 버팀대식
  - 지반정착(Earth anchor)공법
- 구조방식에 의한 분류
  - 널말뚝식 공법
    - 목재널말뚝
    - 철근콘크리트 기성재 널말뚝
    - 철재(강재) 널말뚝
  - 지하연속벽공법
    - ICOS(주열식)공법
    - 프리팩트콘크리트 파일공법
    - S.C.W공법
    - Slurry wall(격막벽)공법
  - 구체흙막이공법
    - 우물통(well)공법
    - 개방잠함(open caisson)공법
    - 용기잠함공법

2. 자립식 흙막이공법

(1) 종류

종 류	방 법
줄기초 흙막이	깊이 1.5m 내외, 너비 1m 내외의 지층에 사용하는 간단한 흙막이
어미말뚝식 흙막이	어미말뚝(H형강)을 박고 굴착하면서 그 사이에 토류판을 설치하는 공법
연결재 당겨매기식 흙막이	흙막이 말뚝과 널말뚝 상부에 ㄱ자 형강 또는 각재를 연결재(tie bar) 또는 로프로 끌어 당겨 매는 공법

(2) 연결재 당겨매기식 흙막이 시공순서

① 어미말뚝 시공
② 널말뚝 시공
③ 말뚝 상부 띠장(ㄱ자 형강) 설치
④ 로프 당겨매기
⑤ 흙파기

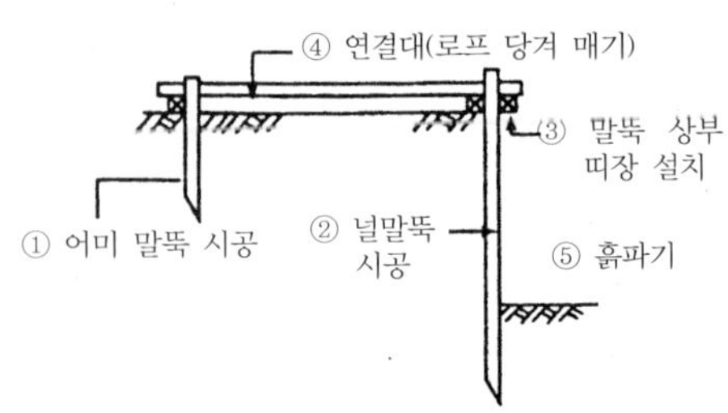

3. 버팀대식 흙막이공법

(1) 빗버팀대식 시공순서

① 줄파기
② 규준대 대기
③ 널말뚝 박기
④ 중앙부 흙파기
⑤ 띠장 대기
⑥ 버팀 말뚝 및 버팀대 대기
⑦ 갓둘레(주변부) 흙파기

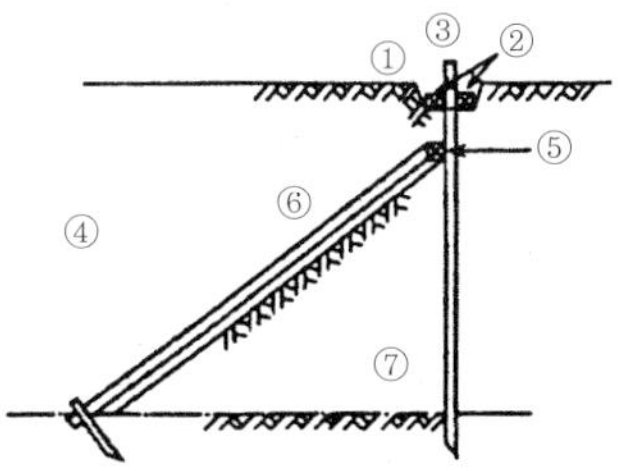

〈가이드월 설치 장면〉

〈빗버팀대식 시공 장면〉

(2) 수평버팀대식 시공순서

① 줄파기
② 규준대 대기
③ 널말뚝 박기
④ 흙파기
⑤ 받침기둥 박기
⑥ 띠장 및 버팀대 대기
⑦ 중앙부 흙파기
⑧ 주변부 흙파기

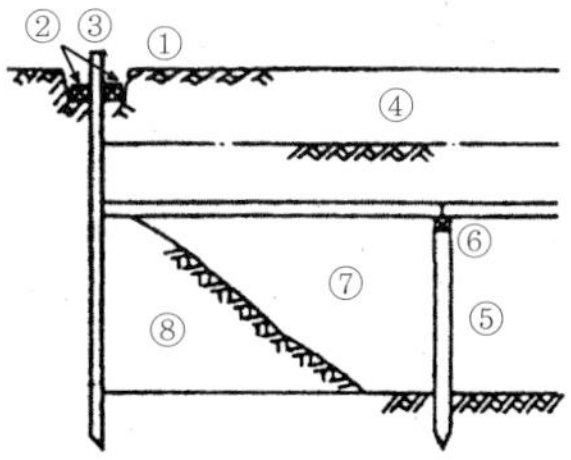

〈수평버팀대식 흙막이 시공 장면〉

4. 지반정착(Earth anchor, tie-back)공법

(1) 정의

버팀대 대신 흙막이 벽을 어스드릴로 천공한 후 인장재와 모르타르를 주입하여 경화시킨 후 인장력에 의해 토압을 지지하는 공법이다.

(2) 장 · 단점

장 점	단 점
① 버팀대가 없어 굴착공간을 넓게 활용 ② 대형기계 반입 용이 ③ 작업공간이 좁은 곳에서도 시공 가능 ④ 공기단축이 용이	① 시공 후 검사가 곤란 ② 인접한 구조물의 기초나 매설물이 있는 경우 부적합 ③ 사질토지반과 굴착심도가 깊어지면 시공 곤란

(3) 분류

종 류		내 용
용도별	가설용 앵커	흙막이 배면에 작용하는 토압에 대응하기 위하여 설치하는 앵커로서 지하체가 완성되면 되메우기 전에 철거한다.
	영구용 앵커	구조물의 별도 보강이 필요할 때 사용한다.
지지 방식별	마찰형 지지방식	일반적으로 널리 이용되는 지지방식으로 anchor체의 주면마찰저항에 의해 인장력을 저항하는 방식
	지압형 지지방식	앵커체 일부 또는 대부분을 국부적으로 크게 착공하여 앞쪽면의 수동토압저항에 의해 인장력에 저항하는 방식
	복합형 지지방식	앵커체 앞면에 수동토압저항과 주면마찰저항 합에 의해 인장력에 저항하는 방식

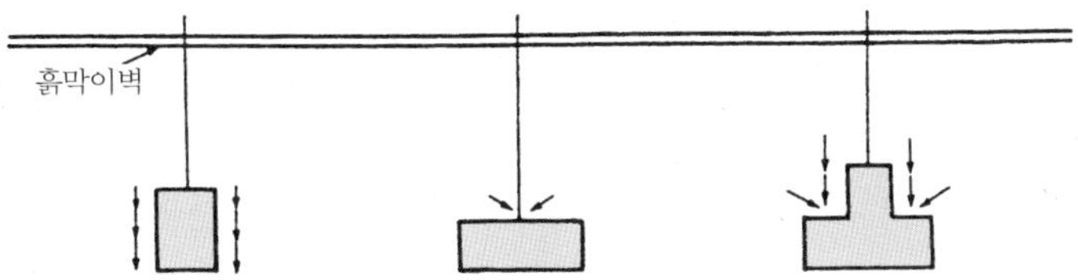

〈마찰형 지지방식〉 〈지압형 지지방식〉 〈복합형 지지방식〉

(4) 시공순서

① 어미(엄지)말뚝 설치
② 흙파기
③ 토류판(흙막이 벽판) 설치
④ 어스 앵커드릴로 구멍을 뚫는다(앵커용 보링).
⑤ P.S케이블 삽입 후 그라우팅(앵커 그라우팅)
⑥ 띠장 설치
⑦ 앵커긴장 및 정착(인장시험)

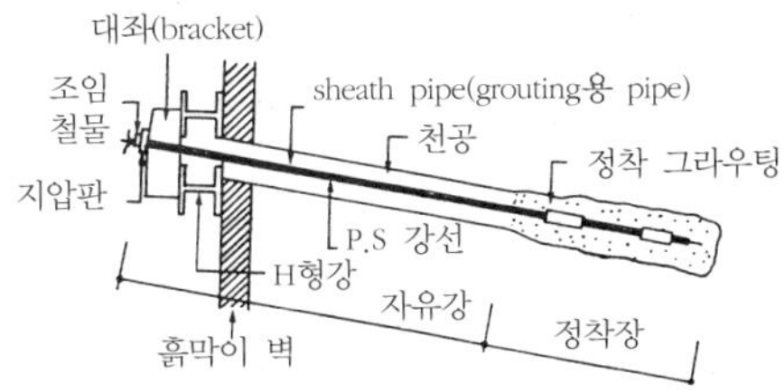

(5) 기타 공법

1) 소일 네일링(Soil nailing)공법

흙과 보강재 사이의 마찰력·보강재의 인장응력과 전단응력 및 휨모멘트에 대한 저항력으로 흙과 nailing의 일체화에 의하여 지반의 안정을 유지하는 공법(절토면이나 흙막이공법 등에 사용)

2) 록 앵커(Rock anchor)공법

① 정의

연약지반에서 암반까지 천공하여 설치하는 앵커로서 암반과의 정착에 의해 구조물을 지지하는 영구용 앵커(부력 방지용)

② 용도

㉮ 피압수 부력에 의한 건물 부상방지용　　㉯ 옹벽의 수평저항용
㉰ 암반부위 기초설치시 sliding 방지　　㉱ 교량의 보강

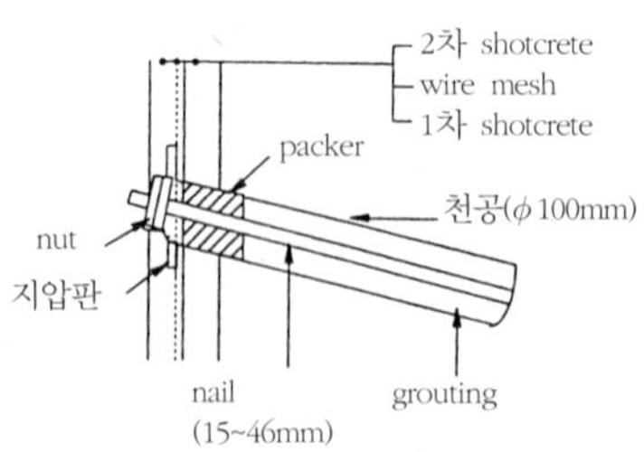

〈소일 네일링〉

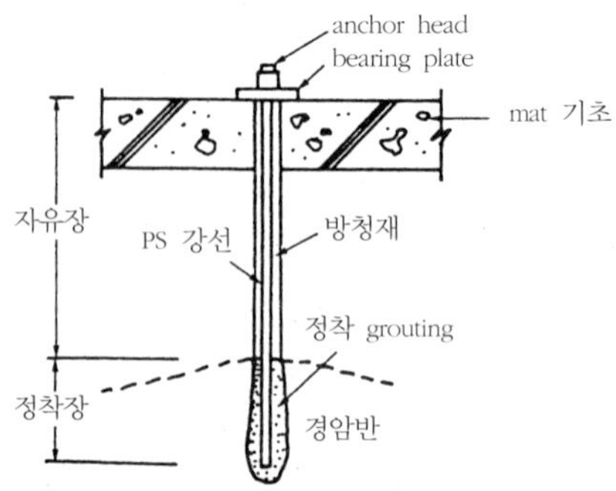

〈록 앵커〉

〈록 앵커 설치기계 및 시공완료 장면〉

5. 널말뚝식 흙막이공법

(1) 종류

목재 널말뚝	수밀성이 적으므로 지하수가 많은 곳 부적당
철근콘크리트 기성재 널말뚝	프리캐스트(precast) 콘크리트 널말뚝을 사용
철재(강재) 널말뚝	용수가 많고 토압이 크고 기초가 깊을 때 사용

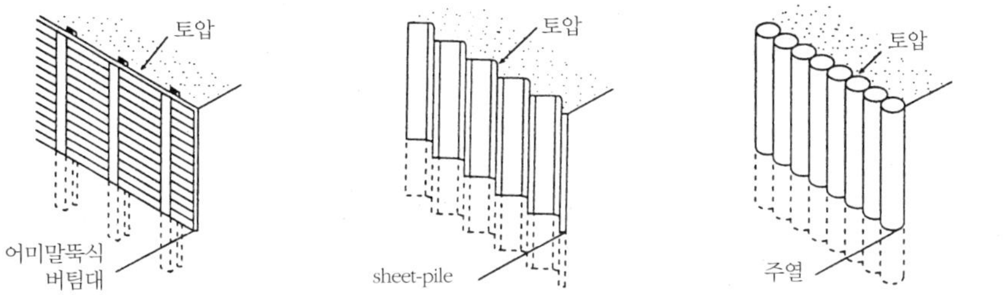

〈목재 널말뚝〉 〈철재(강재) 널말뚝〉 〈철근콘크리트 기성재 널말뚝〉

〈목재 널말뚝 흙막이〉

(2) 철재(강재) 널말뚝(steel sheet pile)의 종류

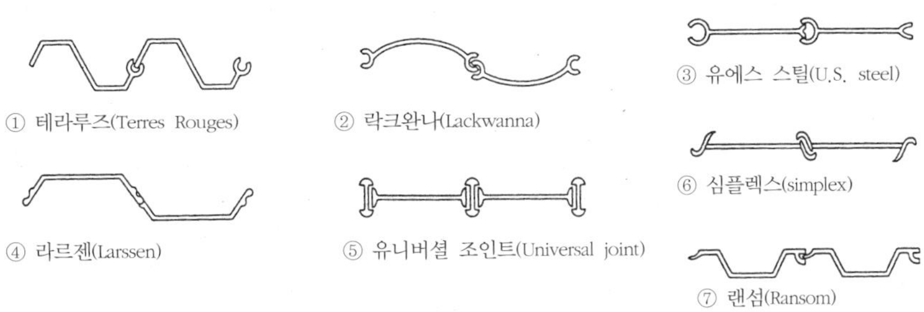

6. 지하연속벽공법

(1) 이코스(ICOS)공법(주열식 지하연속벽)

① 이탈리아 ICOS사에서 개발된 공법으로 제자리 콘크리트말뚝을 연속적으로 나열하여 만든 주열식 지하연속벽공법

② 특징

㉮ 소음, 진동이 적다.

㉯ 차수성이 크다.

㉰ 벽체 강성이 높아 인접건물 근접시공 가능

㉱ 지반조건에 좌우되지 않는다.

③ 시공순서

㉮ 말뚝구멍을 하나 걸러 가며 뚫는다.

㉯ 콘크리트를 부어 넣는다.

㉰ 말뚝과 말뚝 사이에 다음 구멍을 뚫는다.

㉱ 다음 말뚝구멍에 콘크리트를 부어 넣는다.

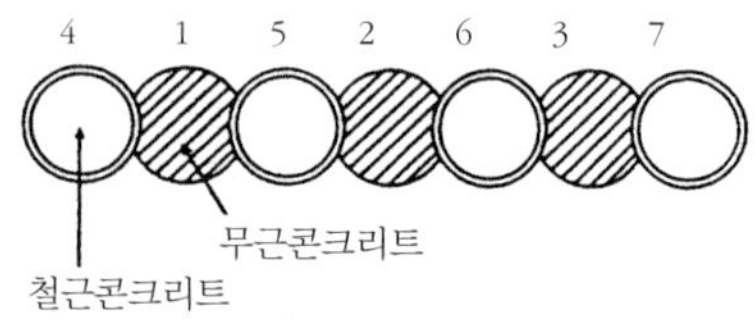

〈이코스공법 천공 및 완료 후 장면〉

(2) 프리팩트콘크리트 파일공법

① 종류

종류	내용
CIP 파일 (cast-in-place pile)	오거로 구멍을 굴착한 후 자갈을 채워 넣고 미리 배치한 주입관을 통해 모르타르를 주입하는 공법
PIP 파일 (packed-in place pile)	오거로 소정의 깊이까지 굴착한 다음 흙과 오거를 동시에 끌어 올리면서 오거 선단을 통해 모르타르, 잔자갈 콘크리트를 주입하는 공법

MIP 파일 (mixed-in place pile)	파이프 회전용의 선단에 커터(cutter)로 흙을 뒤섞으며 지중으로 파고 들어간 다음, 파이프 선단에서 모르타르를 분출시켜 흙과 모르타르를 혼합하여 소일 콘크리트(soil concrete)말뚝을 형성하는 공법

② CIP파일공법 시공순서

㉮ 철근조립

㉯ 모르타르 주입용 파이프 설치

㉰ 자갈 다져넣기

㉱ 모르타르 주입

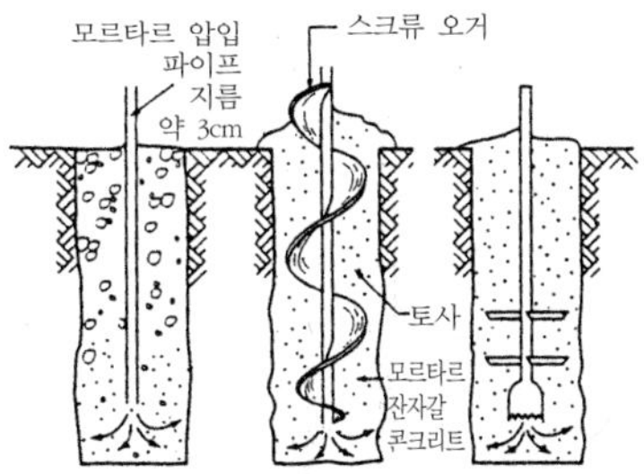

〈CIP 말뚝〉〈PIP 말뚝〉〈MIP 말뚝〉

(3) S.C.W(soil cement wall)공법

① 일종의 MIP공법으로 오거로 천공하면서 흙과 모르타르를 혼합하여 소일 콘크리트화하고 철근을 압입시공하여 지중 연속벽체를 형성하는 공법이다.

② 특징

㉮ 무소음, 무진동 공법이다.

㉯ 자체토류벽 이용이 가능하다.

㉰ 이동이 빠르고 능률이 좋다.

㉱ 임의의 형상, 치수가 가능하다.

㉲ 지반조건에 영향이 적다.

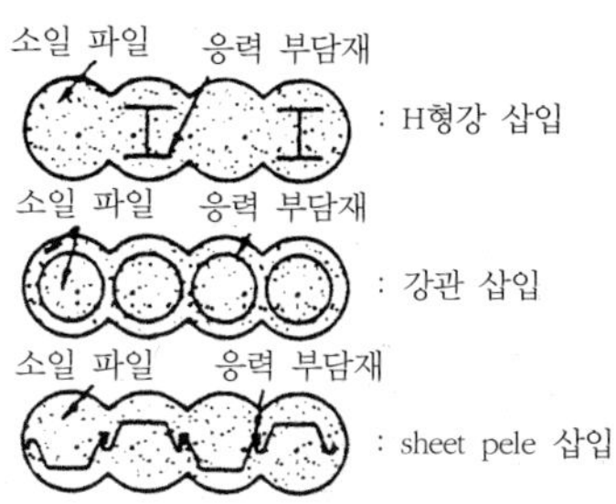

〈SCW공법 시공 장면〉

(4) 지하연속벽식 공법(slurry wall : 격막벽공법)

① 정의

벤토나이트 이수(泥水)를 사용해서 지반을 굴착하여 여기에 철근망을 삽입하고 콘크리트를 타설하여 지중에 철근콘크리트 연속벽체를 형성하는 공법

② 장 · 단점

장 점	단 점
㉮ 인접건물에 근접시공이 가능하다. ㉯ 무소음 · 무진동공법, 차수성이 높다. ㉰ 벽체강성이 높아 본 구조체로 사용 가능하다. ㉱ 지반조건에 좌우되지 않는다. ㉲ 임의의 형상, 치수, 깊이조절이 가능하다.	㉮ 장비가 고가이다. ㉯ 이동이 어렵다. ㉰ 고도의 기술, 경험이 필요하다. ㉱ 콘크리트 타설시 품질관리에 유의해야 한다. ㉲ 수평방향의 연속성이 부족하다.

③ 시공순서

㉮ Guide wall 설치 및 안정액 plant 설치 → ㉯ 굴착 → ㉰ 안정액 투입 → ㉱ Inter locking pipe 설치 → ㉲ 철근망 설치 → ㉳ 트레미관 설치 → ㉴ 콘크리트 타설 → ㉵ Inter locking pipe 인발 → ㉶ 양생

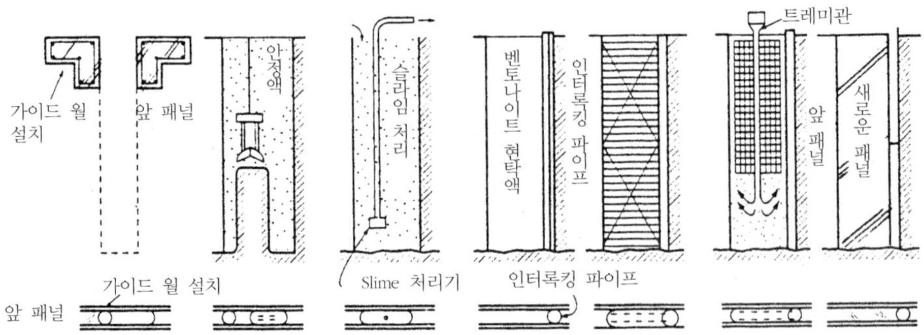

〈굴착기기 전경〉

〈트레미관 설치 장면〉

④ 트레미관(tremie pipe)

물, 이수(泥水) 내의 콘크리트치기를 할 때 보통 안지름 25cm 이상으로 하고 관 선단이 항상 채워진 콘크리트 중에 묻히도록 하여 콘크리트타설을 용이하게 하기 위한 관

〈트레미관 설치 장면〉

⑤ 슬라임(slime)

수중굴착시 굴착한 흙의 고운입자가 안정액과 혼합되어 시간이 경과함에 따라 굴착구멍 밑바닥에 가라앉는 부유물질

7. 흙막이벽의 안전성 검토

(1) 토압의 종류

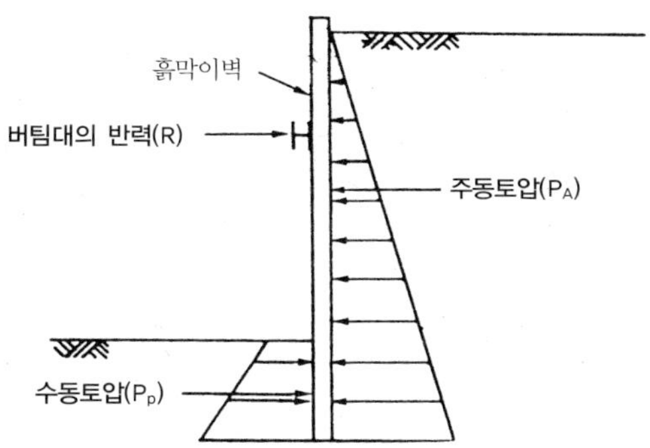

- $P_A < P_p + R$일 때 : 안전
- $P_A = P_p + R$일 때 : 정지토압
- $P_A > P_p + R$일 때 : 붕괴

(2) 널말뚝 설치시 발생되는 현상

1) 종류

종 류	현 상
히빙 현상 (heaving failure)	시트 파일 등의 흙막이벽 좌측과 우측의 토압차로서 흙막이 뒷부분의 흙이 기초파기하는 공사장으로 흙막이벽 밑을 돌아서 미끄러져 올라오는 현상
보일링 현상 (boilling of sand quick sand)	모래질 지반에서 흙막이벽을 설치하고 기초파기 할 때의 흙막이벽 뒷면 수위가 높아서 지하수가 흙막이벽을 돌아서 지하수가 모래와 같이 솟아오르는 현상
파이핑 현상 (piping)	흙막이벽의 부실공사로서 흙막이벽의 뚫린 구멍 또는 이음새를 통하여 물이 공사장 내부바닥으로 스며드는 현상

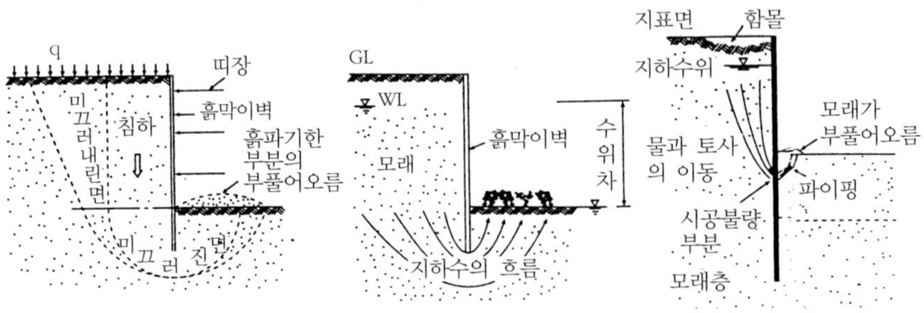

〈히빙〉 〈보일링〉 〈파이핑〉

2) 현상에 대한 방지대책

현 상	방 지 대 책
히빙 현상	① 흙막이의 근입길이를 경질지반까지 박는다. ② 부분굴착을 하여 굴착지반의 안전성을 높인다. ③ 아일랜드 컷공법을 채용해서 흙막이벽 전면에 중량을 부여한다. ④ 약액주입공법, 동결공법 등으로 굴착저면을 고결시킨다. ⑤ 강성이 큰 흙막이를 사용한다.
보일링 현상	① 흙막이의 근입장을 경질지반까지 박는다. ② 배수공법(웰 포인트) 등을 이용하여 지하수위를 저하시킨다. ③ 강성이 큰 흙막이를 사용한다. ④ 약액주입공법에 의해 지수벽, 지수층을 형성한다.
파이핑 현상	① 차수성이 높은 흙막이공법 시공 ② 흙막이벽 밀실 시공 ③ 지하수위 저하 ④ 지반 고결

참고

아래 그림에서와 같이 일반적으로 인접하는 건물보다 깊게 터파기를 했을 경우 인접 건물의 주위지반이 침하할 수 있는 원인은 다음과 같다.

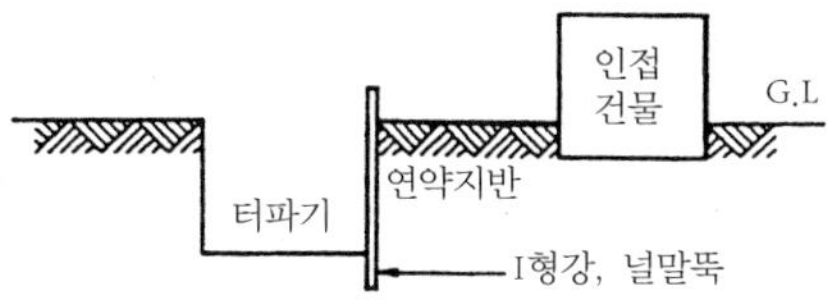

① 히빙 현상에 의한 경우
② 보일링 현상에 의한 경우
③ 파이핑 현상에 의한 침하
④ 버팀대를 시공치 않았을 경우
⑤ 널말뚝의 저면타입 깊이를 작게 했을 경우
⑥ 널말뚝 이동에 따른 침하
⑦ 뒤채움 불량에 의한 침하
⑧ 연약지반의 보강공사를 하지 않은 경우의 부동침하

(3) 언더피닝(underpinning)공법

① 정의

기존 건물 가까이에 신축공사를 할 때 기존 건물의 지반과 기초를 보강하는 공법이다.

〈언더피닝공법 시공 장면〉

② 종류

2중 널말뚝공법	흙막이 널말뚝의 외측에 2중으로 말뚝을 박는 공법
현장타설 콘크리트말뚝공법	인접건물의 기초에 현장타설 콘크리트말뚝을 설치
강제말뚝공법	인접건물의 벽, 기둥에 따라 강제말뚝을 설치
모르타르 및 약액주입법	사질지반에서 모르타르, 약액 등을 주입해서 지반을 고결시키는 공법

V. 흙파기공법

1. 기초모양에 의한 분류

구덩이파기	독립기초 등에서 국부적으로 파는 기초
줄파기	지중보, 벽구조 등에서 도랑모양으로 파는 기초
온통파기	온통기초, 지하실 파기 등에서 넓게 전체적으로 파는 기초

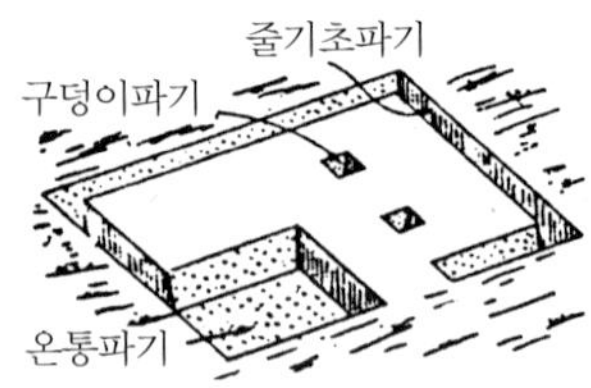

2. 흙파기 일반사항

(1) 휴식각(안식각)

① 정의

흙 입자간의 **응집력**, 부착력을 무시한 때, 즉 **마찰력**만으로서 **중력**에 대해 정지하는 흙의 사면(斜面) 각도

② 흙막이를 설치하지 않은 경우 흙파기 경사각(ϕ)은 휴식각의 2배로 한다.

(2) 굴착시 흙의 부피 증가율 크기 순서

암 석	점토+모래+자갈	점 토	모래 또는 자갈
60% 이상	30%	평균 25%	15%

3. 흙파기공법 종류

(1) 오픈 컷(Open cut)공법

① 흙막이 지보공(支保工 ; 버팀대)이 필요 없이 굴착면을 경사지게 파내는 공법

② 지반 양호하고 여유 있을 때 사용한다.

〈오픈 컷공법〉

(2) 아일랜드 컷(Island cut)공법

① 정의

중앙부분을 먼저 파고 기초를 축조한 다음, 버팀대로 지지하여 주변부분을 굴착하여 지하 구조물을 완성하는 공법

② 특징

㉮ 얕은 지하구조물로 건축물 범위가 넓은 공사에 적당

㉯ 대지 전체에 건축물 구축 및 지보공(버팀대) 절약

㉰ 연약지반에서는 비탈면 관계로 깊은 굴착은 부적당(깊이 10m 이내)

㉱ 지하공사 2회 실시로 공기가 길어짐.

③ 시공순서

㉮ 흙막이 설치

㉯ 중앙부 굴착

㉰ 중앙부 기초 구축물 축조

㉱ 버팀대 설치

㉲ 주변부 흙파기

㉳ 지하 구조물 완성

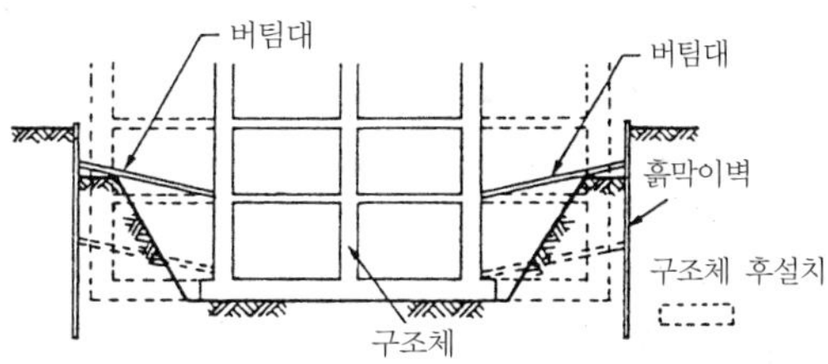

〈아일랜드 컷공법〉

(3) 트렌치 컷(Trench cut)공법

① 정의

아일랜드 공법과 역순으로 건물의 측벽이나 주열선 부분을 먼저 파내고 주변부 기초를 축조한 다음 중앙부를 굴착하여 지하구조물을 완성하는 공법

② 특징

㉮ 중앙부분 공간활용 가능

㉯ 버팀대의 길이가 짧아 변형이 적음

㉰ 흙막이벽(내측 흙막이벽)의 이중설치로 비경제적

㉱ 깊은 굴착에 부적당

㉮ 아일랜드 컷공법보다 공기가 길다.

③ 시공순서

㉮ 외주부분 흙막이벽 설치

㉯ 외주부분 굴착

㉰ 외주부분 구조체 축조

㉱ 중앙부의 나머지 부분 굴착

㉲ 중앙부 구조물을 외주부분 구조물과 연결하여 지하구조물 완성

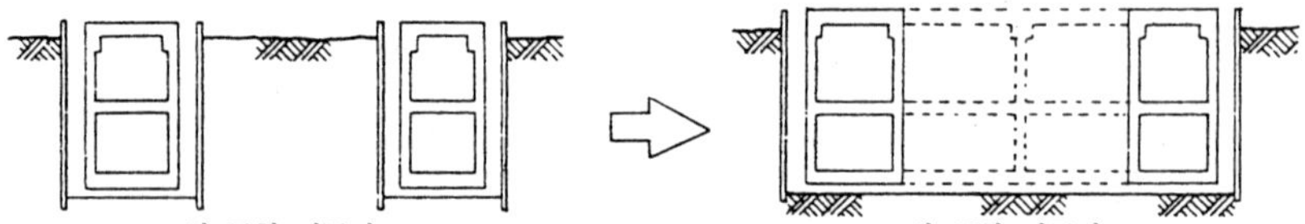

〈트렌치 컷공법〉

4. 역타공법(=Top down공법)

(1) 정의

흙막이벽으로 설치한 슬러리 월을 본 구조체의 벽체로 이용하고, 기둥과 기초를 시공한 다음, 점차 지하로 진행하면서 동시에 지상구조물도 축조해가는 공법이다.

(2) 종류

종 류	방 법
완전역타공법	지하 각 층 슬래브를 완전하게 시공하여 지하연속벽을 지지하여 주변 지반의 움직임을 방지하는 가장 안전한 공법
부분역타공법	바닥슬래브를 부분적(1/2~1/3)으로 시공하는 공법
Beam & girder식 역타공법	지하 철골구조물의 beam과 girder를 시공하여 지하연속벽을 지지한 후 굴착하는 공법

(3) 특징(장점)

① 지하, 시상 동시 작업으로 공기단축

② 1층 바닥 선시공으로 작업공간 활용 가능

③ 주변지반 및 인접건물에 악영향 적음

④ 슬래브 밑에서 작업하므로 전천후 시공 가능

⑤ 소음 및 진동이 적어 도심지 공사에 적합

(4) 단점

① 소형의 고성능 장비 필요
② 설계변경이 곤란
③ 정밀한 시공계획 수립 필요
④ 환기, 전기설비 필요

(5) 시공순서

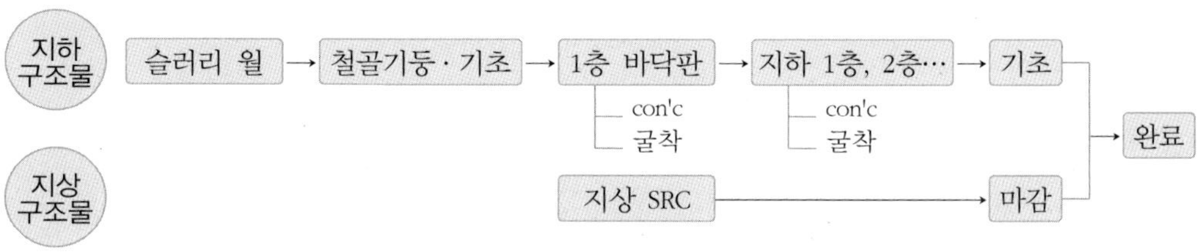

5. 계측관리

(1) 계측관리의 필요성

예측치와 실제 거동치가 불일치하므로 정확한 계측관리를 하여 실제와 설계의 차이를 조기에 발견하여 문제점을 해결하고 안전하고 정밀한 시공을 하며, 민원발생시 정보 확보를 한다는 의미도 있다. 정보화시공 계측관리라고도 한다.

(2) 계측관리 항목

항 목	측정기기의 종류
① 인접구조물 기울기 측정	tilt meter
② 인접구조물 균열측정	crack gauge
③ 지중 수평변위 계측	inclino meter
④ 지중 수직변위 계측	extension meter
⑤ 지하수위 계측	water level meter
⑥ 간극수압 계측	piezo meter
⑦ 흙막이부재 응력측정	load cell
⑧ 스트럿 변형 계측	strain gauge
⑨ 토압 측정	earth pressure meter
⑩ 지표면 침하측정	level and staff
⑪ 소음측정	sound level meter
⑫ 진동측정	vibro meter

(3) 계측기 배치

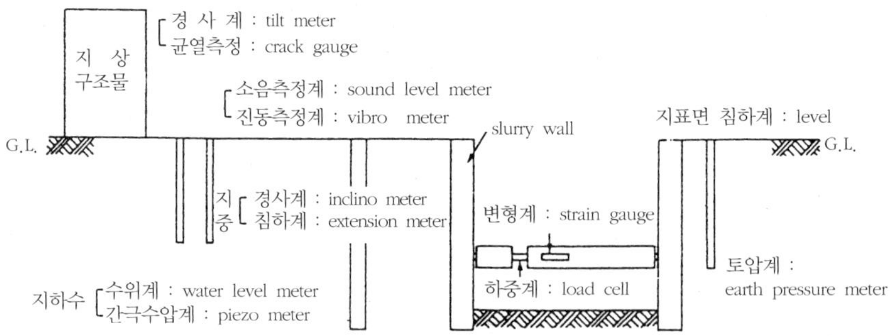

VI. 토공사용 기계의 종류

1. 크레인 부착장비

① 파일 드라이버(pile driver)
② 드래그라인(drag line)
③ 클램쉘(clam shell)
④ 파워쇼벨(power shovel)
⑤ 드래그쇼벨(drag shovel)

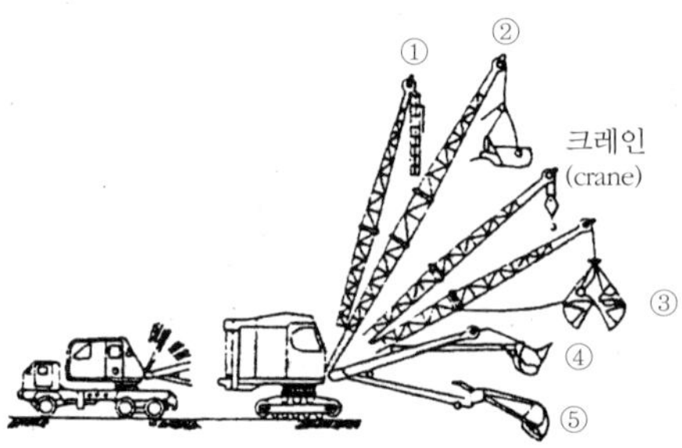

2. 굴삭용 장비

장비명	방 법
파워쇼벨 (power shovel)	기계가 서 있는 지반보다 높은 곳의 굴착에 적당
드래그쇼벨 (drag shovel) =백호우(back hoe)	① 기계가 서 있는 지반보다 낮은 곳의 굴착에 적당 ② 도랑파기에 적당하며 굴삭력이 우수
클램쉘(clam shell)	① 좁고 깊은 곳의 수직굴착에 적당 ② 지하연속벽 공사, 깊은 우물통 파기에 사용
드래그라인 (drag line)	① 지반보다 낮은 연질지반의 굴착에 적당 ② 굴삭범위가 크지만 굴삭력이 약하다.
트렌처(trencher)	일정한 폭의 구덩이를 연속으로 판다.

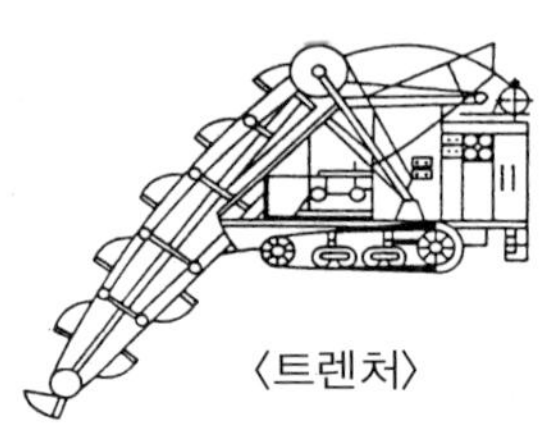

〈트렌처〉

3. 배토·정지용 장비

장 비 명	방 법
불도저(bulldozer)	운반거리 50~60m 이내의 배토작업
앵글도저(angledozer)	산허리 등 깎는 데 유용, 배토판 30° 회전 가능
그레이더(grader)	정지작업(땅고르기, 노면정리)에 적당
스크레이퍼(scraper)	토사의 운반과 100~150m의 중거리 정지공사에 적당

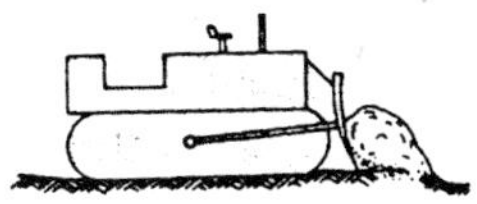
〈불도저〉

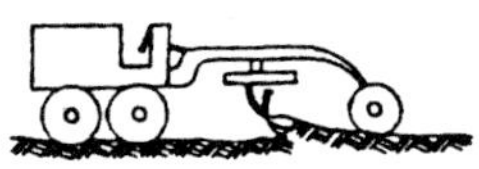
〈그레이더〉

〈스크레이퍼〉

4. 상차용 장비

〈로더〉

〈포크리프트〉

장 비 명	방 법
로더(loader)	① 굴착토사의 상차작업에 적당 ② 토사적재
포크리프트(forklift)	창고 하역, 벽돌, 목재 등을 나르고 흙도 싣는다.

5. 운반용 장비

장 비 명	내 용
트랙터(tractor), 덤프트럭(dump truck), 트레일러(trailer), 화물트럭	평면적인 운반기구
리프트(lift), 엘리베이터, 크레인(crane), 기중기(winch), 데릭(derrick)	수직적인 운반기구

참고
자주식(自主式) 장비라 함은 동력기구가 장치되어 스스로 주행 및 조작이 가능한 장비를 말한다.

6. 흙의 다짐장비

① 래머(rammer)

② 소형 진동롤러

③ Plate compactor

제4장 지정 및 기초공사

Ⅰ. 기초와 지정

Ⅱ. 말뚝지정(말뚝기초)

Ⅲ. 깊은 기초

Ⅳ. 연약지반의 기초 및 대책

I. 기초와 지정

- 기초판 형식
  - 독립기초
  - 복합기초
  - 연속기초
  - 온통기초
- 지정형식
  - 직접기초(보통지정)
    - 모래지정
    - 자갈지정
    - 잡석지정
    - 밑창 Con'c 지정
    - 긴주춧돌지정
  - 말뚝기초
    - 기능상 분류
      - 지지말뚝
      - 마찰말뚝
      - 다짐말뚝
    - 재료상 분류
      - 나무말뚝
      - 기성 Con'c 말뚝
      - 제자리 Con'c 말뚝
      - 강재말뚝
  - 깊은기초
    - 피어(pier) 기초
    - 잠함기초(케이슨 기초)

1. 기초와 지정

종류	정 의
기초	건축물의 최하부에서 상부구조의 하중을 받아서 지반에 안전하게 전달시키는 최하층 구조체
지정	기초밑면을 보강하거나 지반의 지지력을 보강해주기 위한 부분

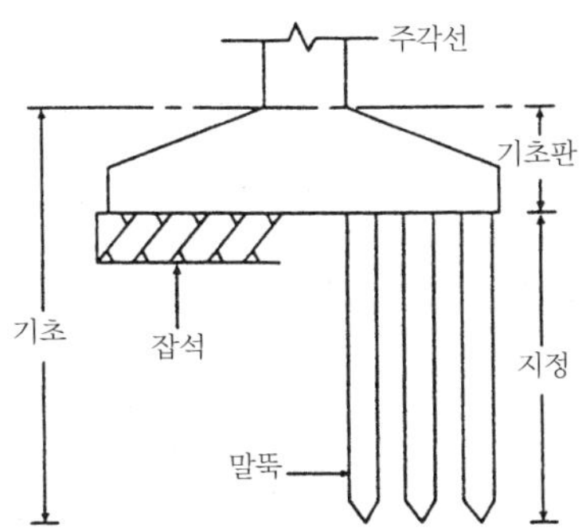

2. 기초의 분류

(1) 기초판의 형식에 의한 분류

종 류	정 의
독립기초	단일기둥을 하나의 기초로 지지하는 방식
복합기초	2개 이상의 기둥을 하나의 기초에 연결하여 지지하는 방식
연속(줄)기초	연속된 기초판이 벽, 기둥을 지지하는 방식
온통기초	건물하부 전체를 기초판으로 지지하는 방식

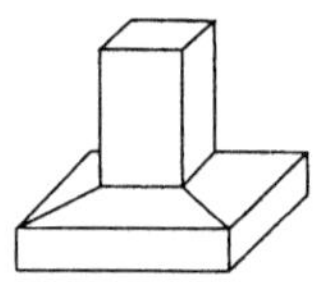

〈독립기초〉

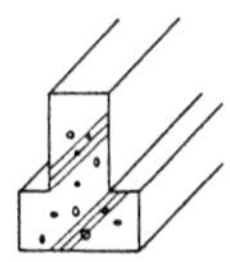

〈줄기초〉

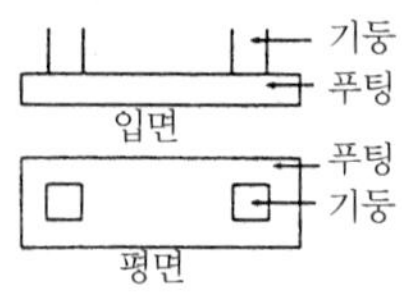

〈복합기초〉

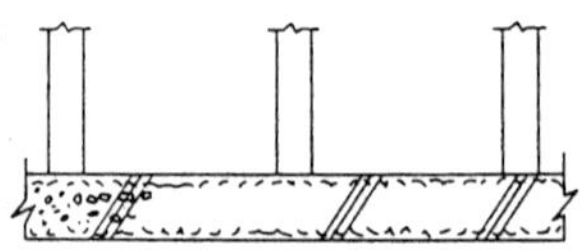

〈온통기초〉

(2) 지정의 형식에 의한 분류

종 류	정 의
직접기초	기초판의 하부에 잡석다짐, 모래다짐의 지정을 하든가 또는 기초판을 직접 지반에 올려놓은 구조
말뚝기초	기초판의 하부에 말뚝(나무, 콘크리트, 철재 등)을 박아 상부의 하중을 지반에 전달하는 기초형식(종류 : 지지말뚝, 마찰말뚝)
피어기초 (pier)	기초판의 하부에 기둥모양으로 만든 피어를 설치하여 하중을 전달시키는 구조형식
잠함기초 (케이슨기초)	견고한 지반이 깊이 있고 지상에서 원형통·사각형통의 밑 없는 상자를 만들고 그 속에서 토사를 파내어 상자를 내리 앉히고 저부에 콘크리트를 부어 기초로 하는 것

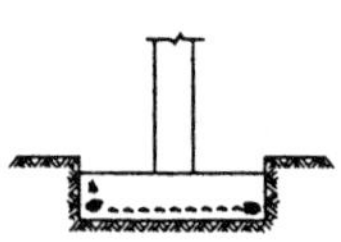

〈직접기초〉

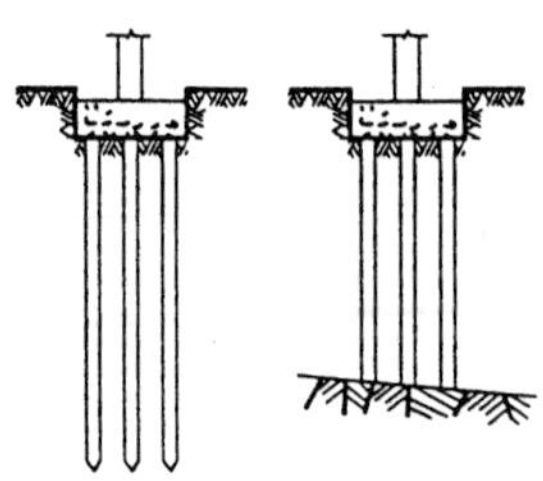

〈말뚝기초〉

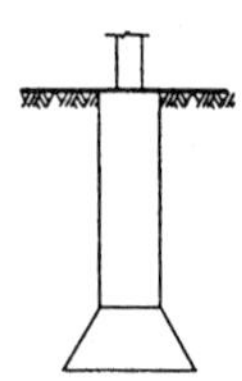

〈피어기초〉

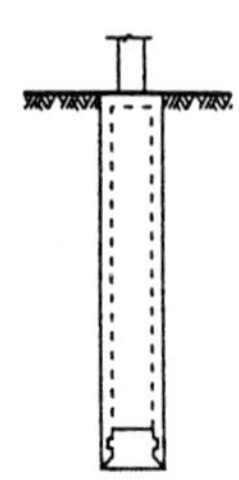

〈잠함기초〉

3. 지정의 분류(직접기초의 분류)

<table>
<tr><th>종 류</th><th colspan="2">특 징</th></tr>
<tr><td rowspan="3">잡석지정</td><td>정의</td><td>지름 10~25cm 정도의 호박돌을 전단력에 유리하도록 옆세워 깔고 사이사이에 사춤자갈을 넣어 다지는 지정</td></tr>
<tr><td>사용목적</td><td>① 콘크리트 두께 절약
② 기초바닥판의 배수, 방습 효과
③ 이완된 지표면의 다짐, 보강효과 기대</td></tr>
<tr><td>시공순서</td><td>① 기초굴토 → ② 잡석깔기 → ③ 사춤자갈 채우기 → ④ 다지기 → ⑤ 밑창콘크리트</td></tr>
<tr><td>자갈지정</td><td colspan="2">잡석 대신 자갈을 두께 6~12cm 정도 깔고 다짐</td></tr>
<tr><td>모래지정</td><td colspan="2">지반이 연약하고 2m 이내 굳은 층이 있을 때 그 연약층을 파내고 모래를 넣어 물다짐하는 지정</td></tr>
<tr><td>긴 주춧돌 지정</td><td colspan="2">간단한 건물에서 비교적 지반이 깊을 때 긴 주춧돌을 세운 지정</td></tr>
<tr><td rowspan="2">밑창콘크리트 지정</td><td>정의</td><td>먹매김을 위해 잡석, 자갈 지정 위에 배합비 1 : 3 : 6의 콘크리트를 두께 5~6cm 정도로 깔아 놓은 지정</td></tr>
<tr><td>사용목적</td><td>① 먹매김이 가능 ② 거푸집 설치 용이
③ 철근 배근이 용이 ④ 바깥 방수의 바탕으로 이용</td></tr>
</table>

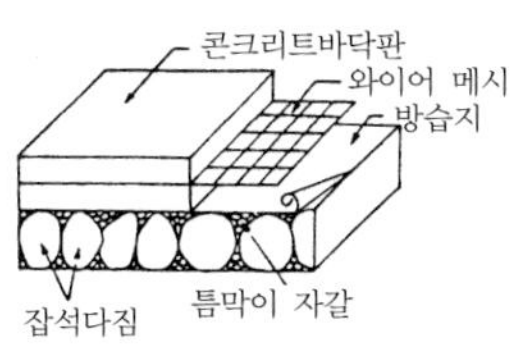

〈잡석지정〉

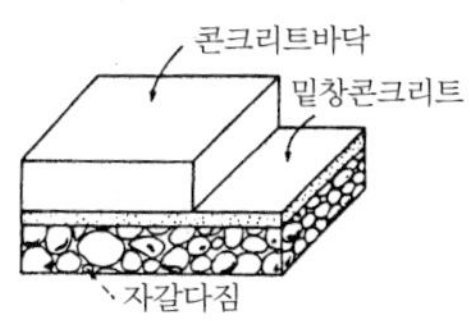

〈자갈지정〉

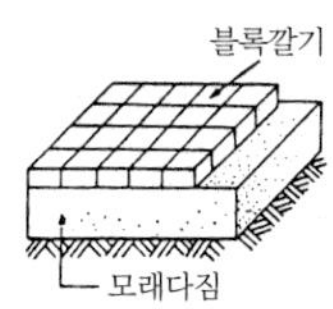

〈모래지정〉

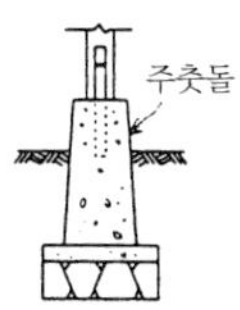

〈긴주춧돌지정〉

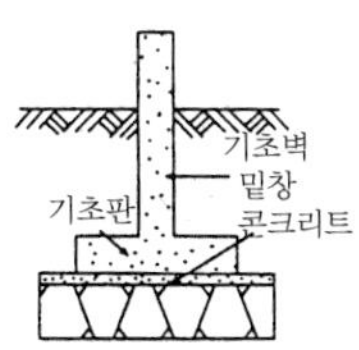

〈밑창콘크리트지정〉

Ⅱ. 말뚝지정(말뚝기초)

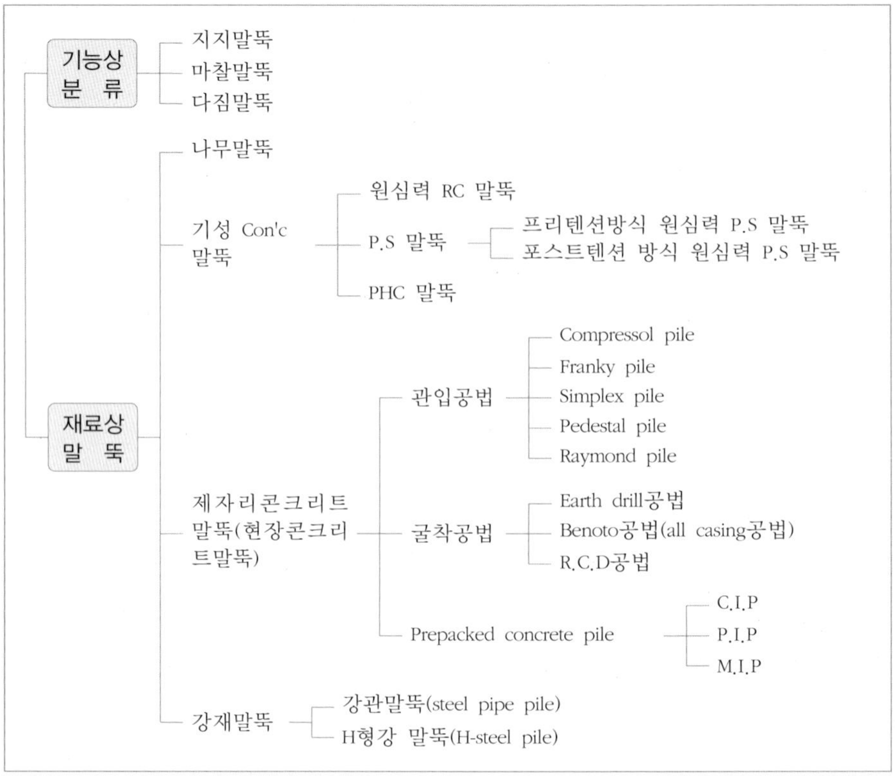

1. 말뚝의 기능상 분류

(1) 종류

종 류	정 의
지지말뚝	연약지반을 관통하여 굳은 지반에 도달시켜 말뚝선단의 지지력에 의하는 말뚝
마찰말뚝	연약층이 깊어 굳은 층에 지지할 수 없을 때 말뚝과 지반의 마찰력에 의하는 말뚝
다짐말뚝 (무리말뚝)	느슨한 사질지반에 말뚝을 무리지어 박음으로써 무른 지반을 밀실하게 다지는 말뚝

(2) 마찰말뚝과 지지말뚝의 특성

마 찰 말 뚝	지 지 말 뚝
① 말뚝의 두부가 받는 하중은 말뚝 길이에 따라 내려갈수록 점차 감소 ② 말뚝의 선단에서는 하중을 거의 받지 않는다. ③ 지반의 변화에 예민함 ④ 부마찰력이 발생하지 않음	① 말뚝 단면이 받는 하중은 말뚝의 두부와 선단이 거의 일치 ② 연약지반의 변화에 대한 영향이 거의 없다. ③ 구조상 안전성 확보 ④ 부마찰력 발생 우려

(3) 다짐말뚝(무리말뚝)

특 징	① 무리말뚝에 있어서 말뚝박기는 지지력이 증가하도록 **주변**을 먼저 박고, 점차 **중앙**을 박는 순서로 진행한다. ② 무리말뚝의 지지력은 개개 말뚝의 합보다 적다. ③ 주위의 상당한 깊이까지 응력이 작용하므로 침하량이 커진다. ④ 지지력을 높이기 위해 말뚝 길이보다는 수량을 많게 한다.
시공순서	① 표토 걷어내기 → ② 정리된 지반에 수평규준틀 설치 → ③ 말뚝중심잡기 → ④ 가장자리 말뚝박기 → ⑤ 중앙부 말뚝박기 → ⑥ 말뚝머리 정리

2. 재료상 말뚝 분류

(1) 나무말뚝

분 류	내 용
재 료	① 소나무, 낙엽송, 삼나무 껍질 벗겨 사용(마찰력 감소) ② 직경 15~20cm, 4.5~5.4m길이(7m 이하) 말뚝머리에 두겁(Cap), 쇠가락지, 말뚝중심에 심대구멍
말뚝박기공구	① 드롭해머(활차와 윈치 이용) ② 디젤해머 ③ 뉴메틱해머 ④ 스팀해머
주의사항	① 부패방지를 위해 상수면 이하에 사용 ② 흙과의 마찰력을 줄이기 위해 껍질을 벗겨 사용 ③ 휨 정도는 길이의 1/50 이하

(2) 기성콘크리트 말뚝

1) 종류

종 류	정 의	
원심력 RC말뚝 (centrifugal reinforced concrete pile)	정의	공장에서 특수형틀을 사용 원심력을 이용해서 제조한 중공형(中空形) 말뚝으로 보통 RC말뚝이라 부른다.
	장점	① 재료가 균질하고 강도가 크다. ② 말뚝길이는 15m 이하로 경제적이다. ③ 선단지반에의 접착성이 우수하다. ④ 고강도 재료이므로 지지말뚝에 적합하다.
	단점	① 말뚝이음부분에 대한 신뢰성이 비교적 적다. ② 중량물이며 보관, 운반, 박기 등에 주의가 필요하다. ③ 말뚝박기시 항타로 인해 말뚝 본체에 균열이 생기기 쉽다. ④ 중간 경질지층(N값 30 정도)의 관통이 어렵다.
PS말뚝 (pre-stressed concrete pile)	프리텐션 방식	사전에 PS강재에 인장력을 주어 놓고, 그 주위에 콘크리트를 타설, 경화 후 절단하여 PS강재와 콘크리트의 부착으로 프리스트레스를 도입하는 방법
	포스트 텐션 방식	콘크리트를 타설 전에 쉬스(sheath)관을 설치하고 콘크리트 경화 후 쉬스관 내에 PS강재를 넣어 긴장하여 단부에 정착시켜 프리스트레스를 도입하고 쉬스관 내에 시멘트 그라우팅하는 방법
PHC 말뚝 (pretensioned high strength concrete pile)	정의	일반적으로 프리텐션방식에 의한 원심력을 이용하여 제조된 콘크리트 말뚝으로 압축강도 800kgf/cm² 이상의 고강도 콘크리트 사용
	특징	① 설계지지력을 크게 취할 수 있다. ② 타격력에 대하여 저항력이 크다. ③ 휨에 대한 저항력이 크다. ④ 경제적인 설계가 가능하다.

참고

기성 말뚝재에 표시하는 표기는 다음과 같다.

PHC − A · 450 − 12
(①: PHC − A, ②: 450, ③: 12)

① 프리텐션방식의 고강도콘크리트 말뚝
② 말뚝지름이 450mm이다.
③ 말뚝길이는 12m이다.

2) 말뚝박기 시험(시험말뚝 박기, 시항타)

① 정의

지질 조사를 분석하고 시공될 건물의 규모 · 구조 · 용도 등을 종합 검토하여 말뚝시공을 실시할 경우에 말뚝박기 시험을 한다.

② 목적

㉮ 말뚝길이 결정　㉯ 말뚝관입량 결정　㉰ 이음방법의 결정
㉱ 허용지지력 추정　㉲ 해머의 용량 확인　㉳ 시공 정도 검토

③ 시험시 주의사항

㉮ 시험말뚝은 실제 말뚝과 똑같은 조건으로 시공한다.
㉯ 말뚝은 연속적으로 박되 휴식시간은 두지 않는다.
㉰ 소정의 침하량에 도달하면 그 이상 무리하게 박지 않는다.
㉱ 시험말뚝은 정확한 위치에서 수직으로 박는다.
㉲ 말뚝의 최종관입량은 5회 또는 10회 타격한 평균값을 적용한다.
㉳ 타격횟수 5회 총관입량이 6mm 이하일 때는 거부현상으로 본다.
㉴ 기초면적 1,500m²까지는 2개, 3,000m²까지는 3개의 시험말뚝을 설치한다.

〈말뚝박기 시험 장면〉

참고

Rebound check

- 연약지반에서 상부 구조물의 하중을 지탱하기 위하여 말뚝기초 시공시 허용지내력을 산출하는 방식이다.
- Rebound check를 통하여 항타장비 · 해머의 중량 · 말뚝길이 · 말뚝치수 · 이음방법 및 1회 타격시 허용관입량 등을 결정한다.

3) 말뚝박기공법

- 소음 및 진동
  - 타격공법
    - Drop hammer
    - Steam hammer
    - Diesel hammer
    - 유압 hammer
  - 진동공법
- 무소음 및 무진동
  - 압입공법
  - Water jet공법(수사법)
  - Pre-boring공법(선행굴착공법)
  - 중공굴삭(중굴)공법

① 소음 및 진동(기존공법)의 종류

종류		내 용
타격공법	Drop hammer (떨공이)	지름 45mm 정도의 쇠막대 또는 철관을 심대(rod)로 쓰고, 공이는 소요중량 300~600kg의 것을 사용하며, 윈치로 로프를 당겨 공이를 끌어올려 자유낙하로 말뚝을 타설한다.
	Steam hammer	증기압을 이용해서 타입하는 기계로 기체가 완전히 말뚝머리에 올려져 있어 말뚝머리 파손이 적다.
	Diesel hammer	㉮ 비교적 좁은 장소에서도 작업할 수 있으며 타입 정도가 높다. ㉯ 최근 가장 널리 쓰이는 기계로 타격에너지가 크다.
	유압 hammer	㉮ 유압을 이용하여 램을 상승 · 낙하시켜 타격에너지를 얻는다. ㉯ 램 낙하고 조절이 가능하고, 저소음공법으로 기름 · 연기의 비산이 없다.
진동공법		상하로 작동하는 진동기를 이용하여 박는 공법

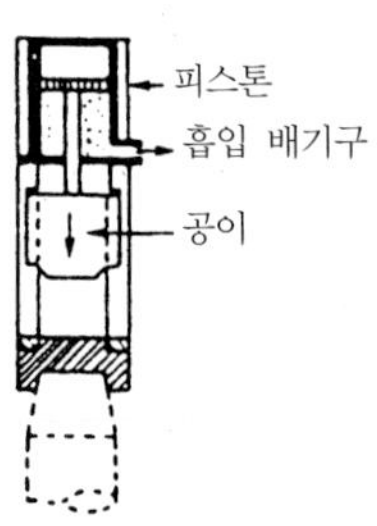

〈디젤해머〉

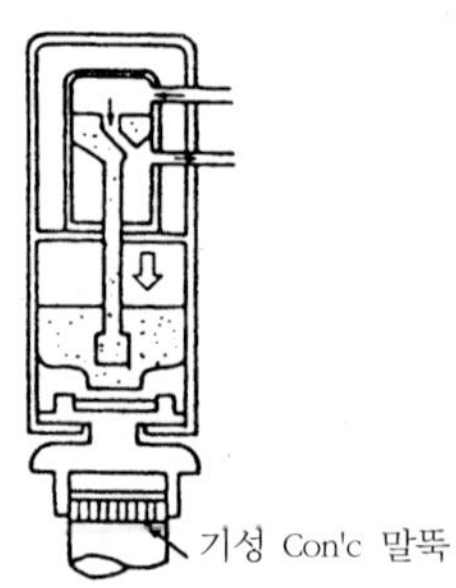

〈유압해머〉

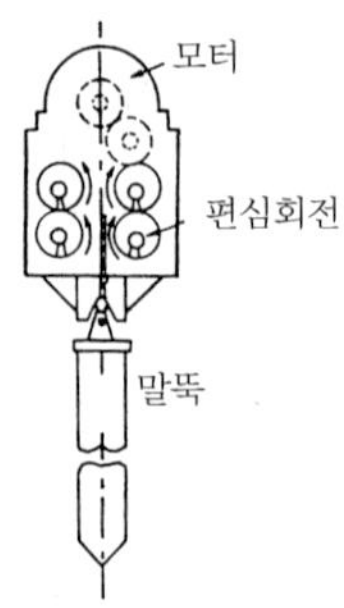

〈진동공법〉

② 무소음, 무진동공법

종 류	내 용
프리보링(preboring)공법	미리 구멍을 뚫고 굴착한 후에 말뚝을 타입하는 공법
수사(water jet)공법	말뚝선단에서 고압의 물을 분사하여 타입하는 공법
압입(壓入)공법	Jack으로 말뚝머리에 큰 하중을 가하여 박는 공법
중공굴삭(중굴)공법	말뚝의 중공부(中空部)에 오거를 삽입하여 매설하는 공법

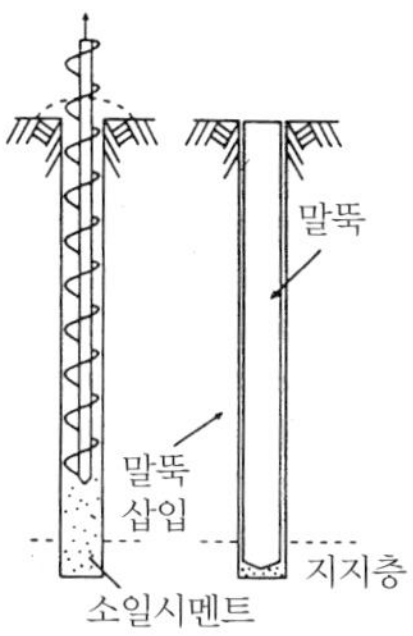

〈프리보링공법〉

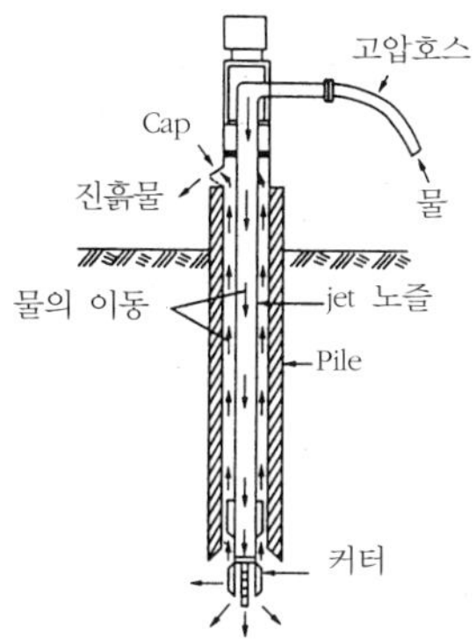

〈워터제트공법〉

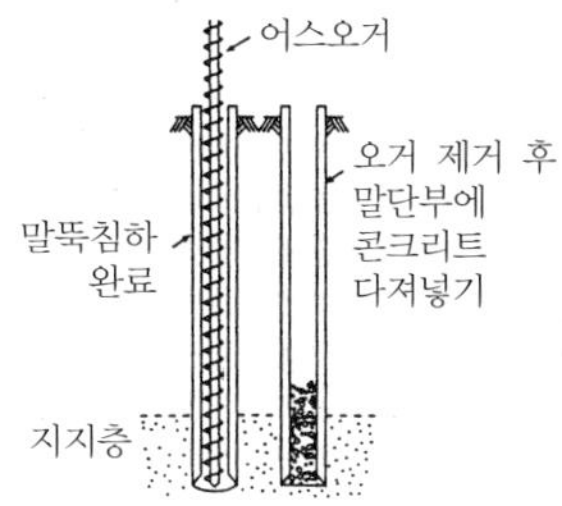

〈중공굴착공법〉

4) 말뚝이음방법

충전식 이음	이음부위에 콘크리트를 충전하여 연결하는 방식
볼트식 이음	특수 커플러(coupler)를 사용해서 볼트를 채우는 방식
용접식 이음	말뚝 상호간의 철근을 용접하여 연결하는 방식
장부식 이음	이음부에 band를 채워서 연결하는 방식

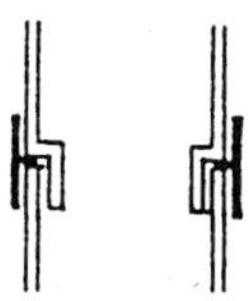

〈장부식〉

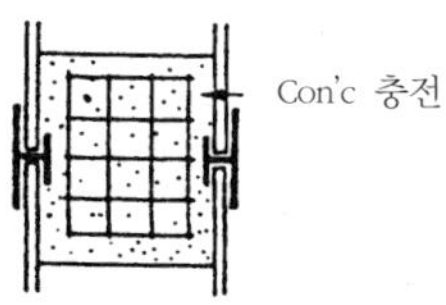

〈충전식〉

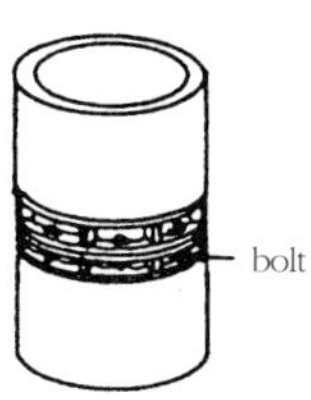

〈Bolt식〉

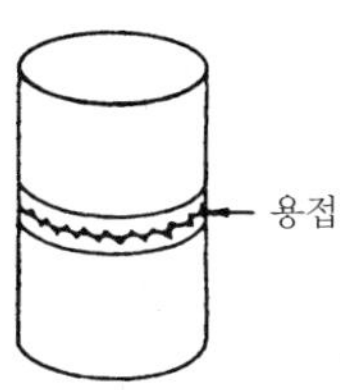

〈용접식〉

〈용접식 말뚝이음 장면〉

5) 말뚝박기시 두부(頭部)파손

① 말뚝파손의 형태

㉮ 말뚝두부 파손　㉯ 말뚝두부 종방향 균열　㉰ 휨균열(말뚝중간부의 횡균열)
㉱ 횡방향 균열　㉲ 말뚝 선단부 파손　㉳ 말뚝이음부 파손

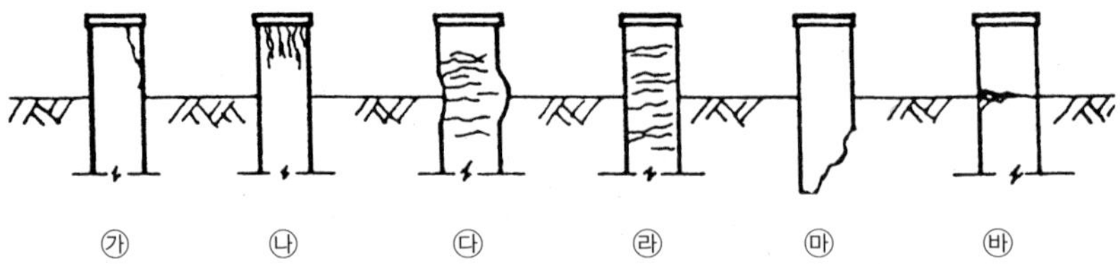

② 파손원인 및 대책

구분	내용
원인	㉮ 운반 및 취급 부주의 ㉯ 말뚝 강도 부족 ㉰ 편심항타 ㉱ 타격에너지 과다 ㉲ 축선 불일치 ㉳ 해머의 과다 용량
대책	㉮ 말뚝운반 및 보관시 취급주의 ㉯ 말뚝재의 강도 확보 ㉰ 편타금지 ㉱ 말뚝 관입량 확인 ㉲ 해머와 말뚝의 축선 일치 ㉳ 적정 해머의 선정

〈말뚝머리 정리 장면〉

(3) 강재 말뚝

구분	내용
종　류	① 강관말뚝(steel pipe pile)　② H형강 말뚝
특　징	① 지지층에 깊이 관입할 수 있으며 지지력이 크다. ② 중량이 가볍고, 타입이 용이하다. ③ 휨저항이 크고 수평, 충격력 등에 대한 저항성이 크다. ④ 상부구조와 결합이 용이하다. ⑤ 부식되기 쉬우며, 재료비가 고가이다.
부식 방지법	① 두께를 증가시키는 방법　② 콘크리트를 피복하는 방법 ③ 도장에 의한 방법　④ 전기도금법

(4) 제자리(현장)콘크리트 말뚝

1) 종류

- 관입공법
  - Pedestal pile(페데스탈 파일)
  - Simplex pile(심플렉스 파일)
  - Franky pile(프랭키 파일)
  - Raymond pile(레이몬드 파일)
  - Compressol pile(컴프레솔 파일)
- 굴삭공법
  - Earth drill공법(calweld공법)
  - Benoto공법(all casing공법)
  - R.C.D.(reverse circulation drill공법)
  - ICOS공법(이코스공법)
- Prepacked concrete pile(프리팩트공법)
  - C.I.P.(cast-in-place pile)
  - P.I.P.(packed-in-place pile)
  - M.I.P.(mixed-in place pile)

2) 관입공법(재래식)

① 종류

종 류	정 의
컴프레솔 파일 (compressol pile)	끝이 뾰족한 추로 천공하고, 끝이 둥근 추로 콘크리트를 다져 넣은 다음 평면진 추로 다지는 공법 [3개의 추]
심플렉스 파일 (simplex pile)	굳은 지반에 외관을 쳐 박고 콘크리트를 추로 다져 넣으며 외관을 빼내는 공법 [외관(철제 쇠신)+추]
레이몬드 파일 (raymond pile)	얇은 철판의 외관에 심대를 넣어 쳐 박은 후 심대를 빼내고 콘크리트를 다져 넣는 공법 [얇은 철판제의 외관+심대, 유곽)]
페데스탈 파일 (pedestal pile)	심플렉스 파일을 개량한 것으로 지내력을 증진하기 위하여 말뚝 선단에 구근(球根)을 형성하는 공법 [외관+내관, 구근형성]
프랭키 파일 (franky pile)	외관을 추로 내리쳐서 소정의 깊이에 도달하면 내부의 마개와 추를 빼내고 Con'c를 넣어 추로 다져 외관을 들어 올리면서 선단 구근말뚝을 형성하는 공법 [외관(주철제 원추형의 마개)+추, 합성말뚝]

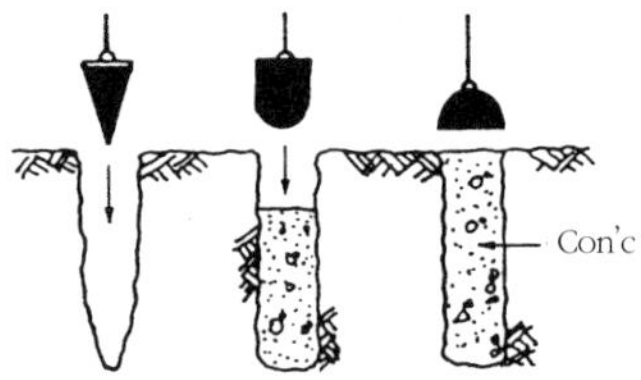

〈컴프레솔 파일〉

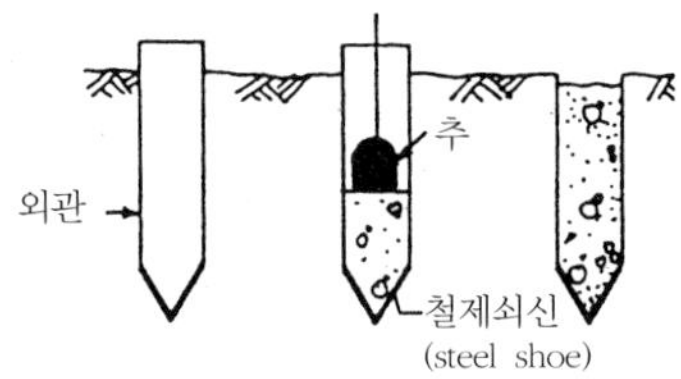

〈심플렉스 파일〉

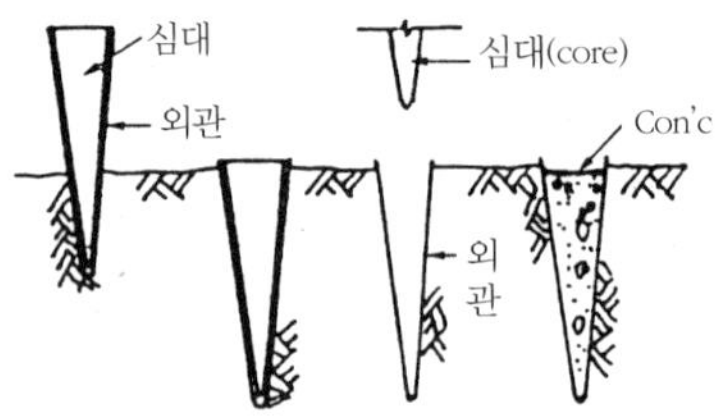

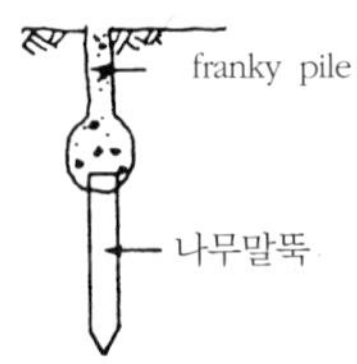

② 페데스탈 파일의 시공순서

㉮ 외관과 내관을 동시에 소정의 위치까지 박는다.

㉯ 내관을 빼낸다.

㉰ 외관 내에 콘크리트를 다지면서 외관을 빼 올리며 구근(球根)을 형성한다.

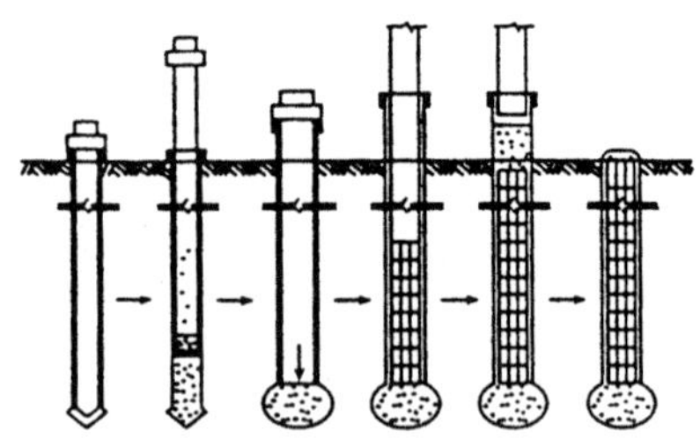

3) 굴삭공법(현대식)

① 종류

종 류	방 법	공벽보호	적용지반
어스드릴공법 (earth drill method)	미국 칼웰드社에서 개발한 어스드릴을 써서 대구경의 콘크리트 말뚝을 시공하는 방법	bentonite (벤토나이트)	점토
베노토공법 (benoto method)	프랑스 베노토 회사에서 개발한 대구경 굴삭기(hammer grab)를 써서 케이싱을 삽입하고 내부에 콘크리트를 채워 콘크리트 말뚝을 만드는 all casing공법	외관 (casing)	자갈
RCD(역순환)공법 (reverse circulation drill method)	지하수위보다 2m 이상 높게 물을 채워서 2t/m² 이상의 정수압에 의해서 공벽의 붕괴를 방지하고 비트의 회전에 의해서 굴착한 다음 철근콘크리트말뚝을 형성하는 역순환공법	정수압	모래, 암반

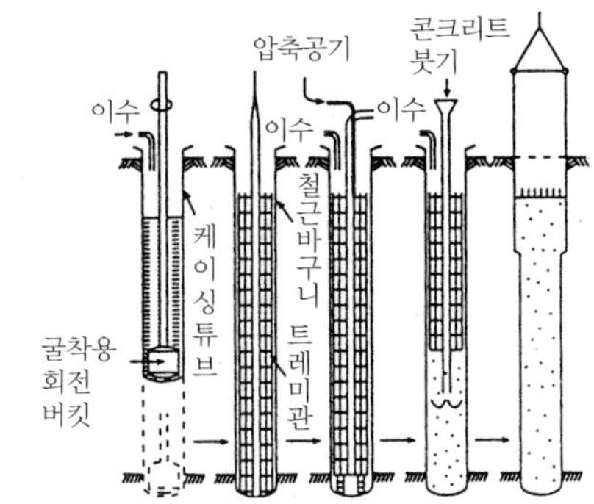

〈어스드릴공법〉

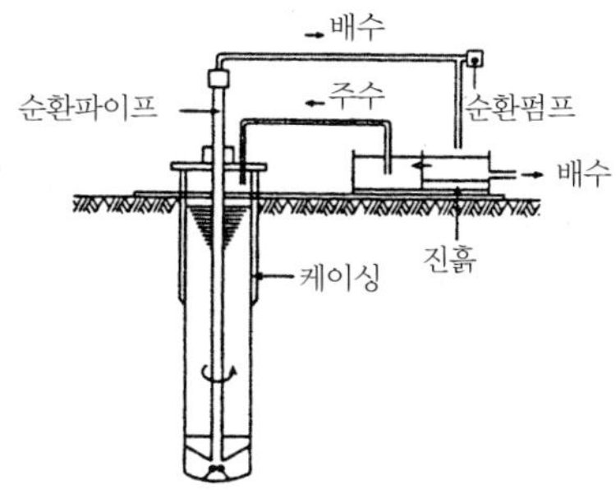

〈RCD공법〉

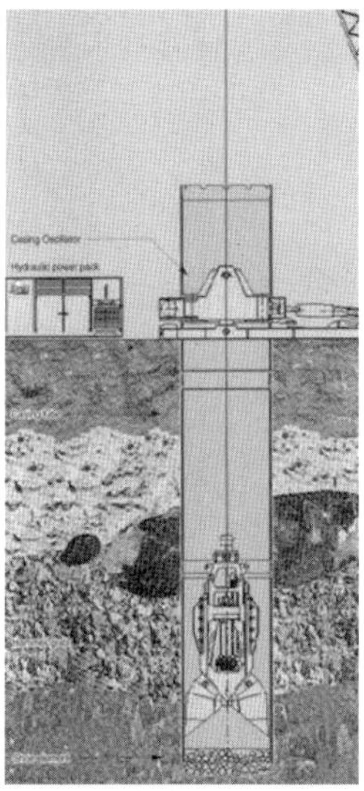

〈해머그랩 굴삭 장면〉

〈해머그랩〉

〈베노토공법 시공 장면〉

② 말뚝시공시 공벽 토사

공벽붕괴 방지방법	벤토나이트용액 사용목적
㉮ 벤토나이트 또는 이수액 주입 ㉯ 보호외관(casing) 박기 ㉰ 정수압	㉮ 굴착 구멍 내의 붕괴방지 ㉯ 지하수 유입방지(차수목적) ㉰ 굴착부분의 마찰저항 감소

〈벤토나이트 주입 장면〉

③ 베노토공법의 시공순서

① 케이싱 튜브(casing tube) 세우기 → ② 굴착 → ③ 철근망 넣기 → ④ 트레미관 삽입 → ⑤ 콘크리트 타설 → ⑥ 케이싱 튜브 인발

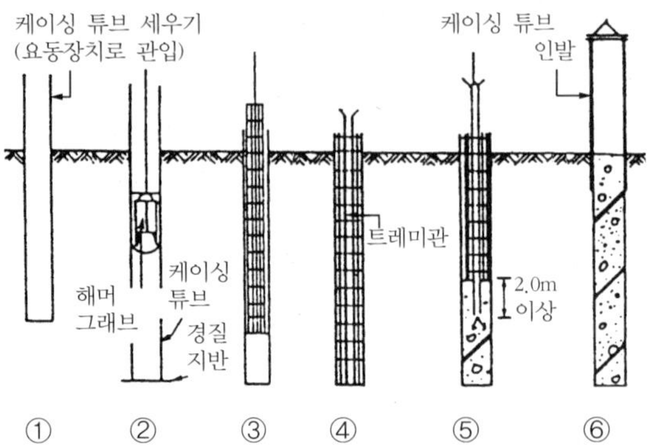

〈철근망 조립 장면〉

④ RCD공법의 시공순서

① 표층 케이싱 세우기 → ② 굴착 → ③ 철근망 넣기 → ④ 트레미관 세우기 → ⑤ 콘크리트 타설 → ⑥ 표층 케이싱 인발

3. Top-base공법(콘크리트 팽이말뚝 기초공법)

(1) 개요

① 짧은 팽이형 콘크리트말뚝을 연약지반 상에 전면 기초형태로 연속압입 설치하여, 지중말뚝 주변의 간격을 쇄석으로 채워서 다짐한 후, 팽이말뚝 상부의 연결철근을 결속하여 콘크리트 매트 기초를 만드는 공법이다.

② 연약지반에서 지지력 증대 및 침하감소의 효과가 크며, 중소규모의 구조물에 적합한 공법이다.

(2) 특징

① 강성이 큰 매트 기초 기능 우수

② 소음, 진동이 적음

③ 가격이 저렴하며 재료입수 용이

④ 특수장비가 불필요하며 시공성이 우수

⑤ 지지력 증대 및 침하 억제

⑥ 시공장소에 구애받지 않음

〈팽이말뚝 시공 장면〉

Ⅲ. 깊은 기초

1. 종 류

- Well공법 (우물통기초)
- Caisson공법
  - Open caisson공법 (개방잠함공법)
  - Pneumatic caisson공법 (용기잠함공법)

2. 웰공법(우물통 기초)

(1) 정의

현장에서 상·하단이 개방된 철근콘크리트조 우물통(지름 1~1.5m)을 지상에서 만들어 내부를 굴착·침하시킨 후, 콘크리트를 타설하여 기초기둥(pier)을 구축하는 공법이다.

(2) 장·단점

장 점	단 점
① 소음 및 진동이 없다. ② 지지층 확인이 가능하다. ③ 경질지반에 정착되므로 신뢰도가 높다. ④ 좁은 장소에도 시공이 가능하다.	① 말뚝형식에 비해 준비가 대규모 ② 공사비가 비교적 고가 ③ 주위지반을 침하시켜 인접 건물 피해 우려 ④ 자중침하로 필요 이상의 well 두께 필요

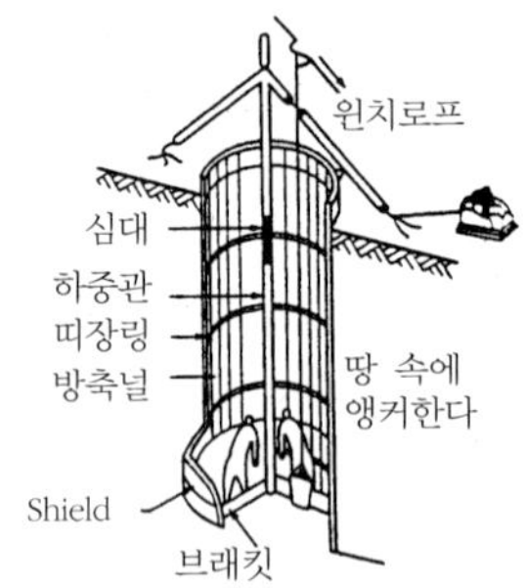

〈우물통 기초〉

3. 개방잠함(open caisson)공법

(1) 정의

지하구조체를 지상에서 구축하여 바깥벽 밑에 끝날을 붙이고, 하부 중앙 흙을 파내어 구조체의 자중으로 침하시키는 공법이다.

(2) 특징

① 준비공사 완료 후 건물 내부를 굴착하여 구조체 전체를 침하한다.

② 시공 중 지하수는 수위강하법에 의하여 수위를 낮추면 건조상태로 공사 가능
③ 압축공기를 사용하지 않음
④ 부지의 최대한 이용한다.

(3) 시공순서

① 지하구조체 지상구축 → ② 하부 중앙 흙을 파서 침하 → ③ 중앙부 기초구축 → ④ 주변 기초구축

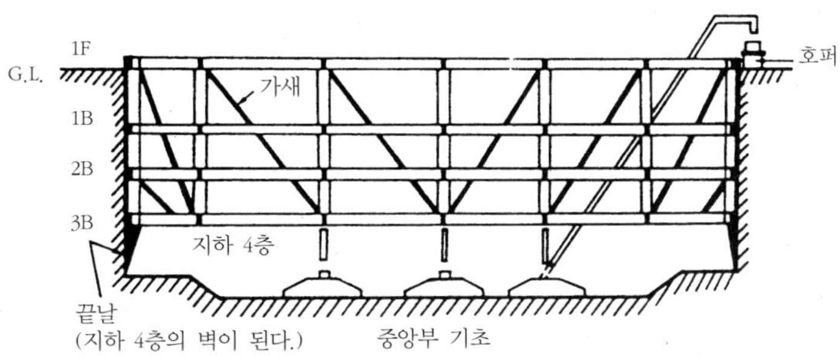

〈오픈 케이싱공법〉

4. 용기잠함(pneumatic caisson)공법

(1) 정의

용수량이 대단히 많고 깊은 기초를 구축할 때에 쓰이는 공법으로, 최하부 작업식은 밀폐되어 여기에 지하 수압에 상응하는 고압공기를 공급하여 지하수의 침입을 방지하면서 흙파기 작업을 하여 지하구조체를 침하시키는 공법이다.

(2) 특징

① 용수량이 많은 지반의 기초에 적합하며 기초저면의 지반확인이 가능하다.
② 지하수를 펌핑하지 않으므로 수위저하에 의한 지반침하가 없다.
③ 대형 기계설비로 공사비가 고가이다.
④ 대형은 유압식 굴착기를 사용하고 소형은 인력굴착을 하므로 공기가 길어진다.

(3) 시공순서

① 잠함하부에 작업실 설치 → ② 압축공기 공급 → ③ 지하수 침입방지 → ④ 굴착 → ⑤ 지하구조체 침하정착 → ⑥ 작업실 콘크리트 타설 → ⑦ 기초구축

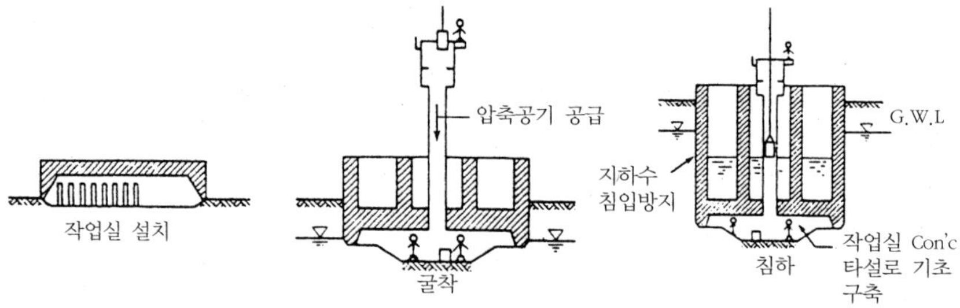

〈뉴매틱 케이슨(용기잠함)공법〉

Ⅳ. 연약지반의 기초 및 대책

1. 부동침하

(1) 정의

한 건물에서 부분적으로 서로 상이하게 침하되는 현상

(2) 부동침하 원인

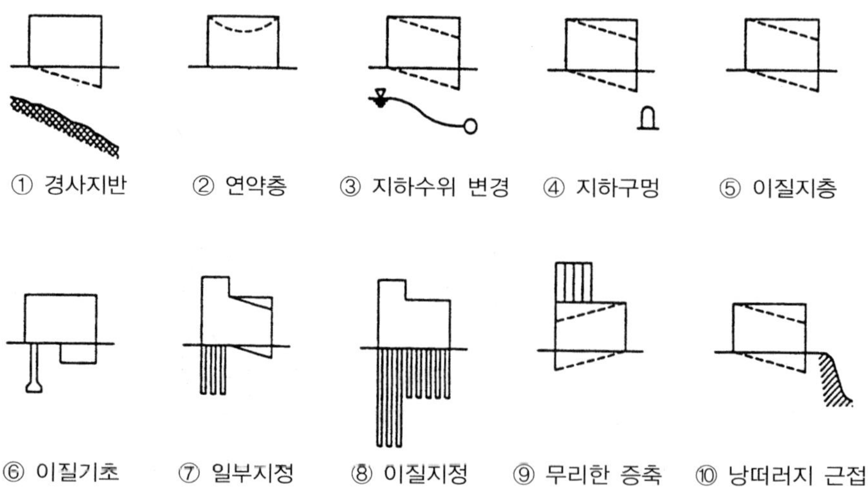

(3) 부동침하 방지 대책

상부 구조물	하부 구조물
① 건물의 경량화 ② 평면길이 짧게 ③ 건물의 강성을 높일 것. ④ 이웃건물과 거리를 넓게 할 것. ⑤ 건물의 중량 균등배분	① 마찰말뚝을 사용할 것. ② 경질지반에 지지시킬 것. ③ 지하실을 설치할 것. ④ 복합기초를 사용할 것.

(4) 부동침하로 인한 균열도해

조적건물이 부동침하되면 인장력에 직각방향으로 균열이 발생한다.

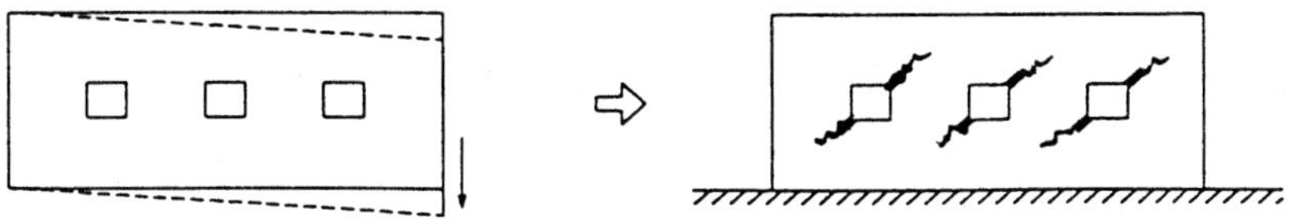

2. 부력을 받은 지하구조물의 부상방지 대책

(1) 개요

지하 구조물은 지하수위에서 구조물 밑면까지의 깊이만큼 부력을 받으며, 건물의 자중이 부력보다 적으면 건물이 부상하게 된다.

(2) 부력의 발생원인 및 대책

원 인	방 지 대 책
① 지하 피압수(압력 수두차) ② 지하수위 변동(우기시 지하수위 상승) ③ 지반여건이 불리(불투수층이 강한 점토층, 암반층) ④ 부력보다 건물의 자중이 적을 때	① 록 앵커를 기초저면 암반까지 앵커시킴. ② 마찰말뚝 이용하여 기초하부의 마찰력 증대 ③ 인접건물에 긴결하여 수압상승에 대처 ④ 유입 지하수를 강제 펌핑하여 외부로 배수

제5장

철근콘크리트공사

I. 철근공사

1. 강재의 종류

종 류	내 용
원형(圓形)철근	① 지름은 ϕ로 표시 ② 원형철근의 경우 지름이 19mm 이하의 경우에만 주로 적용
이형(異形)철근	① 지름은 D로 표시 ② 이형철근 및 철근격자망에서는 D51 이하의 경우에만 적용 ③ 콘크리트와의 부착력을 증대시키기 위해 표면에 마디와 리브(rib)를 붙인 것이다. ④ 원형 철근보다 부착력이 40% 이상 크다.
고장력 이형철근	① 지름은 HD로 표시 ② 특수강을 재료로 한 철근이며, 철근콘크리트 구조체의 단면을 줄일 수 있다. ③ SD400으로 표시되고 철근의 항복강도도 4,000kgf/cm²(400MPa) 이상인 철근을 말한다.
용접철망 (wire mesh)	① 용접철망의 경우 원형 및 이형용접철망 각각 18mm 이하의 경우에만 적용 ② 지름 2.6~8.0mm의 철선을 종횡으로 눈금간격 5~25cm로 용접하여 바닥판이나 벽체용으로 사용

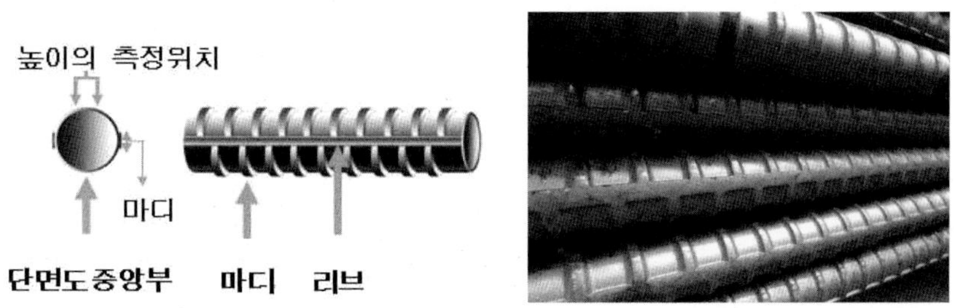

[이형철근]

2. 철근공정 순서

① 공작도 작성 → ② 재료 반입 → ③ 저장 → ④ 검사 및 시험 → ⑤ 가공 → ⑥ 조립 → ⑦ 검사

(1) 공작도 작성(shop drawing)

정 의	철근 배근도에 의하여 절단 및 구부리기 등의 공작을 하기 위해 철근모양, 각부 치수, 구부림 위치, 지름, 길이 및 수량 등을 정확히 기입한 도면
종 류	기초 상세도, 기둥 및 벽상세도, 보상세도, 바닥판 상세도
필요성	① 정밀시공 유도 ② 공사관리의 원활 ③ 시공의 기준 및 지표 마련

(2) 재료반입 및 저장

가공과 조립순서에 따라 반입하며 지름별, 길이별로 구분해 놓고 직접 지면에 닿지 않고 비에 맞지 않도록 한다.

(3) 재료검사 및 시험

심한 녹, 심한 휨 등의 외관을 검사하고 치수, 중량, 강도시험을 한다.

(4) 철근가공

① 철근의 가공은 철근상세도에 표시된 형상과 치수가 일치하고 재질을 해치지 않는 방법으로 이루어져야 한다.

② 철근상세도에 철근의 구부리는 내면 반지름이 표시되어 있지 않은 때에는 콘크리트구조설계기준에 규정된 구부림의 최소 내면 반지름 이상으로 철근을 구부려야 한다.

③ 보, 기둥, 지중보, 슬래브, 벽 및 지하외벽의 간격재를 플라스틱 제품으로 사용하면 콘크리트와의 열팽창률의 차이, 부착 및 강도 부족 등의 문제가 있으며, 스테인리스 등의 내식성 금속으로 만든 고임재 및 간격재는 서로 다른 종류의 금속간의 접촉부식 문제 등 불명확한 점이 있으므로 이들을 사용할 경우에는 책임기술자의 승인을 얻어야 한다.

④ 철근은 상온에서 가공하는 것을 원칙으로 한다.

⑤ 가공치수의 허용오차

철근의 종류		허용오차(mm)
스터럽, 띠철근, 나선철근		±5
그 밖의 철근	D25 이하의 이형철근	±15
	D29 이상 D32 이하의 이형철근	±20
가공 후의 전 길이		±20

〈Bar bender〉	〈Bar cutter〉	〈Wire clipper〉

[철근 말단부 구부림 표준]

구부림각 180°	구부림각 135°	구부림각 90°
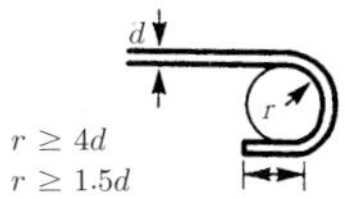	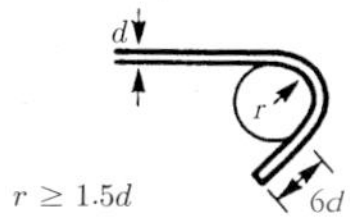	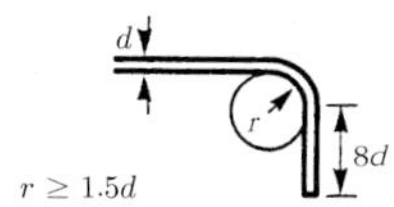
· D16 이상 철근 · 주근	· D13 이하 철근 · 늑근, 대근	· D13 이하 철근 · 바닥철근

(5) 철근조립

1) 철근 순간격(純間隔)

① 철근 간의 순간격이라 함은 철근 표면 간의 최단거리이며, 철근 간의 마디, 리브 등이 가장 근접하는 경우의 치수이다.

② 철근과 철근, 철근과 거푸집 사이로 공극 없이 콘크리트를 밀실하게 채워지도록 하기 위하여 철근간격을 제한한다.

③ 철근의 부착강도를 확보하기 위해서 철근간격을 제한한다.

2) 조립순서

기초철근	① 거푸집 위치 먹줄치기 → ② 철근간격 표시 → ③ 직교철근 배근 → ④ 대각선 철근 배근 → ⑤ 스페이서 설치 → ⑥ 기둥 주근 설치 → ⑦ 띠근(hoop) 끼우기
철근콘크리트	① 기초 → ② 기둥 → ③ 벽 → ④ 보 → ⑤ 바닥판 → ⑥ 계단
철골철근콘크리트조	① 기초 → ② 기둥 → ③ 보 → ④ 벽 → ⑤ 바닥판 → ⑥ 계단

〈기초철근에 기둥연결 장면〉

〈기둥에 벽철근연결 장면〉

3) 철근의 프리패브공법(조립식 철근공법)

정의	철근콘크리트공사에 사용하는 철근을 기둥·보·바닥·벽 등의 부위별로 미리 조립해 두고, 현장에서 이 부재를 접합하는 공법	
장점	구조 설계상	① 피복이 정확하여 시공 향상 ② 대구경의 철근 사용 가능 ③ 고강도 철근 사용으로 고강도 콘크리트 적용에 유리 ④ 고도의 구조계산 가능
	현장 시공시	① 자재의 손실 감소 ② 거푸집의 전용횟수 증가 ③ 철근 기능공의 대폭 감소 ④ 공기단축 및 품질 향상
단점	① 중량에 비해 부피의 증가로 운반시 곤란 ② 양중시 충격으로 인한 정도의 문제 발생 ③ 접합공법 선정시 구조적인 응력 손상 우려	

(6) 철근 조립시 고려사항

① 철근은 바른 위치에 배치하고, 콘크리트를 타설할 때 움직이지 않도록 충분히 견고하게 조립하여야 한다. 이를 위하여 필요에 따라 조립용 강재를 사용할 수 있다. 또한 철근이 바른 위치를 확보할 수 있도록 결속선으로 결속하여야 한다.

② 철근은 조립이 끝난 후 철근상세도에 맞게 조립되어 있는지 검사하여야 한다.

③ 철근은 조립한 다음 장기간 경과한 경우에는 콘크리트를 타설 전에 다시 조립검사를 하고 청소하여야 한다.

④ 용접철망은 철근상세도에 따라 정확하게 배근하고, 콘크리트 타설이 완료될 때까지 이동되지 않도록 견고하게 조립하여야 한다.

3. 철근의 이음과 정착

(1) 철근의 이음종류

<table>
<tr><td colspan="2">① 겹침이음</td><td>철근 이음할 1개소에 두 군데 이상 결속선(#18~20)으로 결속하는 이음</td></tr>
<tr><td colspan="2">② 용접이음</td><td>금속이 고열에 의해 융합하는 성질을 이용한 이음</td></tr>
<tr><td colspan="2">③ 가스압접(壓接)이음</td><td>철근의 접합면을 맞대고 압력을 가하면서 산소 아세틸렌가스의 중성염으로 가열하면 접합부가 부풀어 오르면서 접합</td></tr>
<tr><td rowspan="3">④ 기계적 이음</td><td>나사이음</td><td>철근에 숫나사를 만들고 커플러(coupler) 양단을 너트로 조여 이음</td></tr>
<tr><td>슬리브(sleeve) 압착이음</td><td>접합부재를 슬리브 속에 넣고 유압잭으로 압착</td></tr>
<tr><td>슬리브충전이음</td><td>슬리브 구멍을 통하여 에폭시나 모르타르 등의 그라우트(grout)재를 주입하여 이음</td></tr>
</table>

〈겹침이음〉

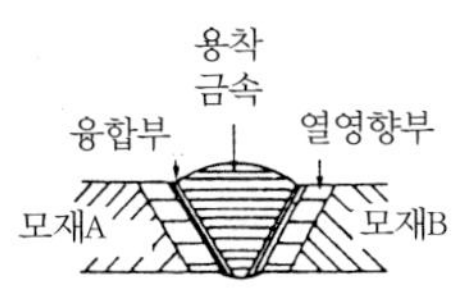

〈용접이음〉

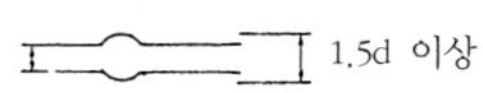

〈가스압접〉

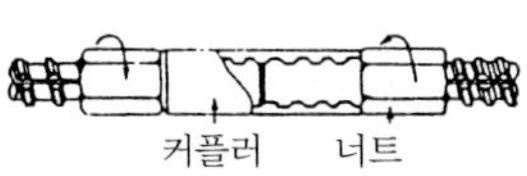

〈나사이음〉

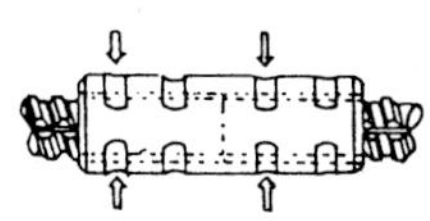

〈슬리브 압착〉

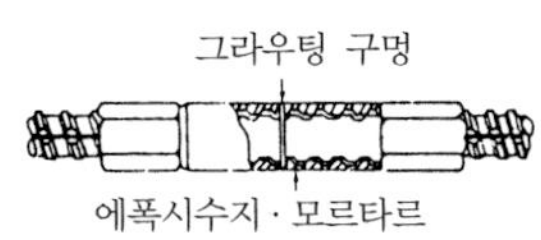

〈슬리브 충전〉

(2) 용접이음의 장 · 단점

장 점	단 점
① 철근량의 절약 ② 단면이 크게 되어 충분한 강도 보장	① 숙련공이 필요하다. ② 검사방법이 어렵다.
③ 콘크리트 부어넣기 용이 ④ 일체성, 수밀성 확보 가능	

(3) 가스압접이음

① 특징

접합 소요시간	1개소당 3~4분
압접의 품질기준	① 용접 돌출부의 직경 : 철근지름의 1.4배 이상 ② 용접 돌출부의 길이 : 철근지름의 1.2배 이상 ③ 철근 중심축 편심량 : 철근지름의 1/5 이하 ④ 압접 돌출부의 단부에서의 압접면의 엇갈림 : 철근지름의 1/4 이하
압접이음 할 수 없는 경우	① 철근의 지름 차이가 6mm 초과일 때 ② 철근의 재질이 서로 다른 경우 ③ 항복점 또는 강도가 서로 다른 경우 ④ 낮은 온도에서의 작업일 때(0℃ 이하) ⑤ 지름의 1/5 초과의 편심오차 발생시

② 장 · 단점

장 점	단 점
㉮ 가공이 단순하고 가공면적이 작다. ㉯ 철근의 조직 변화가 적다. ㉰ 철근 조립부가 단순해져 콘크리트타설이 용이하다. ㉱ 경제적이다.(겹친 이음이 없다.)	㉮ 숙련공이 필요하다. ㉯ 공정상, 작업상 불리하다. ㉰ 거푸집 위에서 작업시 화재 우려 ㉱ 용접부 검사가 어렵다.

(4) 철근의 정착 위치

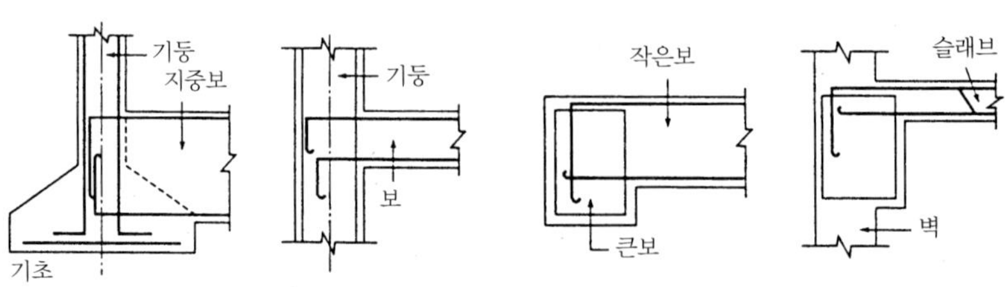

〈철근의 정착 위치〉

① 기둥의 주근은 **기초**에 정착
② 큰 보의 주근은 **기둥**에 정착
③ 벽철근은 **기둥, 보, 바닥**에 정착
④ 바닥철근은 **보, 벽체**에 정착
⑤ 지중보의 주근은 **기초** 또는 **기둥**에 정착

(5) 철근 이음 및 정착길이

위 치	보통콘크리트	경량콘크리트
압축력 또는 적은 인장력	25d	30d
기타의 부분	40d	50d

(6) 철근 이음 및 정착시 주의사항

① 철근상세도에 표시되어 있지 않은 곳에 철근의 이음을 둘 경우에는 그 이음의 위치와 방법은 KDS 14 20 00의 각 하위 코드에 따라 정하여야 한다.

② D35를 초과하는 철근은 겹침이음을 할 수 없다(단, 서로 다른 크기의 철근을 압축부에서 겹침이음하는 경우 D35 이하의 철근과 D35를 초과하는 철근은 겹침이음을 할 수 있다).

③ 서로 다른 크기의 철근(지름이 다른 철근)을 겹침이음하는 경우, 이음길이는 크기가 큰 철근의 정착길이와 크기가 작은 철근의 겹침이음길이 중 큰 값 이상이어야 한다.

④ 철근의 이음길이는 건축구조기준 및 철근상세도에 따르며, 갈고리의 길이는 이음길이에 포함시키지 않는다.

⑤ 이음길이는 건축구조설계기준 및 철근상세도에 제시된 길이보다 짧을 수 없으며, 건축구조설계기준 및 철근배근도의 길이를 초과할 경우의 허용차는 소정길이의 10% 이내로 한다.

⑥ 철근의 가스압접이음은 철근배근도 및 시공계획서에 위치를 표기하여 담당원의 승인을 받아야 한다. 압접단면의 처리는 재축에 직각되게 정확하게 절단하고 압접 작업 당일에 유해한 부착물을 연마하여 완전히 제거하여야 한다.

⑦ 철근을 용접이음하는 경우, 용접부의 강도는 철근 설계기준 항복강도의 125% 성능을 발휘할 수 있어야 한다.

⑧ 용접이음은 철근에 묻은 기름, 먼지 및 기타 이물질을 청소하고 화염으로 건조시킨 후에 실시하고, 용접 후에 손상된 아연도금은 보수하여야 한다.

⑨ 용접철망의 이음은 서로 엇갈리게 하여 일직선상에서 모두 이어지지 않도록 하며, 이음은 최소 한 칸 이상 겹치도록 하고 겹쳐지는 부분은 결속선으로 묶어야 한다.

4. 철근의 피복두께와 간격

(1) 피복두께

정의	콘크리트 표면에서 제일 외측에 가까운 철근의 표면까지의 치수
목적	① 내화성 ② 내구성(방청) ③ 시공상 유동성 확보 ④ 소요의 강도 확보 ⑤ 콘크리트와의 부착력 확보

(2) 콘크리트의 피복두께(조건 : 현장치기 콘크리트)

표면조건	부 재	철 근	피복두께
옥외의 공기나 흙에 직접 접하지 않는 콘크리트	슬래브, 벽체, 장선	D35 이하	20mm
		D35 초과	40mm
	보, 기둥	모든 철근	40mm
흙에 접하거나 옥외공기에 직접 노출되는 콘크리트		D16 이하	40mm
		D25 이하	50mm
		D29 이상	60mm
흙에 접하여 콘크리트를 친 후 영구히 흙에 묻혀 있는 콘크리트			80mm
수중에 치는 콘크리트			100mm

* 피복두께의 시공 허용오차는 10mm 이내로 한다.

(3) 철근의 간격

유지목적	① 콘크리트의 유동성(시공성) 확보 ② 재료분리 방지 ③ 소요의 강도 유지 및 확보
간격결정	① 철근지름(주근)의 1.5배 이상 ② 2.5cm 이상 ③ 굵은골재 지름의 4/3배 이상 中 큰 값

5. 철근의 방청(부식방지)법

(1) 개요

① 철근과 철근의 표면에 접하는 물질 사이에 생기는 화학반응에 의해, 철근의 표면이 소모해가는 현상을 부식이라 한다.

② 철근의 부식은 일종의 전기화학반응이며, 음극 및 양극 반응으로 분류되어 양 반응이 동시에 진행되므로 이것을 지연하는 것이 방청의 중요점이다.

(2) 부식의 원인 및 대책

구분	내용
원인	① 염해 ② 중성화 ③ 알칼리 골재반응 ④ 동결융해 ⑤ 온도변화 ⑥ 건조수축 ⑦ 소요단면 부족
대책 (방청법)	① 철근 표면에 아연도금처리 ② 방청제를 콘크리트에 혼입 ③ 에폭시 코팅한 철근 사용 ④ 해사는 제염하여 사용(제염법) ⑤ 물시멘트비를 적게 하고 피복두께 확보

Ⅱ. 거푸집(form)공사

1. 거푸집의 특징

(1) 거푸집의 역할(목적)

① 콘크리트가 굳을 때까지 형상 및 치수 유지
② 콘크리트 경화에 필요한 수분 누출방지
③ 외기에 대한 영향 방지
④ 콘크리트 표면 마무리

(2) 거푸집의 시공상 주의사항(구비조건)

① 형상·치수가 정확하고, 처짐·배부름·뒤틀림 등의 변형이 없을 것(변형성).
② 외력에 충분히 안전할 것(안전성).
③ 조립·제거할 때 파손·손상되지 않을 것(시공성).
④ 소요자재가 절약되고, 반복사용이 가능할 것(전용성).
⑤ 시멘트풀이 새지 않게 수밀할 것(수밀성).

2. 거푸집 구성요소

거푸집널 + 지지부재 + 부속철물류

(1) 거푸집널 재료

목재널	삼나무, 미송, 육송의 판재를 사용하지만 최근 거의 사용하지 않음.
합판널	얇은 판을 3, 5, 7매 등 홀수로 섬유방향이 직교하도록 접합하여 제조
패널(panel)	철제 패널과 알루미늄 패널이 있으나 철제 패널이 많이 보급됨.

(2) 지지부재

장선(띠장)	거푸집널을 지지하고 콘크리트의 측압력을 멍에에 전달시키는 부재
멍 에	장선의 하중을 받침기둥 또는 긴결재에 전달하는 부재
동 바 리 (지주 : support)	바닥거푸집에서 거푸집의 자중과 콘크리트 중량, 작업하중을 지지하며, 바닥구조물이 안전하고 정확하게 시공되도록 하는 부재

(3) 부속철물류

<table>
<tr><td rowspan="2">간격재(spacer)</td><td colspan="2">철근이 거푸집에 밀착하는 것을 방지하여 피복간격을 확보하기 위한 간격재(굄재)</td></tr>
<tr><td>종 류</td><td>① 철판제 간격재 ② 철근제 간격재
③ 모르타르제 간격재 ④ 플라스틱제 간격재</td></tr>
<tr><td rowspan="2">격리재(separator)</td><td colspan="2">거푸집의 간격유지 및 오그라드는 것을 방지함.</td></tr>
<tr><td>종 류</td><td>① 철제 ② 파이프제 ③ 모르타르제</td></tr>
<tr><td>긴결재(form tie)</td><td colspan="2">거푸집의 형상유지 및 측압에 의한 벌어지는 것 방지</td></tr>
<tr><td rowspan="2">박리제(form oil)</td><td colspan="2">거푸집을 쉽게 제거하기 위해 표면에 바르는 물질</td></tr>
<tr><td>종 류</td><td>동·식물유, 중유, 아마유, 파라핀유, 합성수지 등</td></tr>
<tr><td>와이어 클리퍼
(wire clipper)</td><td colspan="2">거푸집 긴장철선을 콘크리트 경화 후 절단하는 절단기</td></tr>
</table>

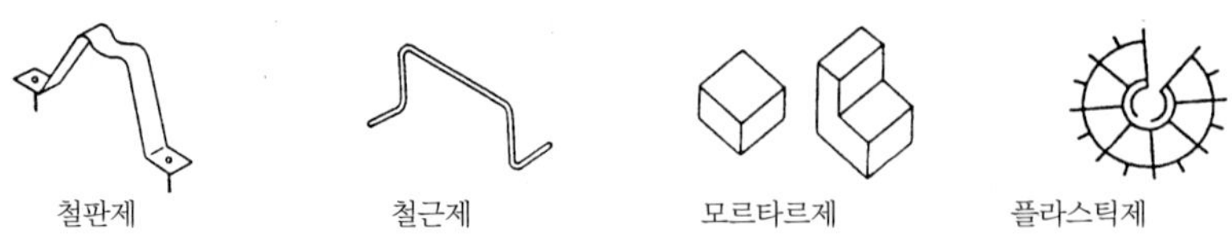

〈간격재(spacer) 종류〉

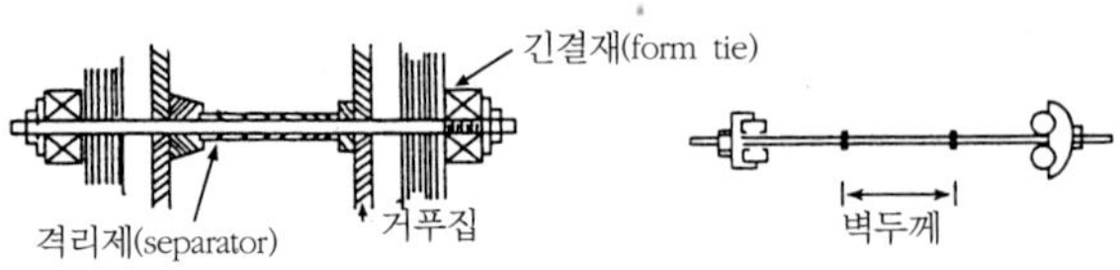

〈긴결재(폼타이)〉

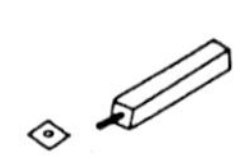

〈모르타르제 격리재〉

〈간격재(spacer)〉

〈긴결재(form tie)〉

3. 거푸집 설계

(1) 거푸집 설계시 고려하중

보, 슬래브 밑면	① 생 콘크리트 중량(2.3t/m³) ② 작업하중 ③ 충격하중
벽, 기둥, 보 옆	① 생 콘크리트 중량(2.3t/m³) ② 측압

(2) 거푸집 측압에 영향을 주는 요소

영 향 요 소	측압이 크게 걸리는 경우
① 슬럼프 값(반죽질기)	슬럼프(slump)값이 클수록 측압은 크다.
② 벽두께(수평단면)	벽두께가 두꺼울수록 측압은 크다.
③ 대기중의 습도	습도가 높을수록 측압은 크다.
④ 부어넣기 속도(타설)	속도가 빠를수록 측압은 크다.
⑤ 콘크리트 배합(시멘트량)	부배합(富配合)일수록 측압은 크다.
⑥ 온도	온도가 낮을수록 경화가 늦으므로 측압은 크다.
⑦ 거푸집의 강성	강성이 클수록 측압은 크다.
⑧ 철골 또는 철근량	철골 또는 철근량이 적을수록 측압은 크다.

(3) 거푸집 측압 산정

① 콘크리트 헤드(concrete head)

콘크리트를 연속타설하면 측압은 높이의 상승에 따라 증가하지만 시간의 경과에 따라 감소하여 어느 일정한 높이에서 증가하지 않는다. 이렇게 최대가 되는 점을 concrete head라 한다.

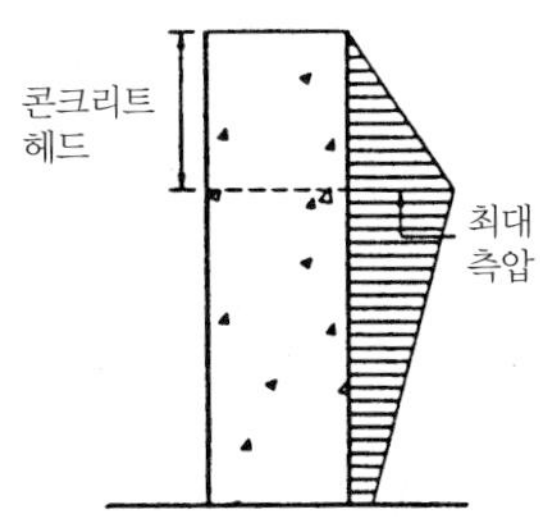

기 둥	위에서부터 1m, 밑에서 측압은 2.5t/m²
벽	위에서부터 0.5m, 밑에서 측압은 1t/m²

② 거푸집 설계용 측압의 표준값(t/m^2)

분 류	기 둥	벽
진동기를 사용하지 않을 때 및 내부 진동기를 사용할 때	3	2
외부 진동기를 사용할 때	4	3

③ 콘크리트의 측압 산정

타설속도	타설높이	공 식
10m/h 이하	1.5m 이하	$W_0 \times H$
	1.5m 초과~4.0m 이하	$1.5W_0 + 0.6W_0 \times (H-1.5)$
10~20m/h 이하	2.0m 이하	$W_0 \times H$
	2.0m 초과~4.0m 이하	$2W_0 + 0.8W_0 \times (H-2)$

※ W_0 : 생콘크리트의 단위체적중량(t/m^3)
H : 측압을 구하는 위치에서 그 상부의 콘크리트 타설높이(m)

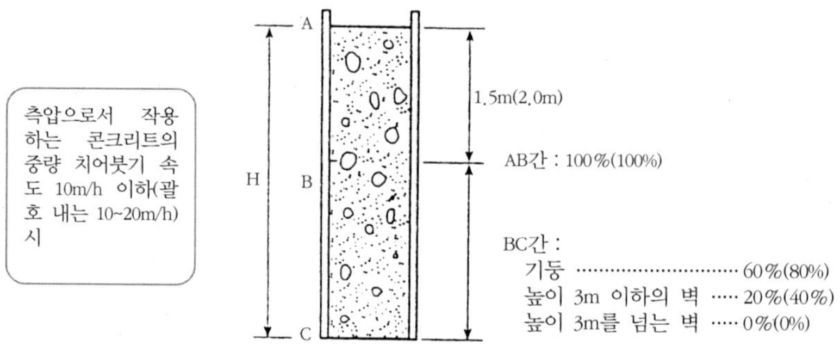

〈측압 산정〉

참고

콘크리트 치어붓기 속도가 10~20m/h, 높이=3.6m인 무근콘크리트 기둥의 측압을 구하면 다음과 같다. (단, 무근콘크리트의 비중은 2.3, 측압에 영향을 미치는 다른 요소는 고려하지 않는다.)

(해설)

콘크리트 붓기속도가 10~20m/h의 경우는 위 그림에서 (　　)를 선택, 기둥 C점의 측압을 생각해 보면 3.6m(AB부분)의 콘크리트가 측압으로 작용하지만 이 중 상부 2m 콘크리트는 완전한 유동체로 보고, 콘크리트 중량($2.3t/m^3$)의 100%가 측압으로 작용하고 하부의 BC부분($3.6-2=1.6m$)은 중량의 80%가 측압으로 작용하는 것으로 볼 수 있다.

$\therefore \{2(m) \times 2.3(t/m^3)\} + \{0.8 \times 2.3(t/m^3) \times (3.6m - 2m)\} = 7.54(t/m^3)$

(4) 거푸집 측압 측정방법

수압판에 의한 방법	수압판을 거푸집면 바로 밑에 장착하고, 콘크리트와 직접 접촉시켜 측압에 의한 탄성변형에서 측압력 측정
수압계를 이용한 방법	수압판에 직접 스트레인 게이지(strain gauge)를 부착시켜 탄성변형량을 정기적으로 측정하여 실수치를 파악
죄임 철물의 변형에 의한 방법	거푸집 죄임 철물의 세퍼레이터나 죄임 본체인 볼트에 스트레인 게이지 사용
OK식 측압계	거푸집 죄임 철물의 본체에 유압잭을 장착하여 전달된 측압을 유압으로 전환시켜 측정

(5) 바닥거푸집 설계과정

① 설계하중 산정
② 합판의 두께 또는 장선의 간격 결정
③ 장선의 단면 크기 또는 멍에의 간격 결정
④ 멍에의 단면 크기 또는 동바리의 간격 결정
⑤ 멍에를 지지하는 동바리의 설계

4. 거푸집 조립

(1) 조립순서

전체 사항	① 기초 → ② 기둥 → ③ 내벽 → ④ 보(큰보 → 작은보) → ⑤ 바닥 → ⑥ 외벽
세부 사항	① 기초 옆 및 지중보 거푸집 설치 → ② 기초판 및 지중보 철근 배근 → ③ 기둥철근 기초에 정착 → ④ 기초판(지하실바닥판, 지중보) 콘크리트 타설 → ⑤ 기둥철근 배근 → ⑥ 기둥거푸집 및 벽 한쪽 거푸집 설치 → ⑦ 벽의 철근 배근 → ⑧ 벽의 다른 편 거푸집 설치 → ⑨ 보 밑판, 옆판 및 바닥판 거푸집 설치 → ⑩ 보의 철근 배근 → ⑪ 바닥판 철근 배근 → ⑫ 기둥, 벽, 보, 바닥판 콘크리트 타설

(2) 거푸집 공사에서의 기둥 밑잡이

정 의	거푸집 조립시 기둥의 최하부에 설치하여 거푸집이 충격 · 진동에 의해 위치가 이동되지 않도록 고정시키는 역할
설치목적	① 거푸집의 수평 · 수직 유지 ② 시멘트풀 유출 방지 ③ 시공정밀도 향상 ④ 콘크리트 부착력 향상

설치방법에 의한 분류			
설치방법에 의한 분류	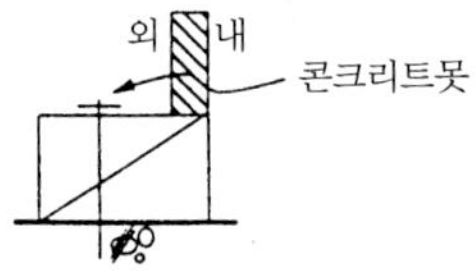 ① 고정못식	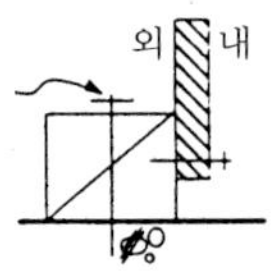 ② 교정 레벨 조정식	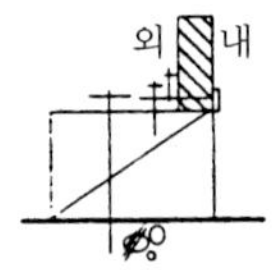 ③ 베이스 철물식
	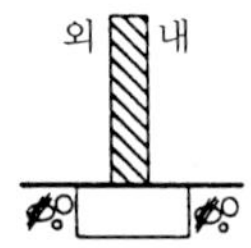 ④ 목벽돌식	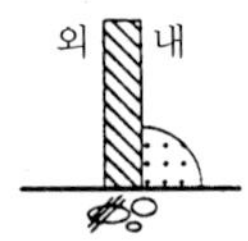 ⑤ 기둥 밑잡이 모르타르식	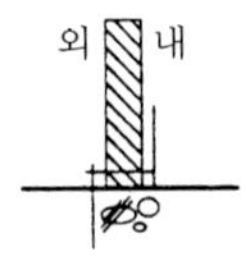 ⑥ 기둥 밑잡이 철물식

5. 거푸집 철거

(1) 거푸집 존치기간

1) 기초, 보, 기둥, 벽 등의 측면 거푸집널 해체시기

① 콘크리트의 압축강도를 시험할 경우 [아래 표]를 만족할 때 해체할 수 있다.

구조물 종류	콘크리트 압축강도
일반 구조물	5MPa 이상
내구성이 중요한 구조물	10MPa 이상

② 거푸집널 존치기간 중 평균기온이 10℃ 이상인 경우는 콘크리트 재령이 [아래 표]의 재령 이상 경과하면 압축강도시험을 하지 않고도 해체할 수 있다.

평균기온 \ 시멘트 종류		조강 포틀랜드 시멘트	보통 포틀랜드 시멘트 고로슬래그 시멘트(1종) 플라이애시 시멘트(1종) 포틀랜드 포졸란 시멘트(A종)	고로슬래그 시멘트(2종) 플라이애시 시멘트(2종) 포틀랜드 포졸란 시멘트(B종)
콘크리트의 재령	20℃ 이상	2일	3일	4일
	20℃ 미만 10℃ 이상	3일	4일	6일

2) 슬래브 및 보의 밑면, 아치 내면의 거푸집(동바리) 해체시기

① 콘크리트의 압축강도가 [아래 표]를 만족할 때 해체할 수 있다.

부재	콘크리트 압축강도
단층구조인 경우	㉠ 설계기준압축강도의 2/3배 이상 ㉡ 최소 14MPa 이상
다층구조인 경우	설계기준압축강도 이상 (필러 동바리 구조를 이용할 경우는 구조계산에 의해 기간을 단축할 수 있음. 단, 이 경우라도 최소강도는 14MPa 이상으로 함.)

② 보, 슬래브 및 아치 하부의 거푸집널은 원칙적으로 동바리를 해체한 후에 해체하도록 한다. 그러나 구조계산으로 안전성이 확보된 양의 동바리를 현 상태대로 유지하도록 설계·시공된 경우 콘크리트를 10℃ 이상 온도에서 4일 이상 양생한 후 사전에 책임기술자의 검토 및 확인 후 담당원의 승인을 받아 해체할 수 있다.

③ 동바리 해체 후 해당 부재에 가해지는 전 하중이 설계하중을 초과하는 경우에는 전술한 존치기간에 관계없이 하중에 의하여 유해한 균열이 발생하지 않고 충분히 안전하다는 것을 구조계산으로 확인한 후 책임기술자의 검토 및 확인 후 담당원의 승인을 받아 해체할 수 있다.

④ 거푸집 및 동바리를 해체한 직후 구조물에 재하(載荷)하는 하중은 콘크리트의 강도, 구조물의 종류, 작용하중의 종류와 크기 등을 고려하여 유해한 균열 및 기타 손상이 발생하지 않는 범위 이내로 한다.

⑤ 동바리를 해체한 후에도 하중이 재하될 경우에는 동바리를 적절하게 재설치 한다. 또한, 시공 중의 다층 구조물은 최소 3개 층에 걸쳐 동바리를 설치한다.

(2) 거푸집 제거시 주의사항

① 거푸집은 담당원의 승인을 받아 깨끗하게 해체해야 한다.

② 지주를 바꾸어 세우는 동안 상부의 작업을 제한한다.

③ 거푸집 해체시 건물에 충격을 주지 않도록 한다.

④ 차양 등으로 낙하물의 충격 우려가 있는 것은 존치기간을 연장한다.

6. 거푸집공법

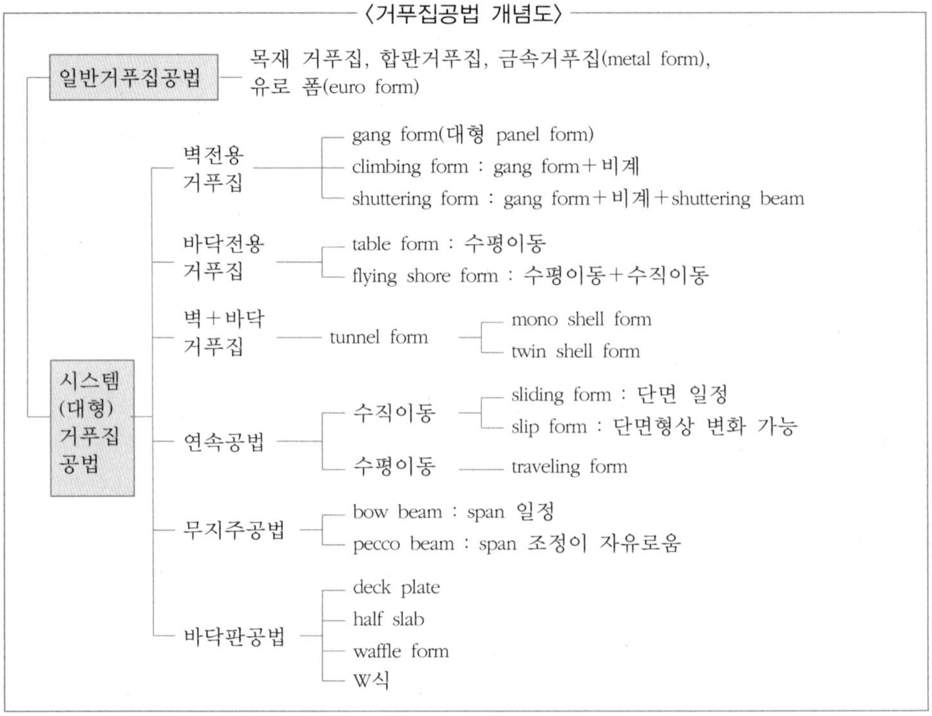

(1) 메탈 폼(metal form)

정 의	철제(강철, 금속제) 거푸집으로 표면이 매끄러워 제치장용 거푸집에 사용한다.
장 점	① 내구성 및 수밀성 우수 ② 콘크리트 타설 정밀도 우수 ③ 조립 및 해체 용이 ④ 제치장 콘크리트에 유리
단 점	① 중량이므로 취급이 곤란함. ② 평면의 형상이 복잡하면 불리 ③ 철판의 녹이 콘크리트면을 더럽히는 경우가 있다.

(2) 유로 폼(euro form)

정 의	콘크리트 거푸집용 코팅합판과 강재 틀로 구성된 규격화(modular)된 철제 패널 거푸집이다.
장 점	① 일반 합판 거푸집에 비해 시공정밀도가 높다. ② 장비가 불필요하다. ③ 타 거푸집 시스템과의 조합이 쉽다. ④ 초기 투자비가 적고 거푸집 손료가 저렴하므로 경제적이다. ⑤ 아파트, 사무소 건물 등 거의 모든 구조물에 적용 가능.

단 점	① 부재의 크기가 작고 해체, 조립을 반복하므로 인력소모가 많다. ② 곡면시공이 어렵다. ③ 높은 측압에는 약하다. ④ 거푸집 이음 부위가 많아 시멘트풀의 누출이 많다.

〈유로 폼〉

(3) 갱 폼(gang form = 대형 패널공법)

정 의	사용할 때마다 작은 부재의 조립, 분해를 반복하지 않고 대형화, 단순화하여 한번에 설치하고 해체하는 거푸집으로 거푸집널과 강관지주로 이루어져 옹벽, 피어 등에 사용한다.
장 점	① 조립 분해가 간편하므로 시간과 인력 단축 가능 ② 가설설비가 불필요하므로 가설비, 노무비 절약 가능 ③ 이음부위 감소로 마감 단순화 ④ 기능공의 기능도에 좌우되지 않는다.
단 점	① 중량이므로 대형 양중장비 필요 ② 초기 투자비용 증가

(4) 클라이밍 폼(climbing form)

〈갱 폼〉

〈클라이밍 폼〉

정 의	벽체용 거푸집으로 거푸집과 벽체 마감공사를 위한 비계틀을 일체로 조립하여 한꺼번에 인양시켜 설치하는 공법이다.
장 점	① 비계설치가 필요 없다. ② 고소작업시 안전성이 높다. ③ 인력절감, 공기단축이 가능하다.
단 점	① 초기 투자비용 증가 ② 대형 양중장비 필요

(5) 플라이밍 폼(Flying shore form ; table form)

정 의	바닥에 콘크리트를 타설하기 위한 거푸집으로서 거푸집판, 장선, 멍에, 서포트 등을 일체로 제작하여 부재화한 거푸집공법으로 테이블 폼(table form)과 거의 같은 공법이다.
장 점	① 조립분해가 간편하므로 설치시간 단축 ② 비교적 넓은 구획의 조립을 간단하게 할 수 있고, 수평이동이 용이 ③ 정밀도가 우수 ④ 처짐, 외력에 대한 안전성 확보
단 점	① 형상의 변화가 많으면 적용이 곤란 ② 중량이므로 대형 양중장비 필요

(6) 터널 폼(tunnel form)

정 의	대형 형틀로서 한 구획 전체의 슬래브와 벽체의 콘크리트 타설을 일체화하기 위한 것으로 twin shell form(ㄱ자형)과 mono shell form(ㄷ자형)으로 구성되는 거푸집
장 점	① 거푸집의 조립, 해제작업이 용이 ② 인건비 절약, 공기단축이 가능 ③ 콘크리트 노출면이 평활하다.
단 점	① 거푸집과 거푸집 사이에 목재 거푸집으로 연결부 처리가 번거롭다. ② 철제 거푸집이므로 콘크리트 노출면을 오염시킬 수 있다.

(twin)

(mono)

〈플라이밍 폼〉 〈터널 폼〉

(7) 슬라이딩 폼(sliding form)

정 의	수평적 또는 수직적으로 반복된 구조물을 시공이음 없이 균일한 형상으로 시공하기 위하여 거푸집을 연속적으로 이동시키면서 콘크리트를 타설하여 구조물을 시공하는 거푸집으로 사일로(silo), 굴뚝 등에 적합
특 징	① 공기 1/3 정도 단축 ② 연속타설로 일체성 확보 ③ 자재 및 노무의 절약

(8) 슬립 폼(slip form)

전망탑, 급수탑 등 단면형상에 변화가 있는 수직으로 연속된 콘크리트 구조물에 사용한다.

(9) 트래블링 폼(travelling form)

거푸집 전체(장선, 멍에, 동바리 등이 일체로 유닛화)를 다음 장소로 이동하여 사용하는 대형의 수평이동 거푸집이다.

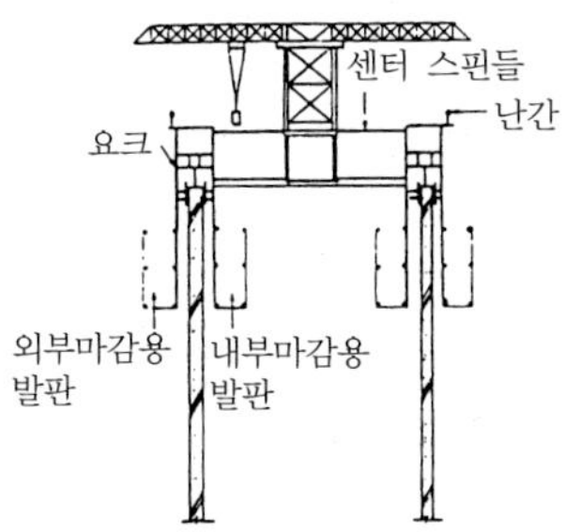

〈sliding form〉

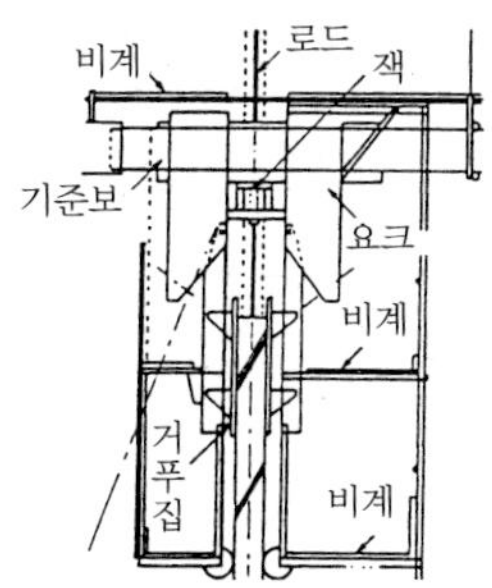

〈slip form〉

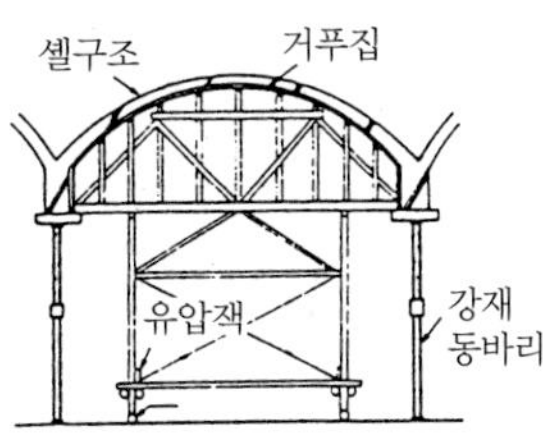

〈travelling form〉

〈트래블링 폼 시공 장면〉

(10) 무지주공법(non support form)

정 의	받침기둥 없이 보를 걸어서 거푸집을 지지하는 방식을 수평지지보라 한다.	
종 류	보우 빔(bow beam)	수평조절이 불가능한 무지주공법의 수평지지보
	페코 빔(pecco beam)	수평조절이 가능한 무지주공법의 수평지지보

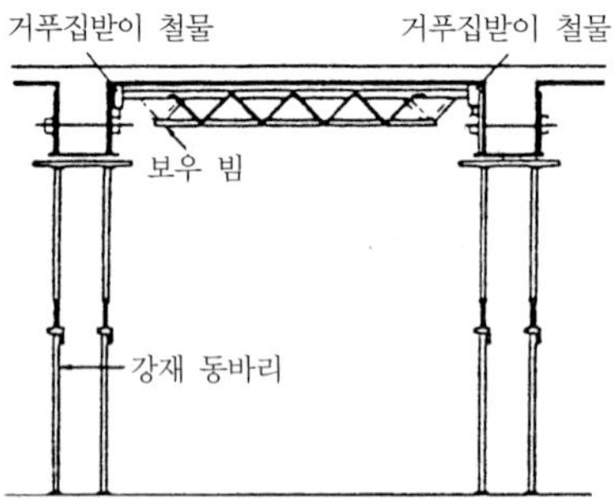

〈보우 빔〉

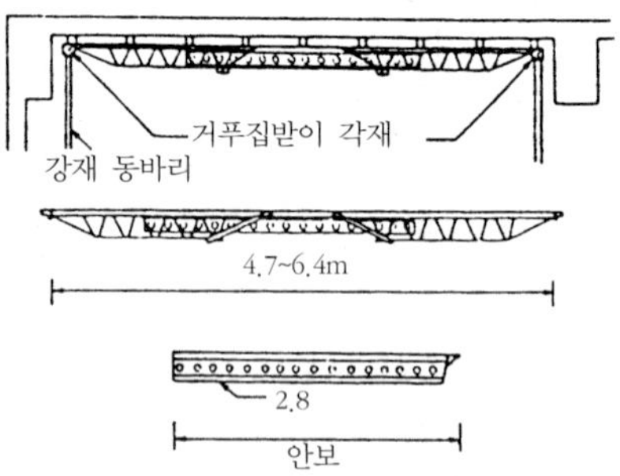

〈페코 빔〉

〈보우 빔 시공장면〉

(11) 데크 플레이트(deck plate)

철골조의 보에 걸어 지주 없이 사용되는 슬래브용 철판 거푸집

(12) 워플 폼(waffle form)

정 의	무량판 구조 또는 평판 구조에서 2방향 장선(격자보) 바닥판 구조가 가능한 특수 상자모양의 기성재 거푸집
무량판 구 조	RC 구조방식에서 보를 사용하지 않고 바닥슬래브를 직접 기둥에 지지시키는 구조방식

〈데크 플레이트〉

〈워플 폼〉

(13) V.H분리 타설(수직 · 수평 분리타설)공법

정 의	보통 half P.C 슬래브공법과 병행하여 적용되는 공법으로 기둥 · 벽 등 수직부재를 먼저 타설하고, P.C판과 맞물려 topping 콘크리트로 타설한다.	
종 류	① shuttering form공법 ③ metal form공법	② 목재 거푸집공법 ④ euro form공법
특 징	① 공기의 단축 ③ 타설 접합면의 일체화 ⑤ slab 거푸집이 불필요	② 인건비의 절감 ④ 하층의 작업공간 확보 ⑥ 작업공정의 증가

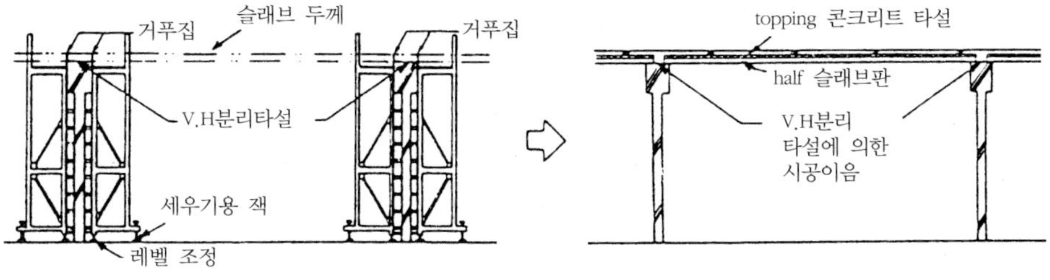

Ⅲ. 콘크리트공사

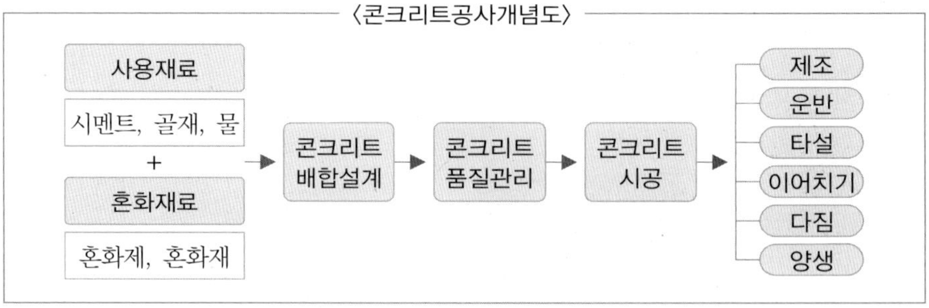

1. 사용재료

(1) 시멘트

① 종류 및 특성

종 류		특 성
포틀랜드시멘트(P.C)	보통 P.C	주원료를 분쇄하여 1,450℃의 고온으로 소생하여 얻은 클링커에 소량의 석고를 혼입하여 분쇄해서 제조
	조강 P.C	㉮ 조기강도가 크다. ㉯ 수화발열량이 크다. ㉰ 긴급공사, 한중공사, 수중공사에 사용
	중용열 P.C	㉮ 수화반응이 늦으므로 발열량이 적고 수축률이 낮다. ㉯ 강도 증진은 늦어지나 장기강도는 보통시멘트보다 크다. ㉰ 매스콘크리트 댐공사, 차폐용 콘크리트 등에 사용
	백색 P.C	㉮ 물, 풍우, 서리, 동결 등의 피해에 대한 강한 내구성, 내마모성이 우수 ㉯ 타일줄눈, 테라초 공사, 교통관계 표식에 사용
혼합시멘트	고로시멘트	㉮ 비중이 낮다.(2.9) ㉯ 중성화가 빠르므로 물시멘트비를 줄여준다. ㉰ 동결융해 저항성이 크고, 알칼리골재반응의 방지효과가 있다. ㉱ 해수, 하수, 지하수, 광천 등에 대한 저항성이 크다. ㉲ 건조수축이 작다.
	플라이애시 시멘트	㉮ 시공연도 개선 ㉯ 조기강도는 낮으나 장기강도는 증대 ㉰ 내황산염에 대한 저항성, 화학적 저항성을 증진 ㉱ 수밀성 향상
	실리카(포졸란) 시멘트	㉮ 화학적 저항성이 향상되며, 시공연도 개선 ㉯ 성형성이 좋고, 보수성이 좋음. ㉰ 블리딩(bleeding)이 감소하고, 백화현상이 적어짐.

종 류		특 성
특수시멘트	알루미나 시멘트	㉮ 조기강도가 커서 보통 포틀랜드시멘트의 28일 강도를 24시간 만에 발현 ㉯ 해수에 대한 저항성이 크다. ㉰ 응결 · 경화시 발열량이 크다. ㉱ 긴급공사, 해안공사, 동기공사에 적합
	팽창 시멘트	㉮ 콘크리트의 결점인 수축성을 개선 ㉯ 균열발생이 감소 ㉰ 수밀성으로 인한 강도 증대

② 시멘트의 성질

<table>
<tr><th>분말도가 크면</th><th>응결이 빠른 경우</th></tr>
<tr><td rowspan="3">㉮ 표면적이 크다.
㉯ 수화작용이 빠르다.
(물과의 접촉면이 커지므로)
㉰ 발열량 커지고, 조기강도 크다.
㉱ 시공연도가 좋고, 수밀한 콘크리트 가능
㉲ 균열발생이 크고 풍화가 쉽다.
㉳ 장기강도는 저하된다.</td><td>㉮ 분말도가 크면 빠르다.
㉯ 온도가 높고, 습도가 낮을수록
㉰ C_3A 성분이 많을수록</td></tr>
<tr><th>응결이 느린 경우</th></tr>
<tr><td>㉮ W/C비가 많을수록
㉯ 풍화된 시멘트일수록</td></tr>
</table>

(2) 골재

① 골재의 종류

크 기	잔골재	5mm체에 중량으로 85% 이상 통과하는 콘크리트용 골재
	굵은골재	5mm체에 중량으로 85% 이상 남는 콘크리트용 골재
비 중	경량골재	비중 2.0 이하로 콘크리트의 중량 감소, 단열 등의 목적으로 사용
	보통골재	비중 2.5~2.7 정도의 골재로 보통 콘크리트에 사용
	중량골재	비중 2.7 이상으로 방사선의 차단효과를 높이기 위하여 사용

② 골재의 품질 요구조건 및 저장시 주의점

골재의 품질요구조건	골재저장시 유의점
㉮ 표면이 거칠고 둥근 모양일 것. ㉯ 견고하고 강도가 클 것. ㉰ 실적률이 클 것(55% 이상). ㉱ 입도가 적당하고 좋을 것. ㉲ 청정하고 불순물이 없을 것. ㉳ 내마모성이 있을 것.	㉮ 쌓는 곳은 배수가 양호하고 햇빛을 덜 받는 곳. ㉯ 잔골재, 굵은골재 별도 분리 ㉰ 짐부리고, 보관시 세조립이 섞이지 않게 물을 뿌리고 포장을 씌워서 습윤상태 유지해야 함. ㉱ 경량골재는 흡수율이 크므로 2~3일 전 살수하여 포건 내포상태로 보관한다. ㉲ 점토질, 유기물질, 염분 등 불순물 제거

③ 골재의 염화물 함유량

해사(海沙)가 콘크리트에 미치는 영향	㉮ 이상응결(급결) ㉯ 철근부식 촉진 ㉰ 균열발생 증가 ㉱ 누수 ㉲ 내구성 약화
염화물(Cl⁻) 규정	㉮ 잔골재의 염분 함유량 : 0.04% 이하(NaCl 기준) ※ 염소이온(Cl⁻)기준시 0.02% 이하 ㉯ 콘크리트 내부의 염소이온량 : 0.3kg/m³ 이하

〈염화물 측정 장면〉

④ 골재의 함수상태

함 수 량	습윤상태의 골재가 함유하는 전수량
흡 수 량	표면건조 내부포수상태의 골재 중에 포함되는 물의 양
표 면 수 량	습윤상태의 골재표면의 물의 양(함수량과 흡수량과의 차)
유 효 흡 수 량	흡수량과 기건상태의 골재 내에 함유된 수량과의 차

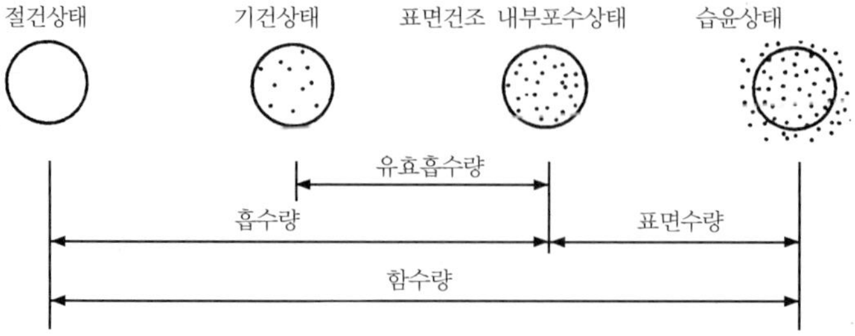

⑤ 골재의 시험방법

혼탁비색법	㉮ 잔골재의 유기불순물 유해량을 측정하는 방법 ㉯ 모래시료와 수산화나트륨 3% 용액(NaOH)을 넣고 섞어 24시간 후 표준색과 비교한다. ㉰ 표준색보다 진한 것은 유기불순물을 포함한 것이다.
로스앤젤레스 시험	굵은골재의 마모저항을 시험

(3) 물

① 물은 유해한 불순물인 기름, 산 알칼리, 염류, 유기물 등을 포함하지 않은 청정한 것이어야 하며 상수도 규정이나 ③의 규정에 적합한 것으로 한다.

② 해수는 철근, PS강선 등을 부식시키므로 철근콘크리트의 혼합수로 하면 안 된다.

③ 레미콘은 KS F 4009 레디믹스트 콘크리트에 따르며 고품질 콘크리트인 경우

㉮ 색도　㉯ 탁도　㉰ 수소이온 농도(PH)

㉱ 증발 잔유물　㉲ 염소 이온 농도

㉳ 과망간산칼륨 등의 시험에 합격한 것을 쓴다.

2. 혼화재료

(1) 종류

혼화제(劑) : 콘크리트의 성질을 개선하기 위해 약품적으로 소량 사용
　예 표면활성제(AE제, 분산제, AE감수제), 유동화제, 응결경화 촉진제, 응결지연제, 방청제, 방동제

혼화재(材) : 콘크리트의 물성을 개선시키기 위하여 비교적 다량으로 사용
　예 고로슬래그, 플라이애시, 실리카흄, 착색제, 팽창재

(2) 표면활성제

정 의	표면활성 작용에 의하여 콘크리트 속에 미세한 기포를 발생시키거나 시멘트 입자를 분산시켜 콘크리트의 시공연도를 좋게 하는 혼화제
종 류	① AE제　② 감수제(분산제)　③ AE감수제

(3) AE(air entraining agent)제

공기 연행제로서 미세한 기포를 고르게 분포시키는 혼화제

① 사용목적과 공기량 성질

AE제 사용목적	콘크리트 중의 공기량 변화
㉮ 시공연도 증진 ㉯ 동결융해 저항성 증대 ㉰ 단위수(水)량 감소 ㉱ 내구성, 수밀성 증대 ㉲ 재료분리 저항성, 블리딩 현상 감소	㉮ AE제의 혼입량이 증가하면 공기량은 **증가**한다. ㉯ 시멘트의 분말도 및 단위시멘트량이 증가하면 공기량은 **감소**한다. ㉰ 잔골재 미립분이 많으면 공기량은 **증가**하고, 잔골재율이 커지면 공기량은 **증가**한다. ㉱ 콘크리트의 온도가 낮아지면 공기량은 **증가**한다. ㉲ 컨시스턴시가 커지면, 즉 슬럼프가 커지면 공기량은 **증가**한다.

② 공기량의 종류

인트랩트 에어 (entrapped air)	일반 콘크리트에 자연적으로 상호연속된 부정형의 기포가 1~2% 정도 함유된 것.
인트레인드 에어 (entrained air)	AE제에 의한 독립된 미세한 기포로서 볼베어링 역할을 하는 기포(=AE 콘크리트의 공기량)

(4) 그 외의 혼화제 특징

고성능감수제	감수제의 성능을 더욱 향상시켜 단위수량을 대폭 감소시킬 수 있는 혼화제
유동화제	단위수량이 적은 콘크리트의 유동성을 일시적으로 증대시킬 수 있는 혼화제
응결경화 촉진제	시멘트와 물과의 화학반응을 촉진시켜 조기강도를 증대시키는 것으로 급결제 또는 급경제(急硬濟)라고도 한다.
응결지연제	시멘트와 물과의 화학반응을 늦어지게 하는 것으로 응결을 지연
방청제	염화물에 의한 철근부식 방지
방동제	염화칼슘, 식염 등으로 콘크리트 동결 방지

(5) 포졸란(pozzolan) 재료

정 의	콘크리트 중의 수산화칼슘과 화합하여 불용성(녹지 않는)의 화합물을 만드는 실리카질(SiO_2) 재료 ※ 포졸란 반응: 실리카가 콘크리트 중의 수산화칼슘과 화합하여 불용성의 화합물을 만드는 반응
종 류	① 천연산 : 화산재, 규조토, 규산백토 ② 인공산 : 고로슬래그, 소성점토, 플라이애시
성 질	① 시공연도 증진 ② 재료분리 감소 ③ 해수에 대한 화학적 저항성 증대 ④ 조기강도 감소, 장기강도 증진 ⑤ 발열량이 적어 단면이 큰 곳 사용

(6) 플라이애시(fly ash)

정 의	분탄이 화력발전소의 보일러 내에서 연소할 때 부유하는 회분을 전기 집진기로 채집한, 표면이 매끄러운 구형의 미세립 분말
성 질	① 입자가 거의 구형으로 시공연도 향상 ② 수화열이 적음 ③ 장기강도 증진 ④ 내황산염, 화학적 저항성 향상 ⑤ 세공량감소로 수밀성 향상 ⑥ 알칼리 골재반응 억제 효과

(7) 고로 슬래그(slag)

정 의	선철을 제조한 과정에서 발생되는 부유물질인 슬래그를 냉각시켜 분말화한 것
성 질	① 콘크리트 구조체의 장기강도 증진 ② 수화발열량에 의한 온도상승 ③ 해수, 하수, 지하수, 광천 등에 대한 내침투성이 우수 ④ 재료분리 및 블리딩이 조금 많아짐

(8) 그 외의 혼화재

실리카흄	규소합금을 제조시 발생하는 폐가스를 집진하여 얻어진 규산질(SiO_2) 초미립자로 고강도콘크리트를 제조할 때 사용한다.
팽 창 재	경화과정에서 팽창을 일으키는 것으로 건조수축 균열을 방지
착 색 재	콘크리트에 색을 가하는 안료이며 내알칼리성 광물질이다. ① 빨강색 : Fe_2O_3(산화제이철) ② 녹색 : Cr_2O_3(산화크롬) ③ 노랑 : 크롬산바륨 ④ 유기안료 ⑤ 검정 : 카본 블랙 ⑥ 백색 : TiO_2(산화티탄), 백연 ⑦ 갈색 : 이산화망간

3. 콘크리트 배합설계

(1) 개요

콘크리트가 구비해야 할 성질	① 소요의 강도 유지 ② 경제적 배합 ③ 소요의 시공연도 확보 ④ 내구성 확보 ⑤ 균질성 확보 ⑥ 수밀성 확보	
배합 결정요소	① 시멘트 강도 ② 물시멘트비 ③ 슬럼프 값 ④ 골재크기 및 잔골재율 ⑤ 소요공기량	
배합설계시 고려사항	반죽질기 조정	단위수량 혹은 시멘트량
	점도 및 재료분리 조정	잔골재율 혹은 단위 굵은골재량
	강도 고려	물시멘트비
	내구성 고려	AE제의 양

(2) 배합의 표시법(설계종류)

절대용적배합	콘크리트 비벼내기 1m³에 소요되는 각 재료를 절대용적(m³)으로 표시한 배합
중량배합	콘크리트 비벼내기 1m³에 소요되는 각 재료를 중량(kg)으로 표시한 배합
표준계량 용적배합	콘크리트 1m³에 소요되는 재료의 양을 표준계량용적(m³)으로 표시한 배합.(단, 시멘트는 1,500kg을 1m³로 한다.)
현장계량 용적배합	콘크리트 1m³에 소요되는 각 재료 중 시멘트는 포대수로, 골재는 현장계량법에 의한 용적(m³)으로 표시한 배합

(3) 콘크리트 배합순서

1) 설계기준강도(소요강도)

① 콘크리트 부재의 설계에 있어서 계산의 기준이 되는 콘크리트의 강도를 말한다.

② 일반적으로는 재령(材齡) 28일의 압축강도를 기준으로 한다.

2) 배합강도(f_{ck})

① 일반사항

㉮ 설계기준강도에 적당한 계수를 곱하여 할증(割增)한 압축강도를 말한다.

㉯ 구조물에 사용된 콘크리트의 압축강도가 설계기준압축강도보다 작아지지 않도록 현장 콘크리트의 품질변동을 고려하여 콘크리트의 배합강도를 설계기준압축강도보다 충분히 크게 정하여야 한다.

㉰ 콘크리트 압축강도의 표준편차는 실제 사용한 콘크리트의 30회 이상의 시험 실적으로부터 결정하는 것을 원칙으로 한다. 그러나 압축강도의 시험횟수가 29회 이하이고 15회 이상인 경우는 그것으로 계산한 표준편차에 보정계수를 곱한 값을 표준편차로 사용할 수 있다.

② 배합강도값 결정

㉮ $f_{ck} \leq 35\text{MPa}$인 경우(다음 中 큰 값)

㉠ $f_{cr} = f_{ck} + 1.34s$

㉡ $f_{cr} = (f_{ck} - 3.5) + 2.33s$

㉯ $f_{ck} > 35\text{MPa}$(다음 中 큰 값)

㉠ $f_{cr} = f_{ck} + 1.34s$

㉡ $f_{cr} = 0.9f_{ck} + 2.33s$

③ 시멘트 강도(k)

k의 최대치	시멘트 종류	
400	조강 포틀랜드시멘트	
370	보통 포틀랜드, 플라이애시 A종,	고로 A종 실리카 A종
350	고로 B종,	중용열
320	플라이애시 B종,	실리카 B종

④ 물 · 시멘트비(W/C) 결정

㉮ 물 · 시멘트비는 부어넣기 직후의 모르타르 또는 콘크리트에 포함된 시멘트풀 속의 시멘트에 대한 물의 중량 백분율

㉯ 공식(보통 포틀랜드시멘트의 경우)

$$W/C = \frac{215}{f_{28} + 210}(\%)$$

$$W/C = \frac{61}{f_{28}/k + 0.34}(\%)$$

中 작은 값

(단, f_{28} : 28일 압축강도, k : 시멘트 강도)

㉰ 물·시멘트비 최대값

시멘트 종류		콘크리트 종류		
고로 슬래그 1급 포졸란 B종 플라이애시 B종	보통포틀랜드 고로특급 포졸란 A종 플라이애시 A종	고강도 수중	동결융해 제치장 수밀	한중 경량 차폐용
60% 이하	65% 이하	50% 이하	55% 이하	60% 이하

⑤ 슬럼프(slump)값 결정

㉮ 슬럼프 테스트로 하여 시공연도의 양부를 측정한다.

㉯ 슬럼프값의 표준값

종 류		슬럼프값(mm)
철근콘크리트	일반적인 경우	80~150
	단면이 큰 경우	60~120
무근콘크리트	일반적인 경우	50~150
	단면이 큰 경우	50~100

㉰ slump test(슬럼프 시험)

사용기구	슬럼프콘, 슬럼프판, 다짐봉, 측정용 자
시험순서	① 수밀평판을 수평으로 한다. ② 슬럼프콘을 평판 중앙에 놓는다. ③ 슬럼프콘에 체적의 1/3되게 콘크리트를 채운다. ④ 다짐막대로 25회 다진다. ⑤ 위의 ③항과 ④항의 작업을 2회 되풀이하고 윗면을 고른다. ⑥ 슬럼프콘을 조용히 들어올린다. ⑦ 콘크리트의 주저앉은 높이를 측정한 후 30cm에서 뺀 수치가 슬럼프 치수이다.

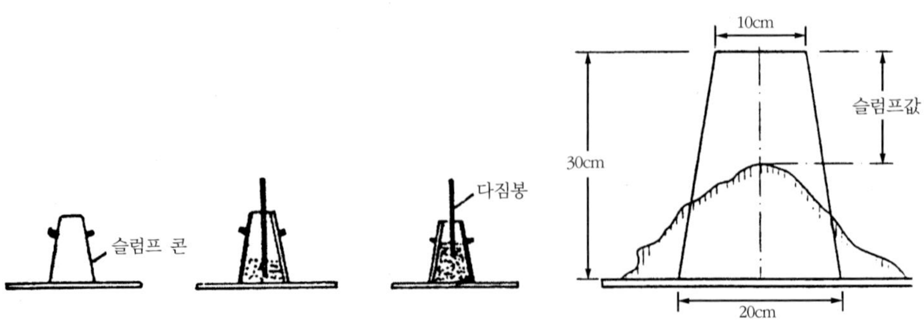

〈슬럼프 시험 장면〉

⑥ 잔골재율(S/a)의 결정

㉮ 잔골재율은 골재량과 골재 전량과의 절대 용적률이다.

㉯ 절대 잔골재율은 소요의 시공연도를 얻을 수 있는 범위 내에서 가능한 한 작게 하며 골재입도, 공기량, 시멘트량, 혼화제에 따라 변화한다.

㉰ S/a가 커지면 간극이 많아지므로 단위수량과 단위 시멘트량이 증가한다.

㉱ 잔골재 입도가 변화하여 조립률이 0.2 이상 차이가 날 때는 잔골재율과 단위수량을 변경한다.

⑦ 배합의 일반적인 경향

㉮ 동일한 W/C비, 동일 슬럼프일 때

모래입자가 작을수록 시멘트 사용량이 많아진다. 자갈입자가 작을수록 시멘트 사용량이 많아진다.	골재입도와 시멘트 사용량은 반비례관계에 있다.
모래입자가 작을수록 자갈의 사용량이 많아진다. 자갈입자가 작을수록 모래의 사용량이 많아진다.	모래, 자갈은 반비례한다.
모래입자가 클수록 모래의 사용량을 늘린다. 자갈이 굵을수록 자갈의 사용량을 늘린다.	거칠수록 비례증가한다.

㉯ 동일 슬럼프일 때 : 물 · 시멘트비가 작을수록 시멘트 사용량이 많아진다.

㉰ 동일 W/C비일 때 : 슬럼프가 클수록 시멘트 사용량이 많아진다.

4. 콘크리트의 품질관리

(1) 굳지 않은 콘크리트의 성질

Workability(시공연도)	묽기 정도 및 재료분리에 저항하는 정도 등 복합적 의미에서의 시공 난이 정도
Consistency (반죽질기, 유동성)	단위수량의 다소에 따르는 혼합물의 묽기 정도
Compactability(다짐성)	콘크리트 묽기에 따른 다짐의 용이한 정도
Plasticity(성형성)	구조체에 타설된 콘크리트가 거푸집에 잘 채워질 수 있는지의 난이 정도
Pumpability(압송성)	펌프에서 콘크리트가 잘 밀려가는지의 난이 정도
Stability(안정성)	시멘트 제품에 팽창균열이나 솟음 등의 변형이 생기지 않아야 하는 성질
Finishability(마감성)	도로포장 등에서 골재의 최대치수에 따르는 표면정리의 난이 정도
Mobility(가동성)	콘크리트가 움직이기 쉬운 성질

(2) 시공연도(Workability)

① 영향을 미치는 요인	단위수량, 단위시멘트량, 시멘트의 성질, 골재의 입도 및 입형, 공기량, 혼화재료의 성질, 비빔시간, 온도 등
② 측정방법	슬럼프시험, 흐름(flow)시험, 구관입시험, Vee-Bee시험(된반죽콘크리트의 반죽질기 측정), remolding시험(반복 낙하횟수로 반죽질기 측정)

〈흐름 시험기〉

(3) 재료분리

① 원인과 문제점 및 대책

원 인	문제점	방지책
㉮ 반죽질기가 지나칠 때 ㉯ 단위수량, 골재량이 많을 때 ㉰ 골재의 입도, 입형이 부적당 ㉱ 골재의 비중이 다른 경우(굵은골재 치수가 너무 큰 경우) ㉲ 물과 시멘트플로 분리 (Bleeding과 laitance)	㉮ 콘크리트 강도저하 ㉯ 철근의 부착강도 저하 ㉰ 수분상승으로 인한 동해 발생 ㉱ 레이턴스로 인한 이음부 강도 저하 ㉲ 미관 손상 (Honey Comb) ㉳ 건조수축 균열이 발생	㉮ 재료배합을 잘한다. (입형, 입도가 고른 것) ㉯ 적정한 물시멘트비를 유지한다. ㉰ 혼화제 적정 사용 (AE제, 분산제, 플라이애시) ㉱ 시공상 주의 (타설속도, 높이준수, 철근 간격 유지)

② 블리딩(bleeding)과 레이턴스(laitance)의 정의

블리딩	아직 굳지 않은 시멘트풀, 모르타르 및 콘크리트에 있어서 물이 윗면에 스며 오르는 현상
레이턴스	콘크리트를 부어넣은 후 블리딩 수(水)의 증발에 따라 그 표면에 발생하는 백색의 미세한 물질

〈콘크리트의 레이턴스 현상〉

③ 블리딩과 레이턴스의 영향과 방지책

영 향	대 책
㉮ 철근 부착 강도 저하 ㉯ 수밀성이 저하된다. ㉰ 여름철 고온시 블리딩 속도보다 표면수 증발이 빠를 경우 초기 건조·수축·발생된다. 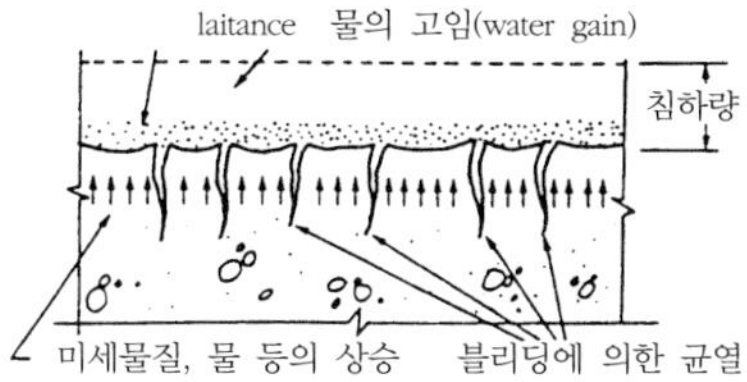 	㉮ 시멘트 분말도를 높게 하고 부배합으로 한다. ㉯ W/C비를 낮추고, 골재 유해 함유량을 낮춘다. ㉰ 잔골재율(S/a)을 작게 한다. ㉱ AE제, 감수제, 분산제, 포졸란 등의 혼화제를 사용한다. ㉲ 레이턴스는 콘크리트경과 후 Water Jet, Air Jet 방식으로 제거한다.

④ Water gain현상

정 의	문제점(피해)	대 책
미경화 콘크리트에 있어서 물이 상승하여 표면에 고이는 현상	㉮ 콘크리트 구조체의 내구성 저하 ㉯ 균열발생의 원인 ㉰ 콘크리트의 재료분리 유발 ㉱ 콘크리트의 수밀성 저하	㉮ 굵은골재의 치수는 작게 하고, 균일한 입도조정 ㉯ 분말도가 높은 시멘트 사용 ㉰ 단위수량을 적게 할 것. ㉱ 단위시멘트량을 많게 할 것.

(4) 콘크리트 구조물의 내구성 저하 요인

① 외적 요인

㉮ 하중작용 : 피로, 부동침하, 지진, 과적(over load)

㉯ 온도 : 동결융해, 기상, 화재, 온도변화

㉰ 기계적 작용 : 마모(cavitation), 진동, 충격

㉱ 화학적 작용 : 중성화, 염해, 산성비, 황산염 등

㉲ 전류작용 : 전해, 전식(電蝕)

② 내적 요인

㉮ 골재반응 : 알칼리 골재반응, 점토광물

㉯ 강재부식 : 중성화, 염분(염사, 염분 혼입, 침입 등)

③ 중성화(中性化 ; carbonation)

정 의	콘크리트 중의 알칼리와 대기중 탄산가스가 반응하여 수분이 증발되고 균열이 발생되고 콘크리트가 노화되어가는 현상으로 탄산화라고도 한다.
반응식	carbonation (강알칼리에서 중성으로) $Ca(OH)_2 + CO_2 \xrightarrow{\downarrow} CaCO_3 + H_2O\uparrow$ (pH 12~13 → pH 5~8)

문제점	방지대책
㉮ 강도 저하 ㉯ 철근 부식(녹이 슨다) ㉰ 2.5배까지 철근 체적 팽창 ㉱ 균열발생 후 부식촉진, 누수 ㉲ 콘크리트 내구성에 심각한 우려	㉮ 경량골재 사용을 금하고, 피복두께를 증가시킨다. ㉯ 습도는 높고, 온도 낮게 유지 ㉰ AE제, 감수제, 유동화제 등 중성화 억제 혼화제를 사용 ㉱ 물시멘트비를 낮춘다. ㉲ 중용열 시멘트와 혼합시멘트 사용을 금지한다.

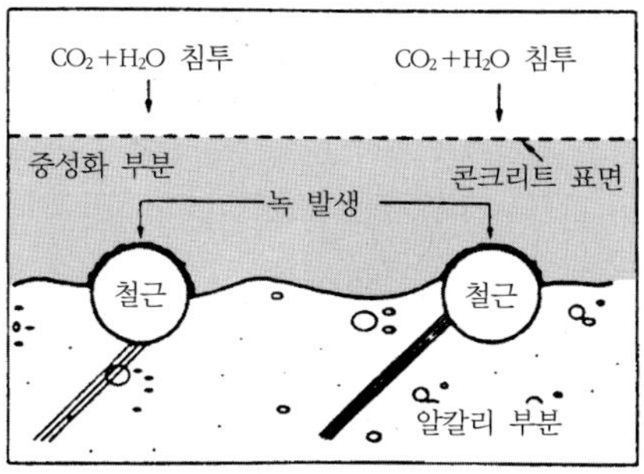

〈중성화 현상〉

④ 알칼리 골재반응(alkali aggregate reaction: AAR)

정 의		포틀랜드 시멘트 중의 알칼리 성분과 골재 등의 실리카 광물이 화학반응을 일으켜 팽창을 유발하는 반응으로 균열을 발생시켜 내구성을 저하시킨다.
종류	알칼리-실리카 반응	시멘트의 알칼리 금속이온(Na^+, k^+)과 수산이온(OH)이 실리카 사이에서 Silica Gel이 형성되어 수분을 계속 흡수·팽창한다.
	알칼리-탄산염 반응	점토질의 돌로마이트 석회석과 시멘트 알칼리와의 유해한 반응. Silica Gel 형성이 없고, 점토질이 수분을 흡수, 팽창한다.
	알칼리 실리게이트 반응	Vermiculite(운모)를 함유하는 암석과 알칼리가 수분과 결합·팽창한다. Gel 생성이 적다.
방지대책		㉮ 저알칼리시멘트 사용(알칼리 함량 0.6% 이하) ㉯ 반응성 골재 사용 금지 ㉰ 방수제를 사용, 수분을 억제한다. ㉱ 고로시멘트, 플라이애시시멘트 사용

⑤ 염해(鹽害)

정 의	콘크리트속의 염분이나 대기중 염화물이온(염소이온)의 침입으로 철근이 부식되어 콘크리트 구조체에 손상을 주는 현상으로 내구성이 저하된다.
문제점(피해)	㉮ 강도저하 ㉯ 구조체의 균열 및 누수원인 ㉰ 콘크리트의 열화원인 ㉱ 백화현상의 원인
대 책	㉮ 물은 유해량의 염분, 기름, 산, 알칼리 등의 유기불순물 등이 없을 것. ㉯ 염해에 강한 시멘트 및 혼화제(AE제, AE감수제 등) 사용 ㉰ 철근의 피복두께를 충분히 확보할 것. ㉱ 물시멘트비와 슬럼프는 작게 배합설계할 것. ㉲ 굵은골재 최대치수는 크게, 잔골재율은 작게 배합설계할 것.

⑥ 전기적 부식(전식)

정 의	습윤상태의 철근콘크리트 구조물에 전기 중 직류에 의해 콘크리트 속의 철근이 부식되는 현상
문제점(피해)	㉮ 철근과 콘크리트의 부착강도 저하 ㉯ 철근 부식 발생 ㉰ 콘크리트의 열화 촉진 ㉱ 구조체의 전체 내구성 저하
대 책	㉮ 철근콘크리트 구조체의 건조상태 유지 ㉯ 구조체 외부에 방수 시공 ㉰ 직류 전류체에의 직접 접촉 방지 ㉱ 콘크리트 속의 염화물의 양을 최소화

⑦ 콘크리트에 탄산가스(CO_2)의 영향

㉮ 철근부식 (균열발생 후 철근부식 촉진)

㉯ 강도저하

㉰ 내구성저하

(5) 콘크리트의 균열

① 균열원인

균열의 종류	균열원인
침강 균열	콘크리트 타설 후 블리딩에 의해 콘크리트가 침하할 때 철근을 따라 콘크리트 표면에 생기는 균열
레미콘에 의한 균열	㉮ 가수로 인하여 물시멘트비가 과다한 경우 ㉯ 장시간 운반에 따른 재료분리
재료에 의한 균열	㉮ 콘크리트 침하 ㉯ 시멘트 수화열 ㉰ 건조수축 ㉱ 알칼리 골재반응 ㉲ 콘크리트 중성화
시공에 의한 균열	㉮ 현장에서 가수한 경우 ㉯ 양생불량 ㉰ 운반, 설치시 충격 ㉱ 거푸집의 조기 제거 ㉲ 경화전 하중재하

② 균열방지대책

배합, 설계대책	시공대책	품질관리대책
① 시멘트 사용량 줄일 것.	① 균질한 비빔 시공	① 습윤양생(급격한 수축방지)
② 저발열 시멘트 사용	② 비빔, 타설시간 준수	② 철근 에폭시 코팅 사용
③ 수화열 억제 혼화제 사용	③ 거푸집, 동바리 변형 방지	③ 마모, 파손 금지
④ 슬럼프, 단위수량 최소화	④ 타설속도, 타설높이 준수	④ 온도균열 방지 대책수립
⑤ 실적률이 큰 골재 사용	⑤ 타설 후 진동, 충격방지	⑤ AE감수제 사용 비빔
⑥ 저알칼리 골재 사용	⑥ 철근간격 유지, 변형방지	⑥ 해사 사용시 유의점 준수

③ 온도균열

㉮ 정의

콘크리트 내 · 외부의 온도차에 의해 발생되는 균열로써 급격한 건조수축이 되면 내 · 외부 건조수축 차이에 따라 콘크리트 표면에 인장응력에 의해 내부구속, 외부구속에 의한 균열이 생긴다.

㉯ 온도균열 방지(제어) 양생법

Pre Cooling 방법	콘크리트 재료의 일부나 전부, 냉각수 등을 사용하여 온도를 낮추는 방법
Pipe Cooling 방법	콘크리트 타설 전 파이프를 배관하고 냉각수나 찬 공기를 순환시켜서 콘크리트 온도를 낮추는 방법

④ 균열 보수 · 보강방법

표면처리공법	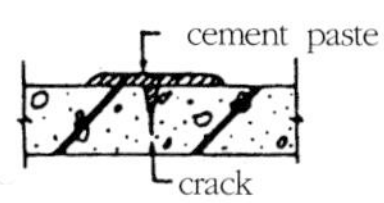	경미한 균열 부위에 시멘트페이스트 등으로 도막 형성
충 전 공 법 (V-cut공법)	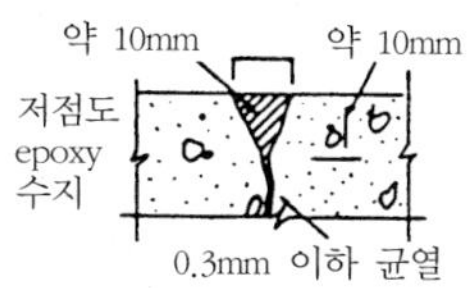	0.3mm 이하의 주입이 어려운 균열에 깊이 10mm 정도로 V-cut하고, 모르타르 또는 에폭시수지로 충전
주 입 공 법	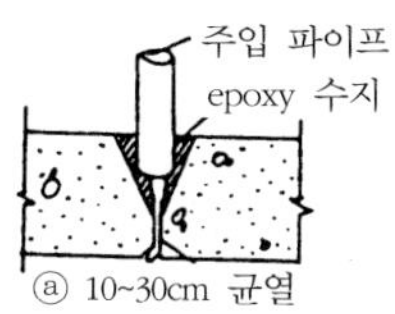	주입용 파이프를 10~30cm 파이프 간격으로 설치하고, 저점성의 에폭시수지를 주입
강재앵커공법	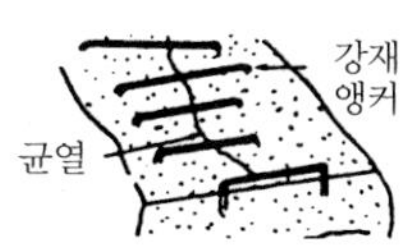	꺾쇠형 앵커체로 균열이 더 이상 진행되지 않도록 하는 공법
강판부착공법	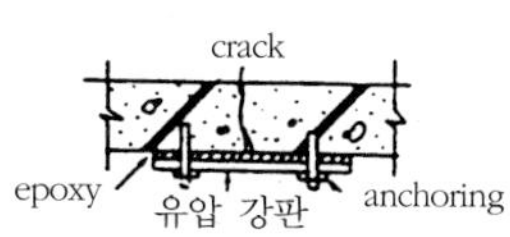	균열 부위에 강판을 대고 앵커로 고정한 후 접착 부위를 에폭시수지로 채우는 공법

〈주입공법〉

〈강판부착공법〉

(6) 콘크리트 강도시험

시험종류	재하시험
	코어(core) 채취법
	비파괴시험 : 타격법, 음속법, 복합법, 공진법, 인발법

① 강도추정을 위한 비파괴시험

타격법(슈미트해머법)	콘크리트 표면 타격시 반발경도로 강도 추정
음속법(초음파법)	초음파의 통과 속도에 의해 강도 추정
복합법	슈미트 해머법과 초음파 속도법을 병행해서 강도 추정
공진법	물체의 고유진동주기를 이용하여 강도 추정
인발법	콘크리트에 미리 볼트를 매설하고 인발함으로써 강도 추정

② 슈미트 해머의 추정강도 계산시 보정방안

㉮ 타격각도에 의한 보정
㉯ 콘크리트 재령에 따른 보정
㉰ 콘크리트 함수율에 따른 보정
㉱ 콘크리트 응력상태에 따른 보정

③ 콘크리트 파괴양상

고강도 콘크리트	최대 강도 이후에 급격한 변형의 취성파괴
저강도 콘크리트	최대 강도 이후에 완만한 변형의 연성파괴
일반강도 콘크리트	탄성에서 소성으로 변하면서 최대 강도 이후에 압축파괴

④ 철근굵기와 철근 위치 판별 시험방법

㉮ 피복측정기

㉯ 감마선 시험법

㉰ X선 시험법

㉱ 레이더 추적법

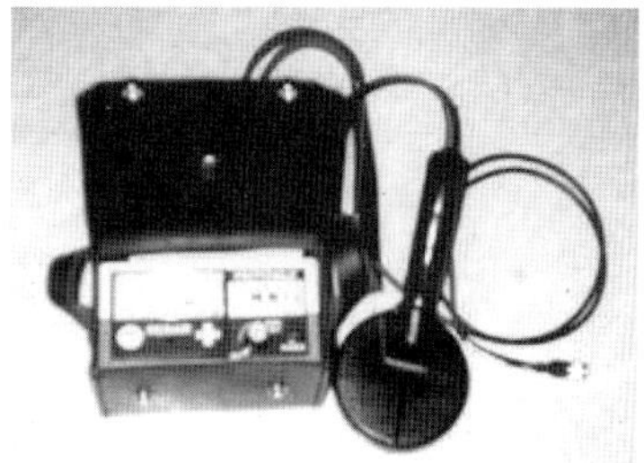

〈철근 위치판별 측정기〉

5. 콘크리트 시공

(1) 계량

① 물	오버플로식(overflow system), siphon식, float system, 양수계식 등이 있고 오버플로식이 가장 많이 쓰이며, 실용적이다.
② Dispenser	AE제를 계량하는 분배기이다. (자동식, 수동식이 있다.)
③ Inundator	모래의 용적계량장치, 모래를 수중에 완전 침수시키면, 그 용적이 표준계량일 때와 같아지는 것을 이용한다. (능률이 좋지 않으므로 현재는 거의 사용 안한다)
④ Wacecreter	물·시멘트비가 일정한 시멘트풀의 혼합 계량장치를 갖춘 계량기이다. (Batcher Plant 사용으로 거의 사용 안 한다.)
⑤ Washington Meter	AE제의 공기량 측정
⑥ Air Meter	콘크리트 속에 함유된 공기량 측정(자연 공기량 1~2%)
⑦ 배처플랜트 (batcher plant)	물, 시멘트, 골재 등의 콘크리트 각 재료를 정확하게 중량으로 계량하는 기계설비

〈Washington meter〉

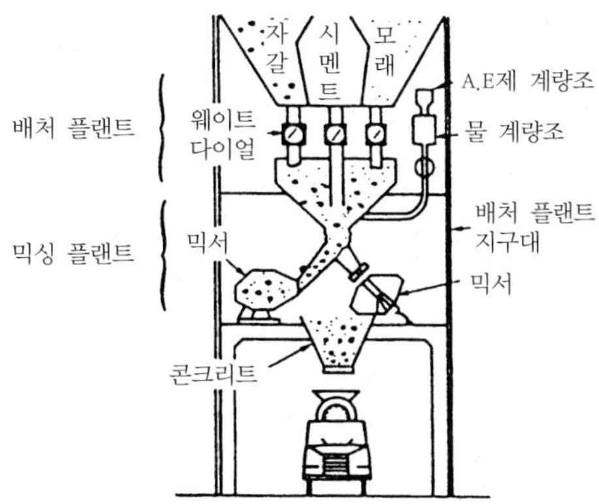

〈배처 플랜트 구조〉

(2) 비빔

① 일반사항

㉮ 기계비빔을 원칙으로 한다.(믹서로 콘크리트를 비비는 것)

㉯ 재료투입은 동시 투입이 이상적이지만 실제로는 모래+시멘트+물+자갈 순이다.(단, 이론적으로는 입자가 작은 순으로 물+시멘트+모래+자갈)

㉰ 비빔시간은 최소 1분 이상(수밀 콘크리트 : 3분 정도), 1시간의 비빔횟수는 최대 20회, 1일 150~160회이다. 믹서의 외주 회전속도는 1초에 1m 정도이다.

② 비빔순서

손비빔	모래 → 시멘트 → 자갈 → 물
기계비빔	모래 → 시멘트 → 물 → 자갈

③ 다시비빔과 되비빔

다시비빔(Remixing)	아직 엉기지 않은 콘크리트를 시간 경과 또는 재료가 분리된 경우에 다시 비벼 쓰는 것.
되비빔(Retempering)	콘크리트가 응결하기 시작한 것을 다시 비비는 것.

(3) 운반

① 콘크리트 타워

㉮ 타워높이 산출

$$H = h + \frac{l}{2} + 12(\text{m})$$

l : 타워에서 호퍼까지의 수평거리(m)
h : 부어넣은 콘크리트의 최고부 높이(m)

㉯ 최고 70m 이하, 15m마다 4개의 당김줄로 지지

㉰ Shute의 길이는 10m 이내, 경사는 4/10~7/10 정도이다.

㉱ 타설순서

믹서 → 버킷 → 타워 호퍼 → 슈트 → 플로어 호퍼 → 손차(cart)

② 콘크리트 펌프

㉮ 종류

압축공기식	압축공기의 압력으로 밀어내는 방식
피스톤 압송식	피스톤의 왕복운동으로 압송하는 방식
스퀴즈식	튜브 속의 콘크리트를 짜내는 방식

㉯ 장 · 단점

장 점	단 점
· 가설설비의 절약 · 공기단축 · 타설작업의 노무비 절감	· 압송거리의 제한 · 압송시 재료분리 우려 · 압송관의 막힘현상 우려

(4) 부어넣기(타설)

① 일반사항

㉮ 콘크리트를 부어넣기 전 배근, 배관, 거푸집 등을 점검하고 청소, 물축이기를 한다.

㉯ 비빔장소나 플로어 호퍼(floor hopper)에서 먼 곳부터 가까운 곳으로 부어넣으며, 될 수 있으면 가까이에서 수직으로 붓는다.

㉰ 부어넣기 전에 미리 계획된 구역 내에서는 연속적인 붓기를 하며, 한 구획 내에서는 콘크리트 표면이 수평이 되도록 넣는다.

㉱ 콘크리트의 낙하거리는 1m 이하로 하며, 수직타설을 원칙으로 한다.

㉲ 기둥은 한 번에 넣지 말고 다지면서 보통 1시간에 2m 이하로 천천히 부어 넣는다.

㉳ 벽은 양단에서 중앙으로 수평으로 부어 넣는다.(1.5~1.8m 내외간격)

㉴ 보는 양단에서 중앙으로 부어 넣는다.

㉵ 계단은 하부 단부터 상단으로 올라가며 콘크리트를 친다.

② 부어넣기(타설) 순서

㉮ 기초 → ㉯ 기둥 → ㉰ 벽 → ㉱ 계단 → ㉲ 보 → ㉳ 바닥판 → ㉴ 파라펫

③ 타설시 현장가수(加水)

문제점	㉮ 강도저하 ㉰ 블리딩 증가	㉯ 재료분리 ㉱ 건조수축으로 인한 균열발생
가장 중요한 결과 및 원인	• 결과 : 강도저하 • 원인 : 물 · 시멘트비의 증가에 따른 내부 공극 증가와 부착력 저하	

(5) 이어치기(붓기)

① 이어치기 위치

개 소	이음위치 및 방법
기 둥	보, 바닥판 또는 기초의 윗면에서 **수평**
보, 슬래브	스팬의 1/2 부근에서 **수직**(작은 보 있는 바닥판 : 너비의 2배 떨어진 위치, 전단력이 가장 적은 곳에 **수직**으로)
아 치	아치축에 **직각**
벽	문틀, 끊기 좋고 이음자리 막이를 떼어내기 쉬운 곳에서 **수직, 수평**
캔 틸 레 버	**이어붓지 않음**을 원칙으로 한다.

〈콘크리트 이어치기 장면〉

② 이어치기(붓기) 시간 간격

이어치기 시간 간격		비빔에서 부어넣기 종료까지
바깥기온 25℃ 이상	2시간 이내	1.5시간 이내
바깥기온 25℃ 미만	2.5시간 이내	2시간 이내

③ 이어붓기시 주의사항

㉮ 전단력이 적은 곳에서 이어 붓는다.

㉯ 이음길이는 되도록 짧게 한다.

㉰ 이음위치는 응력 방향에 직각으로 수직, 수평으로 둔다.

㉱ 시공순서에 무리가 없도록 한다.

㉲ 블리딩, 레이턴스 등을 제거한다.

④ 이어붓기시 결함사항

㉮ 누수 우려 ㉯ 부착력 저하 ㉰ 강도저하 ㉱ 균열발생 증가

⑤ 시공이음(Joint) 처리방법

㉮ 이음면	구조물의 강도에 영향이 없는 곳에 두고, 응력방향에 직각으로 한다.
㉯ 수평부재	전단력이 적은 스팬의 중앙부에 수직으로 줄눈 설치
㉰ 수직부재	바닥판 상부 또는 기초 상부에 수평으로 설치
㉱ 이음부 처리	접합부의 접착을 좋게 하여 이음부가 일체되도록 하고, 밀실한 타설로 이음부의 누수를 방지

⑥ 콘크리트 이음(Joint)의 종류

㉮ 정의

콜드 조인트(cold joint)	시공과정 중 휴식시간 등으로 응결하기 시작한 콘크리트에 새로운 콘크리트를 이어 칠 때 일체화가 저해되어 생기게 되는 줄눈
시공줄눈(construction joint)	시공상 콘크리트를 한 번에 계속하여 부어나가지 못할 곳에 생기는 줄눈으로 계획된 줄눈
신축줄눈(expansion joint)	온도변화에 따른 팽창·수축 혹은 부동침하, 진동 등에 의해 균열이 예상되는 위치에 설치하는 줄눈
조절줄눈(control joint)	지반 등 안정된 위치에 있는 바닥판 또는 벽면이 수축에 의하여 표면에 균열이 생길 수 있는데 일정한 곳에만 일어나도록 유도하는 줄눈
딜레이 조인트(delay joint)	장스팬의 구조물(100m가 넘는)에 신축줄눈을 설치하지 않고, 건조수축을 감소시킬 목적으로 설치하는 줄눈
sliding joint	슬래브나 보가 단순지지방식이고, 직각방향에서의 하중이 예상될 때 미끄러질 수 있게 한 줄눈
slip joint	조적벽과 R.C 슬래브에 설치하여 상호 자유롭게 움직이게 한 줄눈

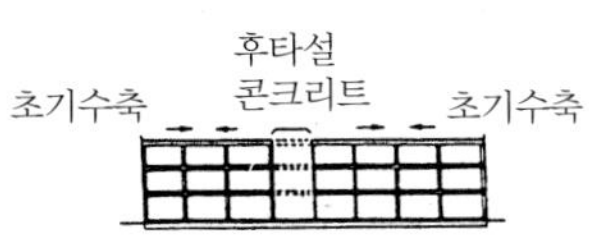

〈Delay joint〉

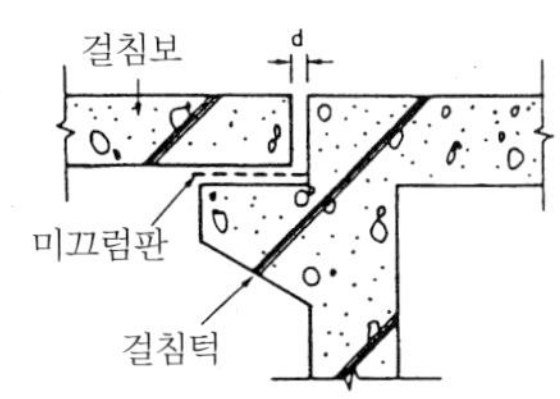

〈Sliding joint〉

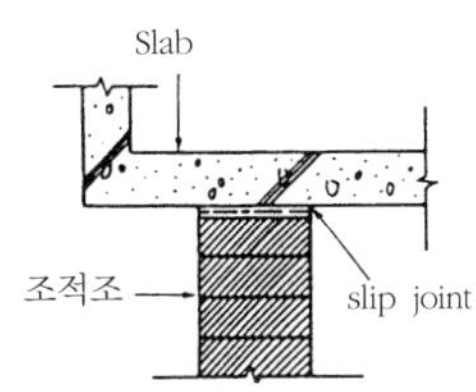

〈Slip joint〉

㉯ 콜드 조인트의 영향과 방지대책

영 향	일체화 저하로 강도저하, 균열발생 증가, 누수발생, 부착력 저하의 우려가 있다.
방지대책	㉠ 사전에 콘크리트 운반계획을 철저히 수립 ㉡ 시방서에 표시된 타설시간과 이어붓기 시간 간격을 준수 ㉢ 여름철 콘크리트는 응결지연제 등의 혼화제 계획이 필요 ㉣ 타설구획의 순서를 철저히 엄수

㉰ 시공줄눈 설치 이유 및 주의사항

설치이유	㉠ 거푸집의 반복사용을 위해 ㉡ 콘크리트의 검사를 위해 ㉢ 야간작업 등 무리한 작업을 피하기 위해 ㉣ 구조물의 온도상승을 피하기 위해
주의사항	㉠ 시공시 지수판(water stop)을 사용하여 누수 방지 ㉡ 수화열, 온도변화, 건조수축 등에 유의하여 시공 ㉢ 전단력이 큰 곳은 가급적 시공을 피하거나 유의하여 시공 ㉣ 콜드 조인트 방지에 유의

⑦ 무근콘크리트 이음새의 전단보강방법

㉮ 이어붓기 이음새에 촉 또는 홈을 둔다.

㉯ 석재를 삽입하여 보강

㉰ 철근을 보강

(6) 다짐

① 일반사항

㉮ 콘크리트를 진동다짐 기계(vibrator)의 사용원칙 : 슬럼프 15cm 이하의 된비빔 콘크리트에 사용함을 원칙으로 한다.

㉯ 배합 : 가급적 모래의 양을 적게 한다.

㉰ 콘크리트 붓기(진동다짐 1회) 높이는 30~60cm를 표준

㉱ 진동기의 수 : 막대 진동기는 1일 콘크리트 작업량 $20m^3$마다 1대로 잡는 것을 표준으로 한다.(3대 사용할 때 예비 진동기 1대)

② 콘크리트 다짐방법

㉮ 진동 다짐방법

㉯ 거푸집 두드림방법

㉰ 손다짐방법

㉱ 가압법

㉲ 원심력법

③ 진동기의 종류

막대형(꽂이식) 진동기	보통 공사에 많이 사용되는 것으로 콘크리트에 삽입시켜 사용하는 것.
거푸집 진동기	P.C 공장에서 거푸집의 외부에 진동을 가하는 것.
표면 진동기	도로공사 등에서 콘크리트 상면에 진동을 가하는 것.

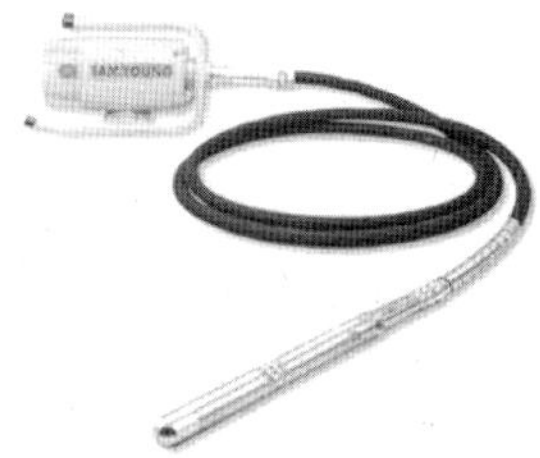
〈막대형(꽂이식) 진동기〉

④ 진동기를 사용할 때 주의사항

㉮ 수직으로 사용한다.
㉯ 철근 및 거푸집에 직접 닿지 않도록 한다.
㉰ 간격은 진동이 중복되지 않게 60cm 이하로 한다.
㉱ 진동시간은 30~40초가 적당하다.(시멘트풀이 올라올 정도)
㉲ 콘크리트에 구멍이 남지 않게 서서히 뺀다.
㉳ 굳기 시작한 콘크리트에는 사용하지 않는다.

⑤ 진동기의 효과순서

빈배합 된비빔 → 빈배합 묽은비빔 → 부배합 묽은비빔

(7) 양생(curing)

① 양생(보양)시 주의사항

㉮ 일광의 직사, 풍우, 상설에 대해 노출면 보호
㉯ 경화중에 있는 콘크리트에 충격을 주지 않도록 한다.
㉰ 한기에 대한 양생을 하며, 2℃ 이상 유지한다.
㉱ 부어 넣은 후 7일 이상 거적 또는 시트 등으로 덮어 물뿌리기 하여 습윤상태를 유지한다.
㉲ 콘크리트 시공 완료 후 3일간은 그 위를 보행하거나 가설재 적재 금지

② 양생(보양)방법

습윤양생 (moist curing)	수중, 살수보양 등 가장 대중적인 방법이다. 충분하게 살수하고 방수지를 덮어서 봉합 양생한다.
증기양생 (steam curing)	단기간에 강도를 얻기 위해, 고온, 고압 증기 양생한다. 한중 콘크리트 PC, PS부재에 적합. 알루미나 시멘트는 금지.

전기양생 (electric curing)	저압 교류에 의해 전기저항에 발열유발, 철근부식의 우려. 부착강도 저하(전기유출) 우려. 한중 콘크리트에 이용
피막양생 (membrane curing)	피막양생제 살포. 방수막 형성하여 수분증발 방지. 포장 콘크리트 대규모 스팬 슬래브에 적당
고주파 양생	거푸집과 콘크리트 윗면에 철판을 놓고 고주파를 흘려 양생

Ⅳ. 특수 콘크리트

1. 한중(寒中) 콘크리트

(1) 개요

정 의	부어넣기 후 하루 평균기온이 4℃ 이하의 동결 우려가 있는 기간에 시공하는 콘크리트
분 류	① 한랭기 : 콘크리트 타설 후 4주간 예상평균기온 2~10℃일 때 ② 극한기 : 콘크리트 타설 후 4주간 예상평균기온 2℃ 이하일 때

(2) 일반사항

① 물시멘트비는 60% 이하로 한다.

② 재료가열온도 : 60℃ 이하(시멘트는 절대 가열하지 않음)

③ 믹서 내 온도 : 40℃ 이하(시멘트는 맨 나중에 투입)

④ 부어넣기 온도 : 10℃~20℃

⑤ AE제, AE감수제 등의 표면활성제를 사용

⑥ 초기 강도가 50kgf/cm^2 이상 될 때까지 보양

⑦ 시멘트는 기온이 0℃ 이하일 때는 보온시설이 된 창고에 저장한다.

(3) 재료 가열순서

① 물 → ② 모래 → ③ 자갈

2. 서중(暑中) 콘크리트

(1) 정의

하루 평균 기온이 25℃ 또는 최고온도가 30℃를 초과할 때 시공하는 콘크리트

(2) 특징 및 유의사항

구분	내용
특 징	① 적절한 혼화제 사용 ② precooling 등의 냉각공법 검토 ③ 단위수량과 단위시멘트량은 최소화할 것. ④ 슬럼프는 18cm 이하에서 정함. ⑤ 타설시 온도는 35℃ 이하
유의사항	① 고온의 시멘트는 사용을 삼가할 것. ② 물, 골재 등은 낮은 온도의 것을 사용함. ③ 혼화제는 AE감수제, AE제 등을 사용 ④ 거푸집에 물을 뿌려 콘크리트의 수분이 거푸집에 흡수되지 않게 할 것.

3. 매스 콘크리트(mass concrete)

(1) 정의

부재 단면 치수가 80cm 이상이고, 콘크리트 내·외부 온도차가 25℃ 이상인 콘크리트

(2) 온도균열의 원인

① 콘크리트의 탄성계수가 클수록
② 수화발열량이 클수록
③ 콘크리트의 온도와 외기온도의 차가 클수록
④ 부재의 단면이 클수록
⑤ 단위시멘트량이 많을수록

(3) 균열방지

① 단위시멘트량 : 소요강도 및 워커빌리티를 얻을 수 있는 한 작게 한다.
② 시멘트 선정 : 수화열이 낮은 중용열 시멘트를 사용한다.
③ 내부 온도상승은 단위시멘트량 10kg/m^{3}당 1℃ 비율로 증가
④ 굵은골재의 최대치수를 크게 하고 잔골재율을 작게 한다.(내부 온도 감소)
⑤ 가능한 한 슬럼프를 작게 하고 AE제 및 AE감수제 표준형을 사용한다.
⑥ 내외부의 온도에 의한 수축방지 조치를 강구한다.

4. 경량 콘크리트

(1) 정의

구조물의 경량화를 목적으로 경량골재를 사용하여 만든 기건 단위용적 중량이 1.4~2.0t/m³인 콘크리트

(2) 재료

① 주재료 : 보통포틀랜드 시멘트+인공경량골재(팽창질석, 플라이애시 등)

② 혼화재료 : 기포제, 발포제

(3) 장 · 단점

장 점	단 점
① 내화성이 크다. ② 열전도율이 작고 단열성능이 크다. ③ 자중이 적어 건물 중량이 경감 ④ 콘크리트의 운반, 부어넣기 노력의 절감	① 시공이 번거롭고 사전 재료 처리가 필요하다.(표건내포상태 유지) ② 강도가 적다. ③ 건조수축이 크다. ④ 다공질이다.

(4) 종류

경량기포 콘크리트	무수한 기포를 고루 형성시켰다. ALC가 대표적이다.
신더 콘크리트 (cinder concrete)	석탄재(cinder)를 골재로 한 일종의 경량콘크리트로 방수층 누름에 쓰인다.
톱밥 콘크리트	톱밥을 골재로 하여 못을 박을 수 있는 콘크리트로 흡음벽, 장식용으로 쓰인다.
다공 콘크리트	수로(水路) 등의 배수를 목적으로 하는 콘크리트
서머콘 (thermo-con)	콘크리트 제작시 골재는 전혀 사용하지 않고 물, 시멘트, 발포제만으로 만든 경량콘크리트

(5) ALC(Autoclaved Lightweight Concrete)

① 정의

규사, 생석회, 시멘트 등에 발포제인 알루미늄 분말과 기포안정제 등을 넣어 고온, 고압증기양생(Autoclave 양생)을 거쳐 건물의 내외벽체, 지붕 및 바닥재 등에 사용되며 건축물의 대형화, 고층화, 경량화, 공업화 추세에 따라 그 사용이 늘어나고 있다.

② 특징

㉮ 중량이 가볍다.

㉯ 내화성능이 우수하다.

㉰ 단열, 차음성능이 우수하다.

㉱ 흡수성이 크다.

㉲ 제품의 변형이 없다.

③ 장 · 단점

㉮ 대패, 못, 드릴 사용 가능(가공용이)

㉯ 기계화 시공, 공기단축 가능

㉰ 강도탄성이 적고 충격에 약하다.

㉱ 흡수성이 높아 중성화가 빠르다.

㉲ 염류에 의한 철근 부식 우려

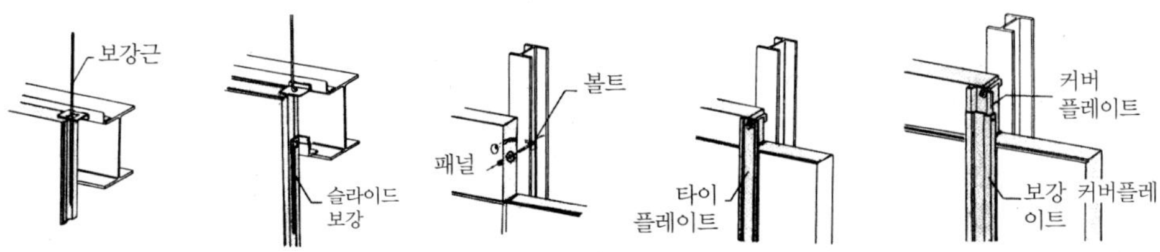

〈수직철근보강공법〉 〈슬라이드공법〉 〈볼트조임공법〉 〈타이 플레이트공법〉 〈커버 플레이트〉

④ 패널 설치공법

㉮ 수직철근 보강공법

㉯ 슬라이드공법

㉰ 볼트조임공법

㉱ 타이 플레이트(tie plate)공법

㉲ 커버 플레이트(cover plate)공법

5. 쇄석 콘크리트(깬자갈 콘크리트)

(1) 정의

깬자갈 콘크리트는 강자갈 대신에 인공적으로 부순돌을 사용한 콘크리트

(2) 재료 및 배합

깬자갈	① 원석 : 현무암, 안산암, 경질사암, 경석, 석회석 ② 입도 : 대소입자가 적당하게 혼합되어 있는 것이 좋음. ③ 실적률 : 최소 55% 이하
배 합	① 쇄석과 모르타르의 부착이 좋기 때문에 강도 10~20% 향상 ② 유동성이 부족하므로 AE제 등의 표면활성제 이용 ③ 단위수량, 시멘트량, 모래 사용량은 증가, 자갈 사용량은 감소

6. AE 콘크리트

(1) 정의

AE제(공기연행제)의 사용으로 시공연도를 증진시키고 단위수량을 감소시키며 내구성, 수밀성이 향상된 콘크리트

(2) 특징

① 워커빌리티(시공연도) 증진
② 단위수량 감소
③ 수밀성 증가
④ 내구성 증가
⑤ 동결융해 저항성이 커진다.
⑥ 부착강도 감소

7. 고강도 콘크리트

(1) 정의

설계기준강도가 $400kgf/cm^2$ 이상의 콘크리트로 초고층 구조물이나 안전성, 내구성 등이 요구되는 구조물에 사용된다.

(2) 특징

① 단위수량, 단위 시멘트량, 잔골재율은 가능한 작게 한다.
② 소요 공기량 : 공기 연행제를 사용 안하는 것이 원칙이다.
(기상변화가 심하거나 융해대책 필요시는 예외)
③ 콘크리트에 함유된 염화물량은 염소이온량으로 $0.3kg/m^3$ 이하.
④ 콘크리트 부어넣기 낙하고는 1m 이하, 재료분리가 생기지 않게 취급

(3) 고성능 콘크리트의 종류

① 고강도 콘크리트 ② 고내구성 콘크리트 ③ 고유동성 콘크리트

8. 프리스트레스트 콘크리트(prestressed concrete)

(1) 정의

P.S강재에 의해 콘크리트에 미리 압축력을 주어 인장강도를 증가시켜 휨저항을 크게 한 콘크리트이다.

(2) 특징

① 장스팬 구조가 가능, 균열 발생이 없다.
② 구조물의 자중 경감, 부재단면 축소 가능
③ 내구성, 복원성이 크고 공기단축이 가능
④ 항복점 이상에서 진동, 충격에 약하다.
⑤ 화재에 약함, 내화피복(5cm 이상)이 필요
⑥ 공정이 복잡, 고도의 품질관리가 요구

(3) 종류

① 프리텐션(pre-tension) 방법

구분	내용
정 의	PS강재에 미리 인장력을 가한 상태로 콘크리트를 넣고 경화한 후에 인장력을 풀어주는 방법
시공순서	㉮ PS강재 긴장 → ㉯ 콘크리트 타설 → ㉰ PS강재와 콘크리트를 접합 → ㉱ 콘크리트에 프리스트레스를 도입

② 포스트텐션(post-tension) 방법

현장제조, 대형 구조물에 적합하다.

구분	내용
정 의	콘크리트 타설, 경화 후 미리 묻어둔 시스(sheathe) 내에 PS강재를 삽입하여 긴장시키고 정착한 다음 그라우팅하는 방법
시공순서	㉮ PS강재도관(시스)설치 → ㉯ 콘크리트 타설 → ㉰ PS강재 삽입, 긴장, 고정 → ㉱ PS강재와 콘크리트를 접합(그라우팅) → ㉲ 콘크리트에 프리스트레스를 도입

(4) 정착공법 및 긴장재의 종류

구분				
정착공법	① 쐐기식	② 나사식	③ 루프식	④ 버튼헤드식
긴장재의 종류	① PS강선	② PS강봉	③ 피아노선	

※ PS강재 : 프리스트레스를 주기 위하여 사용하는 고강도의 강재(개정 시방서)

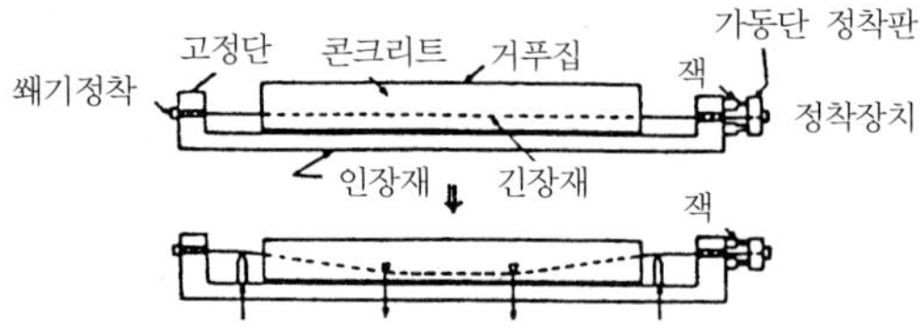

〈프리텐션〉

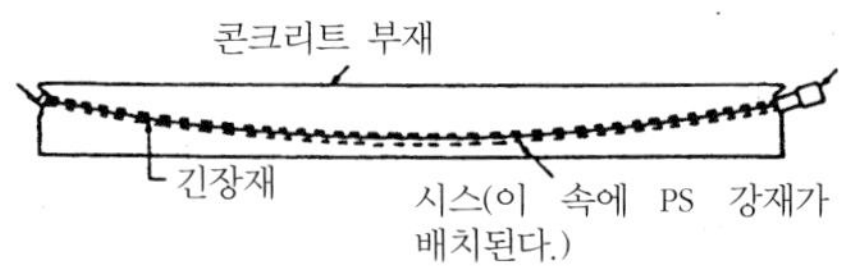

〈포스트텐션〉

9. 레미콘(ready mixed concrete)

(1) 정의

콘크리트 전문공장의 배처 플랜트에서 공급하는 콘크리트

〈레미콘 현장도착 장면〉

(2) 종류

구분	내용
슈링크 믹스트 콘크리트 (shrink-mixed concrete)	믹싱 플랜트 고정믹서에서 어느 정도 비빈 것을 트럭믹서에 실어 운반 도중 완전히 비비는 것. (: 믹서에서 반비빔 → 운반 도중 반비빔)
센트럴 믹스트 콘크리트 (central-mixed concrete)	믹싱 플랜트 고정믹서로 비빔이 완료된 것을 애지테이터 트럭으로 운반하는 것. (: 믹서 비빔 완료 → 트럭교반 → 현장운반)
트랜싯 믹스트 콘크리트 (transit-mixed concrete)	트럭믹서에 모든 재료가 공급되어 운반도중에 비벼지는 것. (: 트럭믹서에 재료 공급 → 운반중 완전비빔)

(3) 장 · 단점

장 점	단 점
① 현장에서 콘크리트 비빔장소가 불필요하다. ② 공사추진이 정확하다. ③ 품질이 균일하고 우수하다. ④ 공사비 절감	① 콘크리트의 자체 단가는 비싸다. ② 운반중 재료분리, 시간경과 우려 ③ 제조업자와 현장과의 긴밀한 협조관계 유지 필요, 이것이 안 되면 공기연장 품질저하 등 여러 단점을 야기한다.

(4) 콘크리트의 운반 및 배차계획

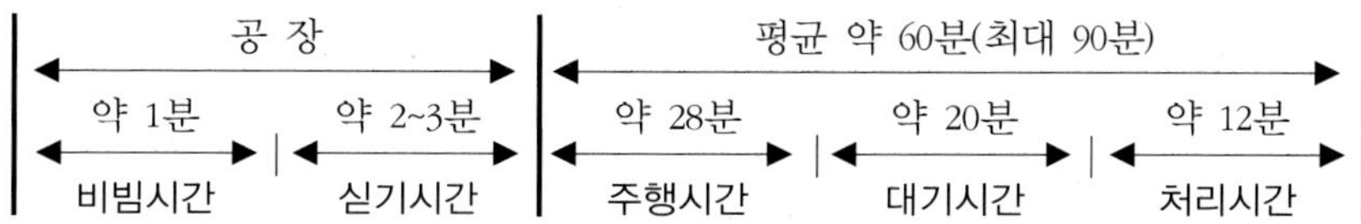

(5) 레미콘 규격

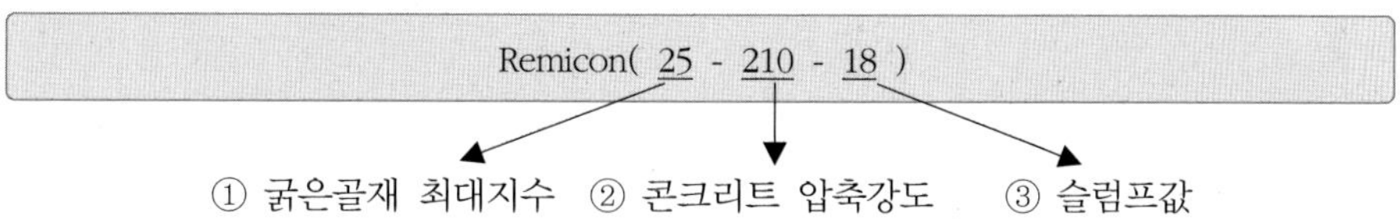

(6) 레미콘 현장도착시 검사사항

① 염화물 함유량 ② 공기량 ③ 슬럼프시험
④ 레미콘 제조시간 ⑤ 공시체를 통한 압축강도 시험
⑥ 잔골재 품질에 따른 유동성

10. 중량 콘크리트(차폐용 콘크리트)

(1) 정의

원자로, 의료용 조사실 등에서 **방사선을 차단**할 목적으로 비중(2.5~6.9)을 크게 한 콘크리트

(2) 일반사항

슬럼프	W/C 비	시멘트 사용량	사용골재
15cm 이하	60% 이하	300~350kgf/m³	① 중정석(Barite : 비중 4.0~4.7) ② 자철광(Magnetite : 비중 3.5~5.0)

(3) 시공시 유의사항

① 시멘트는 보통 포틀랜드, 중용열, 플라이애시 등을 사용한다.

② 조골재 사용량을 가급적 늘린다.

③ 재료의 비중차가 크므로 shute 등에 흘려 내리지 말 것.

④ 1회 타설 높이 : 30cm 이하

11. 유동화 콘크리트

(1) 정의

단위수량이 적은 콘크리트에 분산성이 우수한 유동화제(고성능 감수제)를 첨가하여 유동성을 일시적으로 증대시킨 콘크리트

(2) 유동화 콘크리트 제조방법

① 공장첨가 유동화	레미콘 공장에서 유동화제를 첨가하여 교반, 유동화하고 운반하는 방법 → **제일 나쁜 방법**
② 공장첨가 현장 유동화	레미콘 공장에서 유동화제를 첨가하여 운반하고 현장에서 교반하여 유동화하는 방법
③ 현장첨가 유동화	현장에서 운반된 레미콘차에 유동화제를 첨가하고 교반하여 유동화하는 방법 → **제일 좋은 방법**

12. 제치장(제물치장) 콘크리트(exposed concrete)

(1) 정의

콘크리트 면을 노출시켜 마무리한 콘크리트

(2) 목적

① 모양의 간소함을 탐미한다.

② 고강도의 콘크리트 추구

③ 외장재의 절약과 마감의 다양성 추구

④ 공사내용을 단일화하여 경제성 추구

⑤ 건물 자중 경감

(3) 특징

① 색상의 변화가 없어야 하므로 동일한 회사의 제품을 사용

② 부배합, 된비빔을 한다.

③ 자갈은 25mm 이하를 사용하고, 가능하면 잔 것을 사용한다.

④ 표면 마무리 시공 철저

13. 프리팩트 콘크리트(prepacked concrete)

(1) 정의

굵은골재를 거푸집에 넣고 그 사이 공극에 특수 모르타르를 적당한 압력으로 주입하여 만드는 콘크리트로 보수공사, 수중 콘크리트, 기초파일, 지수벽 등에 사용한다.

(2) 특징

① 수밀성 높고 내구성도 크다. 염류에 대한 저항성도 크다.

② 부착력이 크다.(수리, 개조에 유리), 시공용이, 설비비, 공비 절약.

③ 굵은골재 : 15mm 이상을 사용. 잔골재 : 1.2mm 이하 사용.

④ 조기강도는 작으나 장기강도는 보통 콘크리트와 별다른 차이 없다.

⑤ 재료 투입순서 : 물+주입보조재+플라이애시+시멘트+모래

14. 진공 콘크리트(vacuum concrete)

(1) 정의

콘크리트를 부어넣은 표면에 진공매트 장치를 씌워 콘크리트 중의 수분과 공기를 흡수하여 콘크리트 초기 가수량을 줄여 콘크리트의 강도를 증대시키고 내구성을 높인 콘크리트

(2) 진공 매트(vacuum mat)

콘크리트를 부어넣은 표면에 씌워 콘크리트 중의 수분과 공기를 흡수하여 콘크리트의 조기강도와 내구성을 증가시킬 목적으로 사용하는 장치

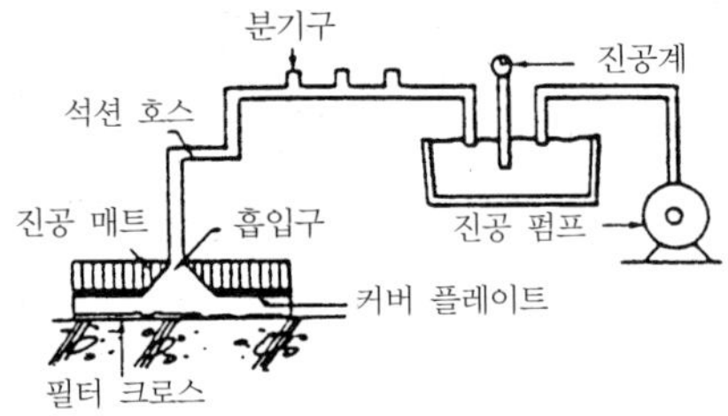

〈진공 콘크리트〉

(3) 특성

① 조기강도 및 장기강도 증대
② 경화수축 등이 감소
③ 표면경도와 마모저항성 증대
④ 동해에 대한 저항성 증대

15. 섬유보강 콘크리트(Fiber Reinforced Concrete : FRC)

(1) 정의

콘크리트의 휨, 전단, 인장강도, 균열저항성, 인성 등을 개선하기 위해 단섬유상 재료를 균등히 분산시켜 제조한 콘크리트

(2) 섬유질 재료

① 합성섬유
② 강섬유
③ 유리섬유
④ 탄소섬유
⑤ 천연섬유

16. 플라스틱 콘크리트(Plastic Concrete : Polymer 콘크리트)

(1) 정의

콘크리트를 구성하고 있는 복합재료 중 물, 시멘트의 일부나 전부를 폴리머(유기고분자 재료 중합체)물질로 대체하여 결합재료 대신 플라스틱과 시멘트를 혼합하거나 액체 플라스틱만을 사용하여 골재와 함께 경화시킨 복합재료를 말한다.

(2) 특징

① 고강도화, 경량화 실현
② 수밀성, 방수성 우수
③ 휨, 인장강도, 신장능력 증대
④ 내산성, 속결성
⑤ 내약품성, 내마모성 증대
⑥ 각종 재료와 접착력 우수

17. 숏크리트(shot crete)

(1) 정의

모르타르를 압축공기로 분사하여 바르는 것으로 건나이트(gunite)라고도 한다.

(2) 종류

① 시멘트건
② 본닥터
③ 제트그리트

(3) 특성

① 재료의 표면에 시공하여 수밀성, 강도, 내구성이 커진다.
② 표면마무리, 얇은 벽바름, 갓재의 속막이 등에 유효하다.
③ 다공질이며 외관이 좋지 못하고 균열이 생기기 쉽다.

〈숏크리트 시공 장면〉

제6장 철골공사

Ⅰ. 철골공사 일반사항

Ⅱ. 공장 가공작업 순서

Ⅲ. 각종 접합의 종류

Ⅳ. 현장 철골 세우기

Ⅴ. 경량철골 및 내화피복공법

I. 철골공사 일반사항

1. 사용재료

(1) 일반강재(형강)의 종류

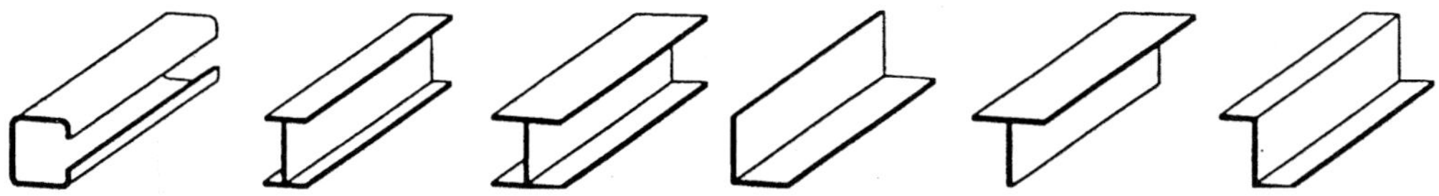

① c형강 ② I형강 ③ H형강 ④ L형강 ⑤ T형강 ⑥ Z형강

(2) 강판의 종류

구분	내용
강판 두께에 의한 구분	① 박판 : 두께 3.2mm 미만 ② 후판 : 두께 3.2mm 이상
강판 최소폭에 의한 구분	① 봉강 : 두께의 3배 미만 ② 평강 : 두께의 3배 이상

(3) 리벳의 종류 및 도시부호

종 류		① 둥근리벳	② 민리벳	③ 평리벳
상부를 표면으로 한다.		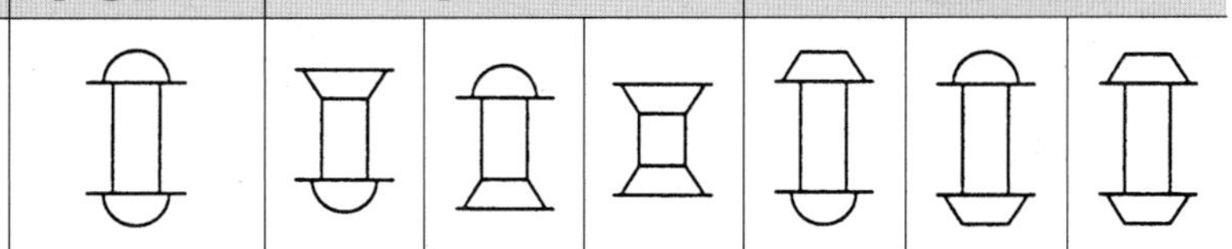		
기호	공장	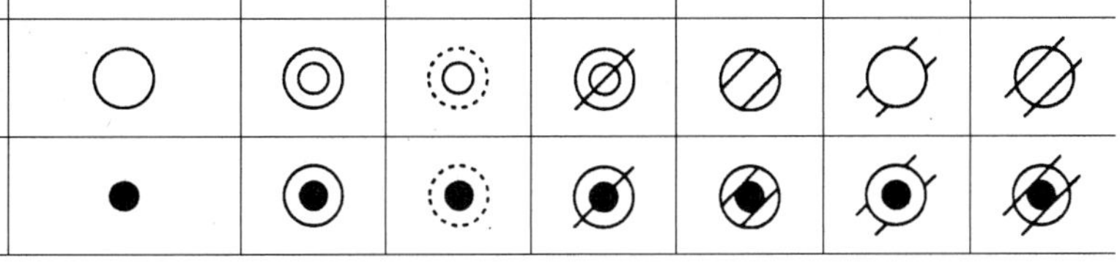		
	현장			

2. 재료의 시험

구분	내용
강 재	① 인장 및 상온 휨시험 ② 단면이 다를 때마다 중량 20t마다 1개씩 시험
리 벳	① 기계시험(인장, 종 압축, 상온 휨시험 등) ② 지름이 다를 때마다 중량 2t마다 1개씩 시험

II. 공장 가공작업 순서

1. 공작도 및 원척도 작성 → 2. 본뜨기 → 3. 변형바로잡기 → 4. 금매김 → 5. 절단 → 6. 구멍뚫기 → 7. 가조립 → 8. 리벳치기(본조립) → 9. 검사 → 10. 녹막이칠 → 11. 운반

1. 공작도 및 원척도 작성

(1) 공작도 (shop drawing)

구분	내용
정 의	설계도서와 시방서를 근거로 해서 그린 시공도면
검토시 확인사항 (유의사항)	① 설계도 및 설계도서에 준하여 작성 ② 제작, 운반, 양중 및 현장세우기 작업시 용이해야 하므로 사전조사를 철저히 함. ③ 심선도, 각 평면도 및 골조도는 1/100~1/200로 축척으로 할 것. ④ 기둥, 보 등 중요한 곳에는 상세도를 작성해야 하며, 1/10~1/2 축척으로 할 것.

(2) 원척도

구분	내용
정 의	설계도 및 시방서에 따라 공장 원척소의 바닥 위에 각부 상세 및 재의 길이 등을 원척(full size)으로 그린다.
기입사항	높이, 총 길이, 스팬(span), 강재치수, 형상, 물매, 중도리의 배치, 리벳 수 및 간격, 게이지라인, 클리어런스
주의사항	① 층높이 · 기둥높이 · 기둥중심 간의 치수, 보와 바닥마무리재의 관계치수 등을 정확히 한다. ② 강재의 형상 · 치수 · 물매 · 구부림 정도 ③ 파이프 · 철근 등의 관통개소, 보밑 치켜올리기 ④ 잣대(steel tape rule) · 그림쇠(定規) 등의 공장용과 현장의 것을 대조하여 틀림을 확인한다. ⑤ 볼트의 사용은 원척도를 작성할 때 검토하여 리벳의 사용 곤란한 개소에만 쓰고, 될 수 있으면 피하는 것이 좋다.

2. 본뜨기(형판뜨기)

원척도에서 얇은 강판으로 본뜨기를 하여 본판(절단본 · 구멍뚫기본 2가지)을 정밀하게 작성한다.

3. 변형 바로잡기

금매김하기 전에 강재의 변형을 바로잡는다.

강 판	플레이트 스트레이닝 롤(plate straining roll)
형 강	스트레이트닝 머신(straightening machine), 프릭션 프레스(friction press), 파워 프레스(power press), 짐 크로(jim craw)
경미한 단척 · 소물	모루(anvil) 위에 쇠메(hammer)치기 등의 방법

4. 금매김(marking)

리벳구멍 위치, 절단개소 등을 기입하는 작업

〈금매김 작업 장면〉

5. 절단 및 가공

(1) 부재의 절단방법

① 전단절단	판두께 13mm 이하(표준시방서에 근거)의 강판절단시 sheaving machine 등으로 절단
② 톱절단	형강이나 정밀절단시 hack saw, friction saw 등으로 절단
③ 가스절단	주위 3mm 정도 변형되므로 여유 있게 자동 가스절단기로 절단

〈가스절단 시공 장면〉

(2) 휨가공

① 휨가공은 상온가공 또는 가열가공으로 한다.

② 가열가공은 적열상태에서 가공하고, 청열 취성범위(200~400℃)에서는 가공을 금지한다.

③ 상온 가공시 구부림의 안치수(내반경)는 판두께의 2배 이상으로 한다.

6. 구멍뚫기

(1) 종류

펀칭 (punching)	① 부재두께가 볼트, 리벳 직경의 +3mm 이하시 가능 ② 보통 부재두께 13mm 미만, 리벳지름 9mm 이하시 사용 ③ 예정 직경보다 3mm, 6mm 적게 sub punch하고, 리머로 넓힌다.(균열 제거)
송곳뚫기 (drilling)	① 부재두께가 13mm 이상일 때 ② 주철재일 때(펀칭으로 하면 균열 발생) ③ 수밀성 요구시(물탱크, 기름탱크) 또는 두께 13mm 이하라도 세밀가공시 ④ 부재두께가 리벳지름 +3mm 초과시

〈펀칭 시공 장면〉

〈송곳뚫기(드릴링) 시공 장면〉

(2) 구멍지름의 허용치(개정된 표준시방서 기준)

명 칭	지 름(d)	구멍뚫기 직경
① 리벳	20mm 미만 20mm 이상	d+1.0mm d+1.5mm
② 고력볼트	27mm 미만 27mm 이상	d+2.0mm d+3.0mm
③ 볼트	보통 볼트 앵커 볼트	d+0.5mm d+5.0mm

7. 가조립

① 각 부재는 1~2개의 볼트나 핀으로 가조립하고, drift pin으로 부재구멍을 맞춘다.
② 가볼트 죄임은 임팩트 렌치(impact wrench), 토크 렌치(torque wrench)를 사용한다.
③ 세우기용 가볼트수 : 전 리벳수의 20~30%, 현장 리벳수의 1/5 이상

8. 리벳치기(본조립) 및 검사

공장치기 리벳수	전 리벳수의 2/3 이상
현장치기 리벳수	전 리벳수의 1/3

9. 녹막이칠

현장반입 전 1회 칠, 조립 후 칠할 수 없는 부분은 2회 칠, 그 외는 현장반입 조립 후 1회 칠한다.

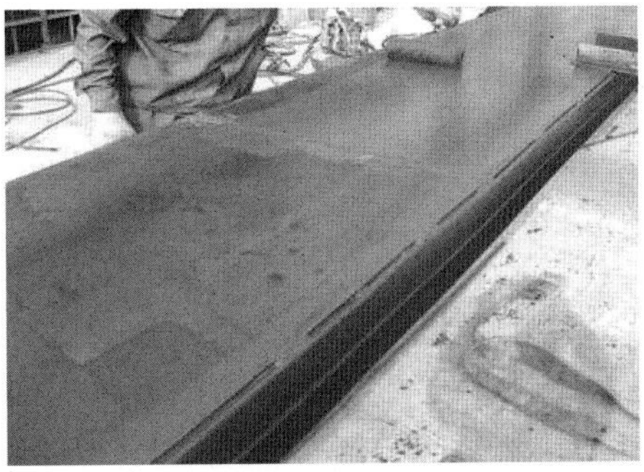
〈녹막이칠 작업 장면〉

(1) 녹막이칠을 하지 않는 부위

① 현장 용접하는 부분
② 고력볼트 접합부의 마찰면
③ 콘크리트에 묻히는 부분
④ 조립에 의하여 맞닿는(밀착되는) 부분
⑤ 밀폐되는 내면

(2) 칠 작업의 금지조건

① 칠 작업장소의 온도가 5℃ 이하 또는 상대습도가 80% 이상일 때

② 칠 작업시 또는 도막이 마르기 전에 눈, 비, 강풍, 결로 등에 의하여 수분이나 분진 등이 도막에 부착될 우려가 있을 때

(3) 철의 녹 제거

① 공구 : 와이어 브러시, 연마지(사포), 샌드 블라스트

② 용제 : 휘발유, 벤젠, 솔벤트

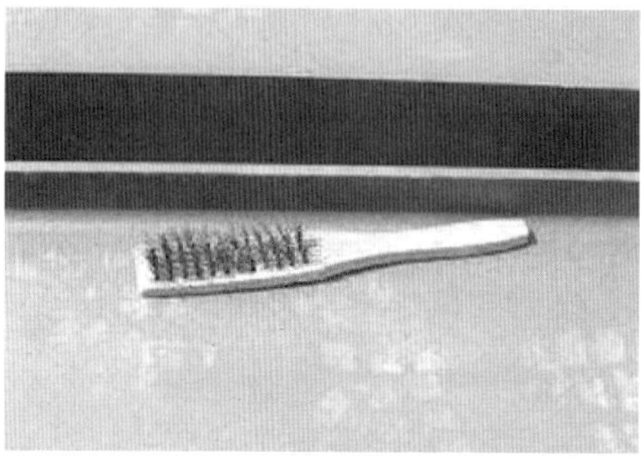

〈와이어 브러시〉

〈샌드 블라스트〉

10. 운 반

공장검사가 완료되고 공장 칠이 건조하면 현장으로 반입한다.

(1) 철골운반시 조사 및 검토사항

① 운반차의 용량

② 길이 제한

③ 수송중 장애물

④ 교량, 도로의 용량과 운반제한 사항

Ⅲ. 각종 접합의 종류

1. 철골부재의 접합방법

- 리벳접합 : 리벳을 사용하여 판재나 형강을 체결하는 작업
- 고(장)력 볼트 접합 : 볼트를 조이면 그 힘에 의하여 생기는 접합재 사이의 마찰력에 따라 응력을 전달하는 접합방법
- 용접접합 : 전기용접, 가스용접 등으로 용접에 의하여 완전히 일체로 하는 접합
- 일반볼트 접합
- 핀접합

〈고력볼트 접합〉

〈용접접합〉

2. 리벳접합

(1) 리벳치기

가열온도	개정된 표준시방서 기준 900~1000℃(600℃ 이하는 타격금지)
인원	① 3명이 1조(달구기, 받침대기, 해머공) ② 1일 타설량은 500~700개 타정 ③ 철골의 ton당 리벳수 : 보통 300~400개
공구(기구)	조리벳터(공장), 뉴매틱해머(현장), 쇠메, 리벳홀더, 스냅
작업순서	접합부 → 가새 → 귀잡이 순으로 타정

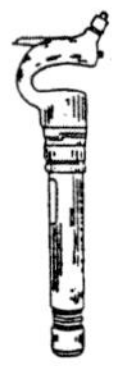
〈뉴매틱해머〉

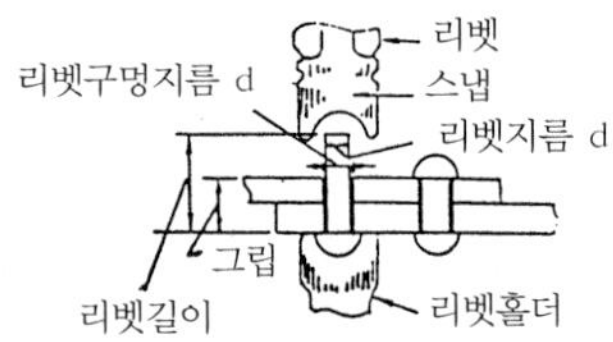

(2) 리벳접합시 주의사항

① 리벳지름에 따른 구멍의 지름 크기를 정확하게 뚫는다.

② 리벳치기 시의 가열온도는 900~1,000℃ 정도를 유지한다.

③ 리벳배치에 따른 간격, 게이지, 클리어런스, grip 등을 지켜야 한다.

(3) 리벳간격

최소피치	표준피치	최대피치	
		인장재	압축재
2.5d	4.0d	12d, 30t 이하	8d, 15t 이하

※ 여기서, d : 리벳지름, t : 가장 얇은 판의 두께

(4) 리벳검사 및 불량리벳

① 검사 : 외관관찰, 타격음 검사로 판정하고 불량리벳 발견시 머리를 따내고 다시 친다.

② 불량리벳의 종류

불량리벳의 종류	불량리벳 제거용 기구
㉮ 건들거리는 것. ㉯ 머리모양이 틀린 것. ㉰ 머리와 축선이 일치하지 않는 것. ㉱ 머리가 갈라진 것. ㉲ 머리가 강재에 밀착되지 않은 것. ㉳ 강재 간에 틈이 있는 것.	㉮ 치핑해머(chipping hammer) ㉯ 리벳커터(rivet cutter) ㉰ 드릴(drill)

(5) 리벳관련 용어

리머(reamer)	리벳구멍 주위 가심질 공구
드리프트 핀(drift pin)	리벳구멍 중심 맞춤 공구
게이지 라인(gauge line)	한 열의 리벳 중심을 통하는 선

게이지	게이지 라인과 게이지 라인 사이의 거리
피치(pitch)	리벳, 볼트의 상호 구멍 중심간 직선거리
연단거리	리벳구멍, 볼트구멍 중심에서 부재 끝단까지의 거리
클리어런스(clearance)	리벳과 수직재면과의 거리, 일반적으로 작업여유 거리
그립(grip)	리벳으로 접합하는 판의 총두께

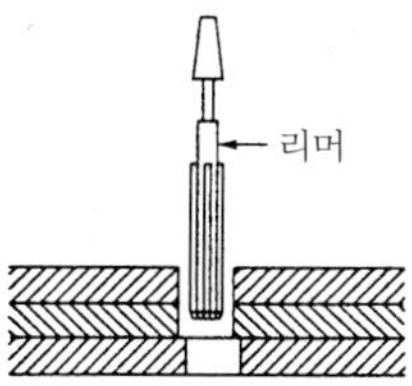

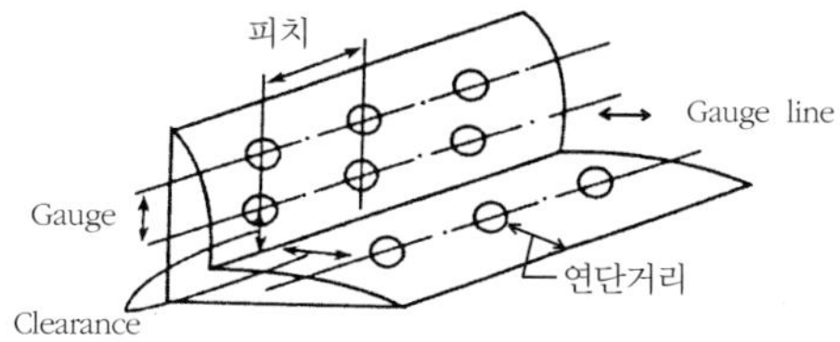

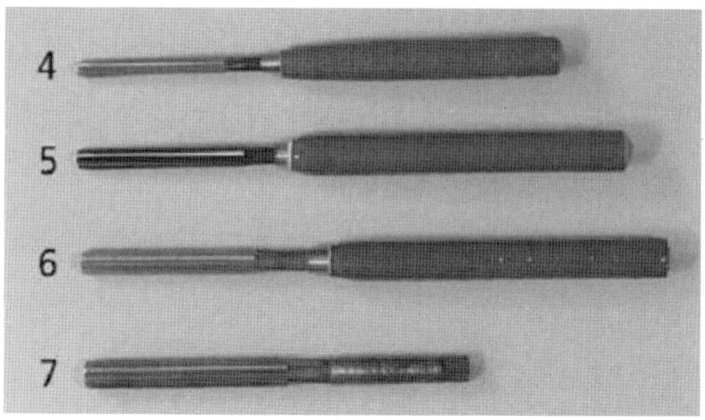

〈리머공구〉

3. 고(장)력 볼트(high tension bolt)접합

(1) 일반사항

재 료	고력볼트는 고탄소강 또는 합금강을 열처리해서 만든 항복점 7t/cm² 이상, 인장강도 9t/cm² 이상인 강도가 큰 볼트
접 합 방 식	마찰접합
조 임 기 구	임팩트 렌치(impact wrench), 토크 렌치(torque wrench)
조 임 방 법	① 1차 조임은 표준장력의 80%, 2차조임에서 100%를 얻는다. ② 조임순서는 중앙에서 단부로 조인다.
조임부 검사	볼트수의 10% 이상 또는 각 볼트군에 1개 이상
마찰면 처리	마찰계수는 0.45 이상의 붉은 녹상태로 거친 면이 되게 한다.

〈고력볼트 접합부분〉

〈임팩트 렌치〉

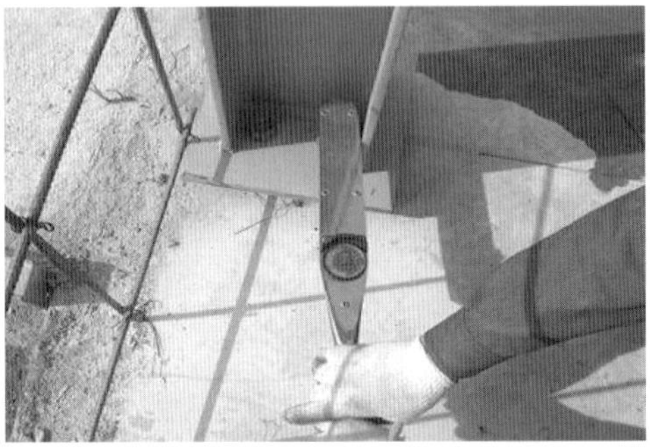

〈토크 렌치〉

〈고력볼트〉

(2) 종류

① 재질에 의한 분류 : F8T, F10T, F11T

② 크기에 의한 분류 : M16, M20, M22, M24

③ 조임형태(특수형)에 의한 분류

TC볼트	torque control 볼트로서 일정한 조임 토크값에서 볼트축이 절단
PI너트	2겹의 특수너트를 이용한 것으로 일정한 조임 토크치에서 너트(nut)가 절단
그립 볼트	일반 고장력 볼트를 개량한 것으로 조임이 확실하다.
지압형 볼트	직경보다 약간 작은 볼트구멍에 끼워 너트를 강하게 조이는 방식

(3) 고력볼트 접합시 주의사항

① 고력볼트 접합면을 거칠게 해야 한다.

② 접촉면의 밀착과 뒤틀림, 구부림이 없게 한다.

③ 표준 볼트 장력이 얻어지게 한다.

(4) 장점

① 접합부의 강성이 높다.
② 노동력 절약, 공기단축
③ 마찰접합, 소음이 없다.
④ 화재, 재해의 위험이 적다.
⑤ 피로강도가 높다.
⑥ 현장시공 설비가 간단
⑦ 불량부분 수정이 쉽다.
⑧ 너트가 풀리지 않는다.

4. 용접접합

(1) 용접의 장 · 단점

구분	내용
장 점	① 강재량의 절약 ② 건물의 경량화 ③ 소음, 진동이 없음 ④ 응력의 전달 확실 ⑤ 수밀성 유지
단 점	① 숙련공이 필요 ② 용접 결함에 대한 검사가 어려움 ③ 모재의 재질에 따라 응력상의 영향 큼 ④ 용접열에 의한 변형 발생

(2) 용접접합의 종류

종류		내용
아크용접	직류	① 일하기 쉽다. ② 공장용접에 많이 쓰인다.
	교류	① 고장이 적다. ② 가격이 싸다. ③ 현장용접에 많이 쓰인다.
가스압접		주로 철근을 이을 때 1200~1300℃의 열을 가하면서 압착시키는 접합 방식
일렉트로 슬래그 용접		슬래그의 전기저항열로 모재와 용접봉을 녹여서 접합하는 방식
플러시 버트 용접		전기저항열로 접촉부를 용융시켜 접합하는 전기저항 압접
가스용접		가스와 산소의 혼합물의 연소열을 이용하여 접합하는 방식

〈아크용접〉

〈가스압접기〉

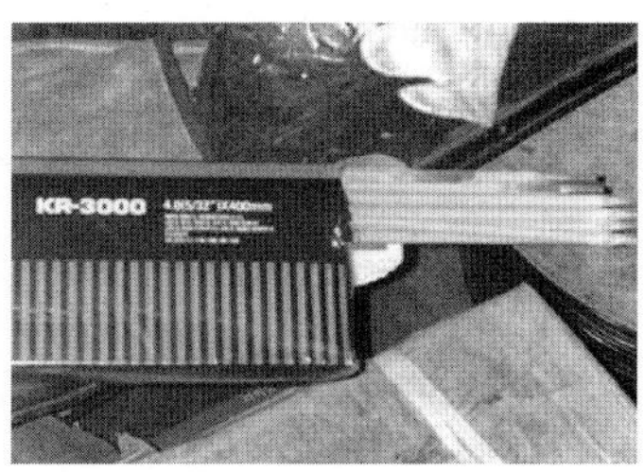

〈용접봉〉

(3) 용접봉

① 용접봉은 특수금속으로 된 심선(心線)과 플럭스(flux)라 불리는 피복재로 구성된다.

② 심선(心線)

역 할	용착금속으로 홈(groove)을 메우며 모재의 일부와 융합하여 접합부를 일체화시키는 것
크 기	지름은 4mm, 길이는 400mm가 표준
주의사항	① 얇은 판에 굵은 심선을 쓰면 판재가 과열되어 녹아버림 ② 두꺼운 판에 가는 것을 쓰면 용접봉만 녹아 모재의 용융이 모자라서 융합이 부족하게 된다. ③ 좁은 앞벌림부에 굵은 것을 쓰면 루트(root)부를 충분히 녹이지 못한다.

③ 피복재(=플럭스)

재 료	금속산화물, 탄산염, 셀룰로오스, 탈산제
정 의	용접봉의 피복재 역할을 하는 분말상의 재료
역 할	㉮ 공기를 차단하여 용적의 산화 또는 질화 방지 ㉯ 함유원소를 이온화하여 아크를 안정시킨다. ㉰ 용융금속의 탈산, 정련을 한다. ㉱ 용착금속의 합금원소를 가한다. ㉲ 표면의 냉각응고 속도를 낮춘다.

참고

철골용접시 융합부에 대한 그림 설명

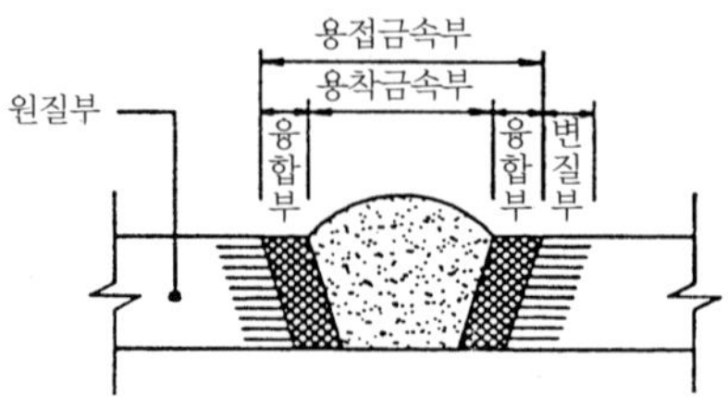

(4) 맞댄용접(butt welding)

① 일반사항

정 의	접하는 두 부재 사이를 트이게 홈(groove)을 만들고 그 사이에 용착금속을 채워 두 부재를 결합

유효단면 목두께	얇은 재의 판두께
특 징	㉮ 보강살 붙임은 손용접일 때 3mm, 서브머지드 아크용접은 4mm 이하 ㉯ 용접결함을 없애기 위하여 밑면 따내기를 하거나 뒷받침판을 댄다. ㉰ 판두께가 다를 때에는 낮은 편에서 높은 편으로 용접을 이행한다. ㉱ 고저차가 6mm 이상이면 두꺼운 트임새 부분에서 낮은 편의 두께에 맞추고 1/5 경사로 표면을 깎아 마무리한다.

② 앞벌림(=홈, groove) 형식

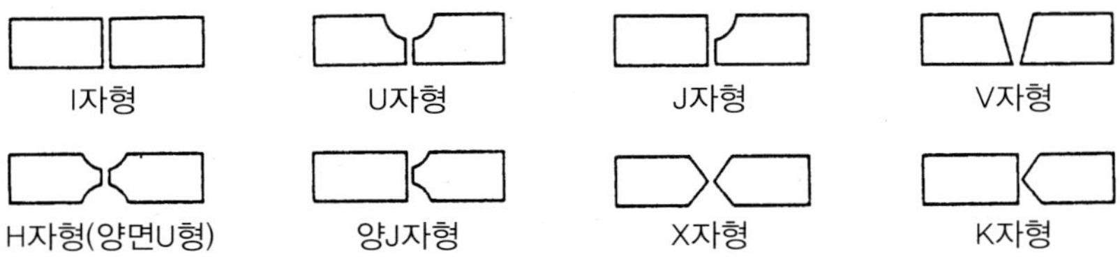

③ 각부 명칭

맞댄용접 도식	내 용
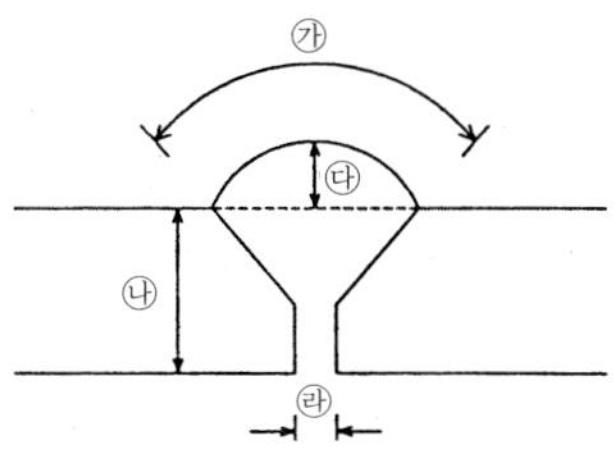	㉮ 개선각(=홈의 각도, groove angel) ㉯ 목두께(개선깊이, 홈깊이) ㉰ 보강 살두께 ㉱ 루트(root) 간격

④ 용접기호 표시

도면표시 및 실제 모양	내 용
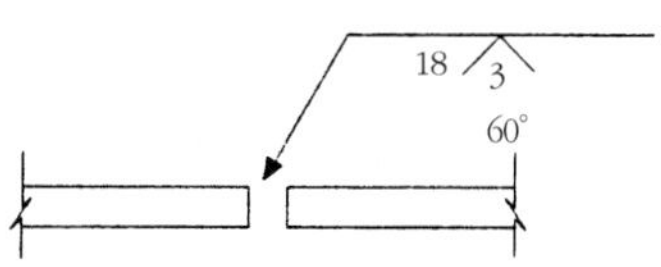	㉮ V형 맞댄용접 ㉯ 개선각(홈의 각도) : 60° ㉰ 개선깊이(홈의 깊이) : 18mm ㉱ 루트 간격 : 3mm
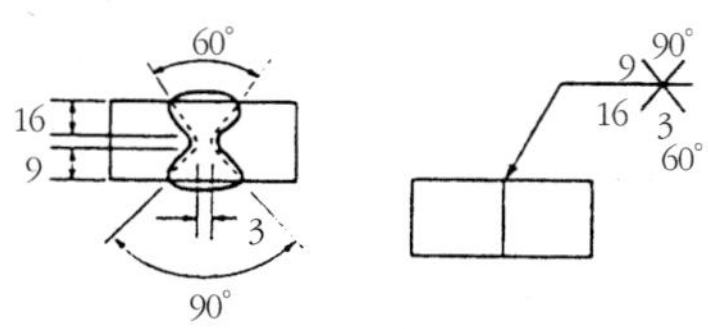	㉮ X형 홈용접 ㉯ 홈깊이 : 화살쪽 16mm, 화살과 반대쪽 9mm ㉰ 홈각도 : 화살쪽 60°, 화살과 반대쪽 90° ㉱ 루트 간격 : 3mm

(5) 모살용접(fillet welding)

① 일반사항

정 의	목두께의 방향이 모재의 면과 45° 또는 45°의 각을 이루며 용접하는 방법으로 단속용접과 연속용접이 있다.
유효단면 목두께	다리길이(size)의 0.7배
보강살 붙임	0.1S+1mm 이하 또는 3mm 이하
유효용접 길이	㉮ 실제 용접길이에서 유효 목두께의 2배를 감한 것으로 한다. ㉯ 모살(fillet) 크기의 10배 이상이고 또는 40mm 이상으로 한다.

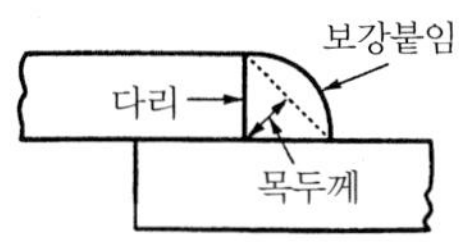

② 용접기호 표시

도면표시 및 실제 모양	내 용
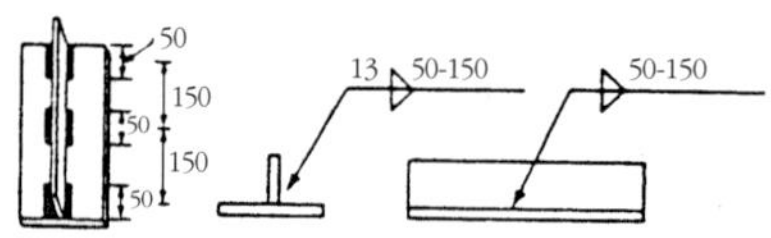	㉮ 병렬 단속 모살용접 ㉯ 다리길이는 13mm ㉰ 용접길이는 50mm ㉱ 용접 피치는 150mm
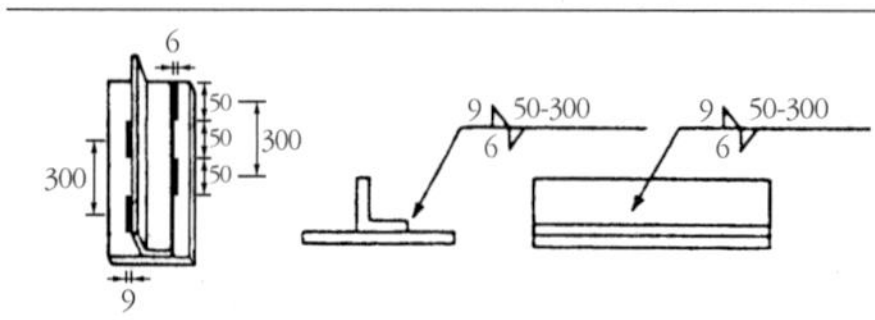	㉮ 엇모용접 ㉯ 전면다리 길이 6mm, 후면다리길이 9mm ㉰ 용접길이는 50mm ㉱ 용접피치는 300mm

③ 용접모양에 따른 명칭

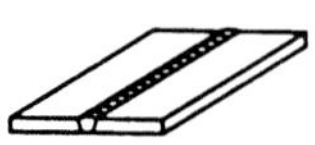
㉮ 맞댄용접

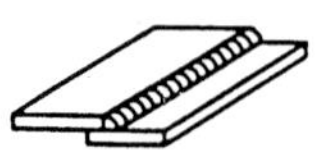
㉯ 겹친 모살용접

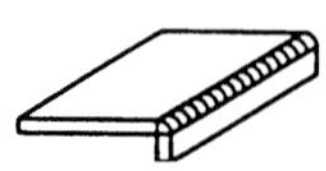
㉰ 모서리 모살용접

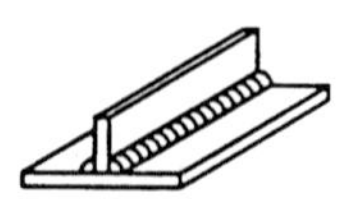
㉱ T형 양면 모살용접

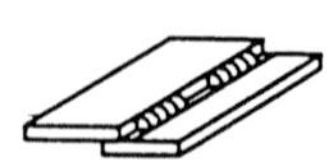
㉲ 단속 모살용접

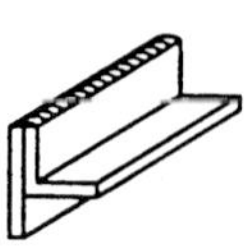
㉳ 갓용접

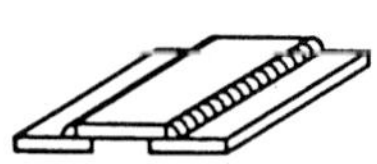
㉴ 덧판용접

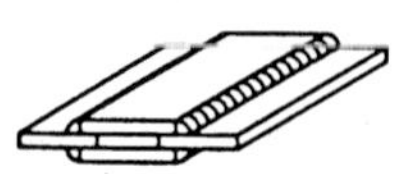
㉵ 양면 덧판용접

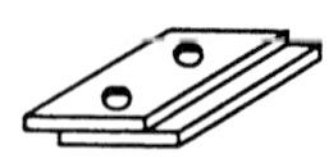
㉶ 산지용접

(6) 용접결함

① 종류

종 류	내 용	결과 및 대책
크랙(crack)	용접 후 냉각시에 생기는 갈라짐	외관불량, 종균형, 횡균열, 사방 균열
공기구멍 (blow hole)	용융금속이 응고할 때 방출가스가 남아서 생긴 기포나 작은 틈	용착물 부식, 탈락현상, 예열해야 함, 청소 철저
슬래그 (slag) 감싸들기	용접봉의 피복재 용해물인 회분(slag)이 용착금속 내에 혼입 되는 현상	강도 약화, 내식성 저하
크레이터 (crater)	용접길이 끝부분에 우묵하게 파진 부분	용접부 외관불량, end tab 사용
언더컷 (under cut)	용접 상부에 모재가 녹아 용착금속이 채워지지 않고 홈으로 남게 된 부분	㉮ 용접봉의 지지각도와 운봉속도 적정유지 ㉯ 용접전류 적정유지 ㉰ 적정 용접봉 사용 ㉱ 적정 용접자세 유지
오버랩 (over lap)	용접금속과 모재가 융합되지 않고 단순히 겹쳐지는 것	용착물 탈락현상
피트(pit)	용접부 표면에 생기는 미세한 홈	용착물 부식, 탈락
라멜레이트 (lamellate)	모재 내부에 균열이 발생되는 현상으로 각 이음, T형 용접에 많이 발생	㉮ 이음형상을 변경한다. ㉯ 적정한 홈의 형태를 유지한다. ㉰ 구속도 감소 및 이음위치를 분산한다. ㉱ 구조설계상 미리 배려하여 설계
각장 부족	모살용접에서 한쪽 용착면의 다리길이가 부족한 현상	-

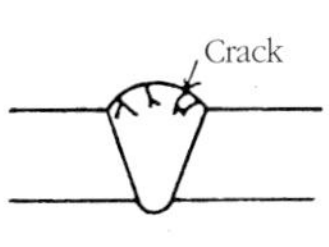

〈Crack〉

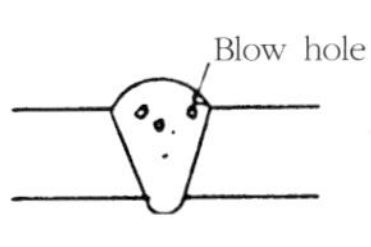

〈Blow hole〉

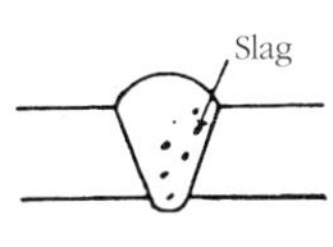

〈Slag 감싸들기〉

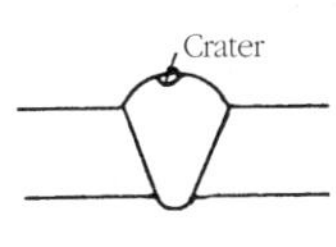

〈Crater〉

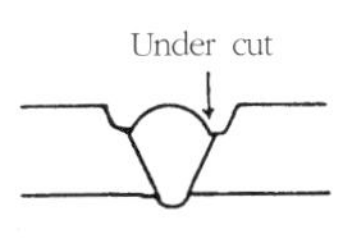

〈Under cut〉

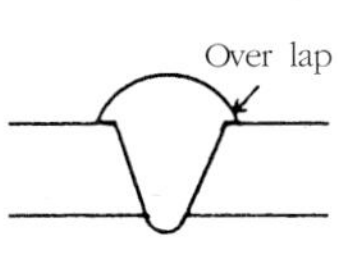

〈Over lap〉

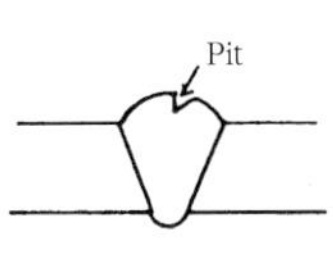

〈Pit〉

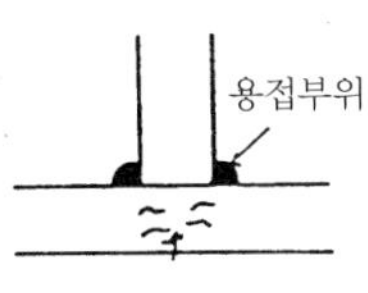

〈Lamellate〉

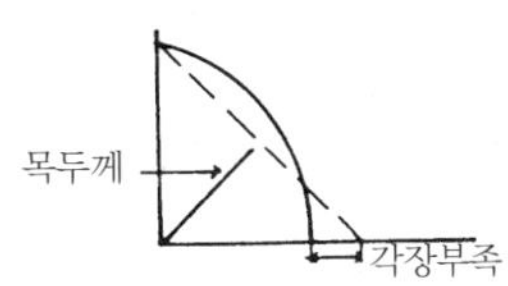

〈각장부족〉

② 용접결함의 원인

㉮ 용접 전류가 높거나 낮을 때
㉯ 운봉 부족 또는 속도가 과다할 때
㉰ 용접봉에 습기가 있을 때
㉱ 낮은 온도에서 용접(급랭)
㉲ 모재 불량

③ 용접결함의 방지대책

㉮ 용접봉은 저수소계 제품을 건조한 상태에서 사용한다.
㉯ 전류의 과도한 흐름을 막기 위하여 안전상 과전류 방지기를 설치한다.
㉰ 일정한 속도로 운봉하되 용접방향이 서로 엇갈리게 용접한다.
㉱ 빠른 운봉속도는 용입불량이 발생할 우려가 있으므로 적정속도를 유지한다.
㉲ 미리 용접부위에 예열하여 응력에 의한 변형을 방지한다.

(7) 용접변형

① 발생원인

㉮ 용융금속의 영향으로 모재의 열팽창
㉯ 용접열에 의한 굳는 과정의 온도 차이로 인한 모재의 소성변형
㉰ 용착금속이 냉각할 때 수축하여 변형
㉱ 모재의 강성 여부 및 모재가 얇을수록 변형이 큼
㉲ 선 작업된 용접부의 잔류응력이 후작업에 미치는 영향으로 변형 발생

② 종류

각변형	용접시 온도가 일정하지 못할 경우 이음부의 가장자리부위가 상부로 변형이 생기는 것.
종수축	길이가 긴 부재를 용접할 때 용접선 방향으로 수축하는 현상
횡수축	용접선에 따라 직각방향으로 수축 변형하는 것으로 개선 정밀상태가 나쁘거나 용접층수가 많을수록 크게 발생
회전변형	부재를 용접할 때 용접되지 않는 개선부가 외측으로 개선 간격이 커지거나 좁아드는 현상
좌굴변형	수축응력 때문에 중앙부에 파도 모양으로 변형이 발생하는 현상
종굽힘변형	길이가 긴 T형이나 I형 부재 용접시 좌우 용접선의 종수축량의 차이에 의해 발생

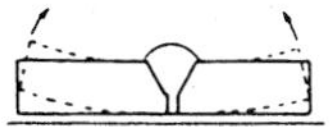
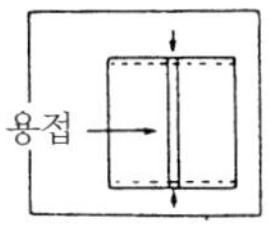

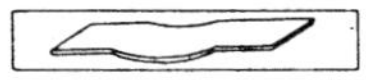
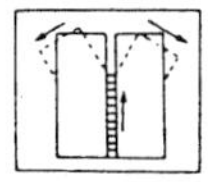
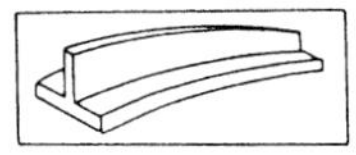
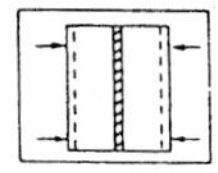

〈각변형〉 〈종수축〉 〈좌굴변형〉 〈회전변형〉 〈종굽힘변형〉 〈횡수축〉

③ 방지대책

억 제 법	응력이 발생할 우려가 있는 부위에 미리 보강재 또는 보조판 부착
역변형법	부재 제작시 변형발생 부분을 예측하여 미리 역변형을 주어 용접
냉 각 법	살수를 하거나 수냉동판 등을 사용하여 용접시 온도를 낮추어 변형 방지
가 열 법	일부분의 가열을 피하고 전체를 가열하여 용접시 변형을 흡수
피 닝 법	용접시 용접부위를 두들겨 충격을 줌으로써 잔류응력의 분산 및 완화

(8) 용접부 검사

① 공정별 검사항목

용접 착수 전	트임새 모양, 모아대기법, 구속법, 자세의 적부
용접 작업 중	용접봉, 운봉, 전류
용접 완료 후	외관판단, X선 및 γ 선(방사선)투과, 초음파 탐상법, 침투수압, 자기분말탐상법(절단검사는 피한다)

② 비파괴 검사법

㉮ 방사선 투과검사(radiograph) : 100회 이상도 검사가능, 가장 많이 사용, 기록으로 남길 수 있다.

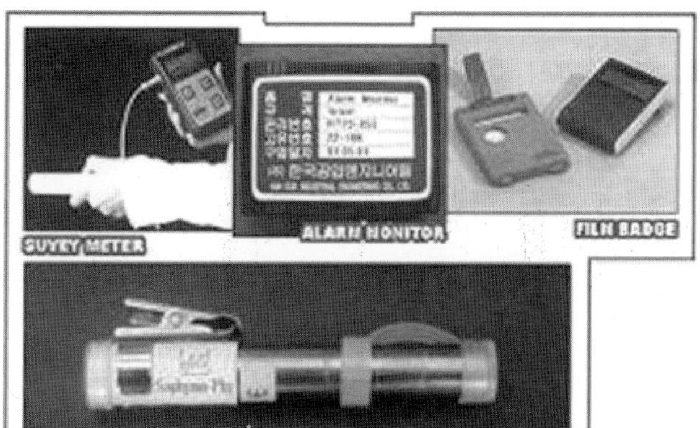

〈용접의 비파괴 검사법〉

㉯ 초음파 탐상법(ultrasonic test) : 기록성이 없다. 5mm 이상 불가능, 검사속도는 빠르다. 복잡한 부위는 불가능

㉰ 자기분말 탐상법(magnetic particle test) : 15mm 정도까지 가능, 미세부분도 측정가능, 자화력 장치가 크다.

㉱ 침투 탐상법(penetration test) : 자광성 기름 이용, 검사간단, 비용 저렴, 넓은 범위 검사 가능, 내부결함 검출 곤란

③ 용접자세별 명칭

F	O	H	V
하향자세 (flat position)	상향자세 (over-head position)	수평자세 (horizontal position)	수직자세 (vertical position)

(9) 용접접합시 주의사항

① 용접 결함이 생기지 않도록 주의한다.

② 용접할 면의 불순물(슬래그, 녹, 기름, 수분, 페인트)을 제거한다.

③ 용접 소재는 수축변형, 마무리작업을 고려하여 치수에 여분을 두어 용접한다.

④ 주위의 기온이 −5℃ 이하일 경우에는 용접을 하면 안 된다. 주위의 기온이 −5℃~5℃인 경우에는 모재를 접합부로부터 100mm 범위 내에서 적절히 예열시킨 후 용접을 실시한다.(표준시방서 기준)

⑤ 눈이나 비가 오거나 습도가 높은 경우 또는 초속 10m 이상의 바람이 부는 경우에는 용접을 할 수 없다.(표준시방서 기준)

5. 대용(일반) 볼트 접합

(1) 사용장소

리벳치기가 곤란한 곳에 사용하며 처마높이 9m, 스팬 13m 이하의 건축물에만 적용한다.

(2) 너트풀림 방지법

① 이중너트 사용

② 스프링 와셔(spring washer) 사용

③ 너트를 용섭

④ 곤크리드에 매립

6. 핀(pin) 접합

아치지점이나 트러스 단부, 주각부에 주로 사용되며 구멍은 핀지름보다 0.5~1.0mm 정도 크게 한다.

IV. 현장 철골 세우기

1. 작업순서

(1) 중심먹매김 → (2) 앵커볼트 설치 → (3) 기초상부 고름질 → (4) 철골세우기 → (5) 가조립(가조임) → (6) 변형 바로잡기 → (7) 정조립(정조임) → (8) 리벳접합(현장 리벳치기) → (9) 접합부 검사 → (10) 도장

2. 기초 앵커볼트 매입공법

종 류	정 의	특 징
(1) 고정 매입법	기초철근 조립시 동시에 앵커볼트를 기초 상부에 정확히 묻고 콘크리트를 타설하는 공법	① 대규모 공사에 적합 ② 구조 안정도가 양호 ③ 불량시공시 보수가 어려움
(2) 가동 매입법	고정 매입공법과 유사하나 앵커볼트 상부부분을 조정할 수 있도록 콘크리트 타설 전 사전 조치해 두는 공법	① 중규모 공사에 적합 ② 시공오차의 수정용이 ③ 부착강도 저하
(3) 나중 매입법	앵커볼트 위치에 콘크리트 타설 전 볼트를 묻을 구멍을 조치해두거나 콘크리트 타설 후 코어장비로 천공하여 나중에 고정하는 공법	① 경미한 공사에 적합 ② 시공이 간단하고 보수가 쉬움 ③ 기계 기초에 사용

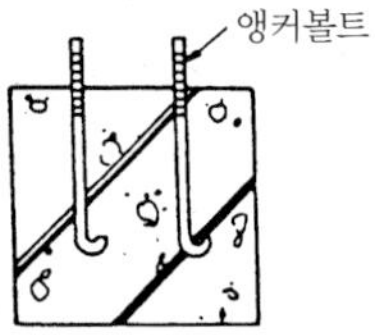

〈고정매입공법〉

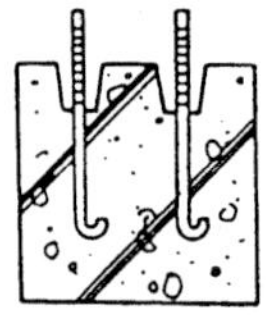
〈가동매입공법〉

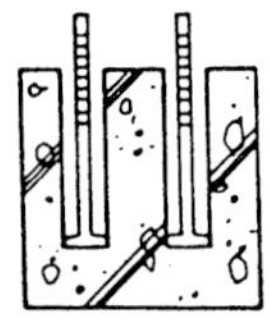
〈나중매입공법〉

〈고정매입공법 시공 장면〉

〈나중매입공법 시공 장면〉

3. 기초 상부 고름질

기초 상부는 베이스판을 완전수평으로 밀착시키기 위해 30~50mm 두께로 좋은 모르타르를 펴 바른다.

종 류	정 의	특 징
(1) 전면바름 마무리법	기둥 저면의 주위보다 3cm 이상 넓게 하고 레벨 검토한 후에 된비빔 1 : 2 모르타르를 다져넣는 방법	① 시공이 간단 ② 시공시 높은 정밀도 요구 ③ 일반적으로 경미한 구조물에 사용
(2) 나중채워넣기 중심바름법	기둥 저면의 중심부만 지정높이만큼 수평으로 바르고 기둥을 세운 후 사방에서 모르타르를 다져넣는 방법	① 수정할 때 작업이 용이 ② 레벨 조절이 쉬움 ③ 대규모 공사에 적합
(3) 나중채워넣기 십자(+)바름법	기둥 저면에서 대각선방향 +자형으로 지정높이만큼 모르타르를 바르고 기둥을 세운 후 그 위에 모르티르를 다져넣는 방법	① 고층 철골시공시 적용 ② 중앙부에 +자형 패드 모르타르 설치 ③ 그라우팅시 공극발생 쉬움
(4) 나중채워넣기법	베이스 플레이트 중앙에 구멍을 내고 4귀에 철판을 괴어 수평조절하고 기둥을 세운 후 모르타르를 다져넣는 방법	① 경미한 공사에 적합 ② 너트로 레벨 조절 가능 ③ 베이스 플레이트 중앙부에 공기구멍 확보

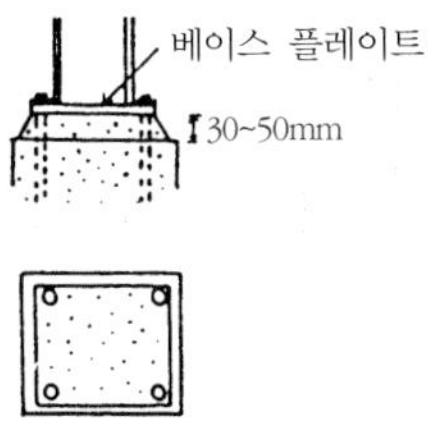

〈전면바름 마무리법〉

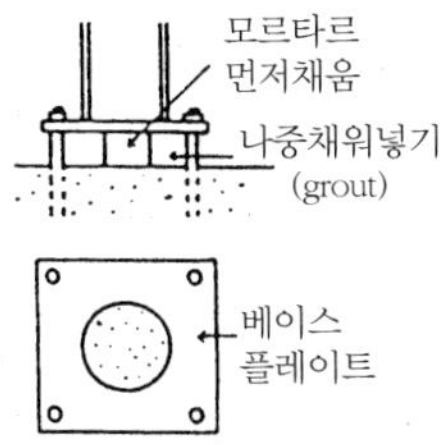

〈나중채워넣기 중심바름법〉

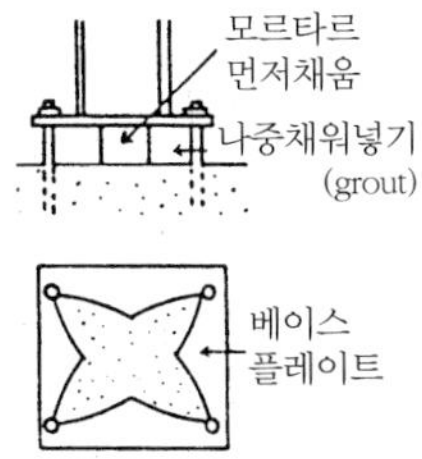

〈나중채워넣기 십자(+)바름법〉

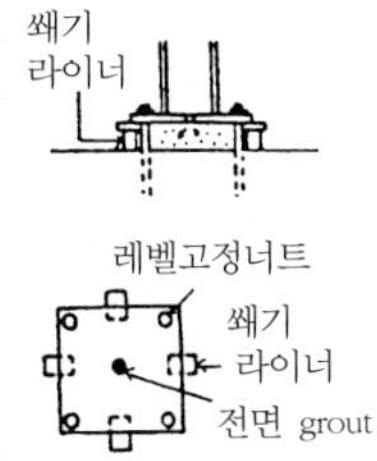

〈나중채워넣기법〉

〈나중채워넣기 시공 장면〉

4. 주각부 명칭

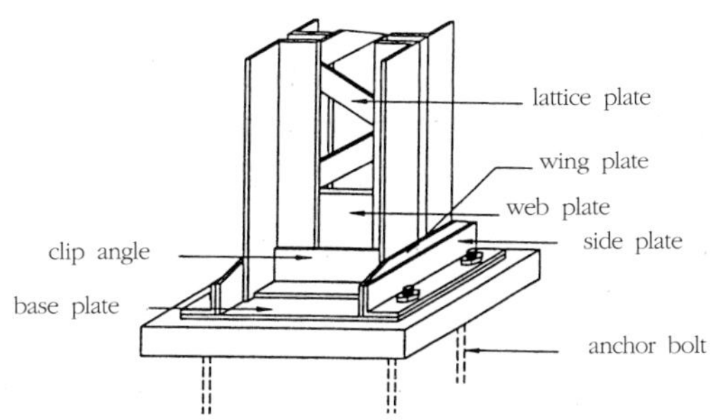

5. 철골공사의 현장 건립(세우기)공법

(1) 건립(세우기)공법 선정시 고려사항

〈철골세우기 장면〉

① 건물의 규모, 형상, 구조

② 세우기 부재의 중량, 크기

③ 세우기 부재의 접합방식

④ 세우기 기계의 종류, 능력

⑤ 시공성, 안정성, 경제성, 무공해 등 고려

(2) 세우기공법의 종류

lift-up공법	지붕, 탑 모양 등을 지상에서 조립·접합하여 잭(jack) 등으로 들어올려서 건립하는 공법
병립(屛立)공법	한쪽 편에서 일정부분씩 최상층까지 완료하고 계단식처럼 순차적으로 완료해 건립해가는 공법
겹쌓기공법	하부에서 1개층씩 완료 후 상부로 조립해가는 공법
현장조립공법	부재의 길이, 폭, 중량으로 인해 전체조립 반입이 어려울 때 분할해서 반입하여 양중위치 가까운 곳에서 조립하여 달아 올려 건립하는 공법
단 조립공법	접합부위가 전체용접으로 양중이 불가능할 때 가설 구조체를 트러스와 같이 조립하여 단을 만들고 각 부분을 단에 지지하여 접합 및 전체 조립하는 공법

6. 세우기용 기계 종류

가이 데릭 (guy derrick)	① 가장 일반적으로 사용되는 기중기의 일종이다. ② 가이의 수 : 6~8개 ③ 붐(boom)의 회전범위 : 360° ④ 당김줄은 지면과 45° 이하가 되도록 한다.
스티프 레그 데릭 (Stiff leg derrick)	① 삼각데릭으로 수평이동이 가능하므로 층수가 낮은 긴 평면에 유리하다. ② 회전범위 : 270°(작업범위 180°)
진폴 (gin pole)	① 소규모 철골공사에 사용되는 가장 간단한 설비이다. ② 옥탑 등의 돌출부에 쓰이고 중량재료를 달아 올리기에 편리함.
트럭 크레인 (truck crane)	① 트럭에 설치한 크레인으로 이동이 용이하고 작업능률이 좋다. ② 대규모 공장건물에 적합하다.
타워 크레인 (tower crane)	① 타워 위에 크레인을 설치한 것으로 고양정, 광범위 작업에 적당 ② 설치방법에 따라 고정식, 주행식이 있다.

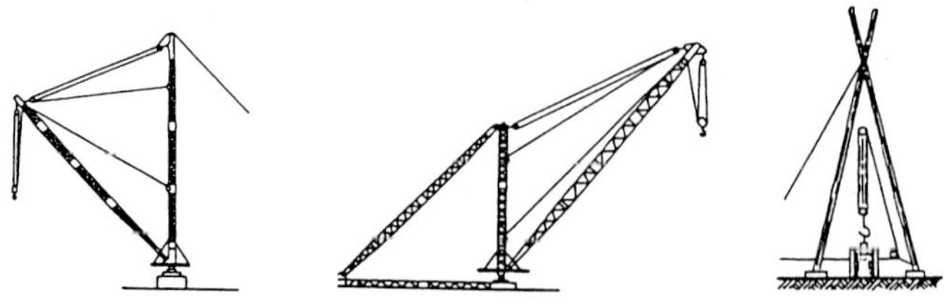

〈가이 데릭〉 〈스티프 레그 데릭〉 〈진폴〉

〈타워크레인〉

〈트럭크레인〉

V. 경량철골 및 내화피복공법

1. 강관 파이프 구조

(1) 개요

강관 파이프를 사용한 구조로 경량, 외관의 미려, 부재형상의 단순, 공사비가 적어 대규모 공장, 창고, 체육관, 동식물원 등에 사용된다.

(2) 장 · 단점

장 점	단 점
① 폐쇄형 단면으로 강도의 방향성이 없다. ② 휨강성, 비틀림 강성이 크다. ③ 국부좌굴, 가로좌굴에 유리하다. ④ 조립, 세우기가 안전하다. ⑤ 살두께가 적고 경량이다. ⑥ 외관이 경쾌하고 미려하다.	① 접합이음이 복잡하다. ② 이음부 및 관 끝의 신속한 절단가공이 어렵다. ③ 리벳접합이 불가능하다. ④ 이음, 맞춤부의 정밀도가 떨어진다. ⑤ 위치오차, 변형방지를 위해 조립틀을 이용해야 한다.

(3) 가공조립 순서

① 가공원척도 작성 → ② 본뜨기 → ③ 금매김 → ④ 절단 → ⑤ 조립 → ⑥ 세우기

(4) 파이프 단면의 녹막이 고려 밀폐방법

① 스피닝(spinning)에 의한 방법
② 가열하여 구형으로 가공
③ 원판, 반구형 판을 용접
④ 관 끝을 압착하여 용접 밀폐시키는 방법

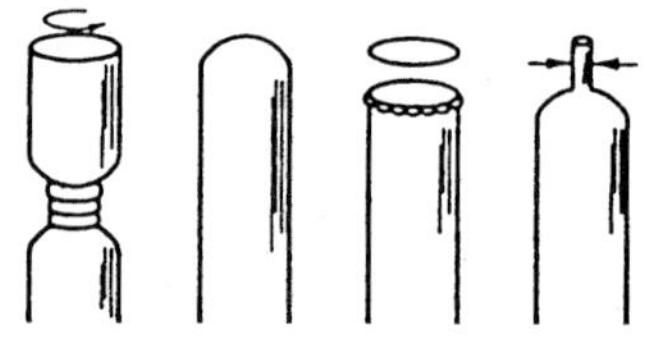

2. 경량철골 구조

(1) 개요

두께(1.6~4.0mm)가 얇고 너비가 일정한 판을 휨에 대한 단면성능이 좋도록 접어 만든 경량 형강재를 사용한다.

(2) 장 · 단점

장 점	단 점
① 두께가 얇고 강재량이 적은 반면 휨강도, 좌굴강도에 유리하다. ② 단면계수, 단면 2차반경 등 단면 효율이 좋다. ③ 경량이므로 경제적이다.	① 판두께가 얇아서 국부좌굴이 생기며 비틀림에 약하다. ② 국부 변형, 처짐에 약하다. ③ 부식에 약해 방청도료를 사용 ④ 외부사용이 어렵고 접합이 어렵다.

(3) 반자틀 시공순서

① 인서트 매입 → ② 볼트(달대볼트, 행거볼트) 조임 → ③ 달대(행거) 설치 → ④ 천장채널(캐링채널) 설치 → ⑤ 작은채널(MW/MS-BAR) 설치 → ⑥ 천장판(텍스) 설치

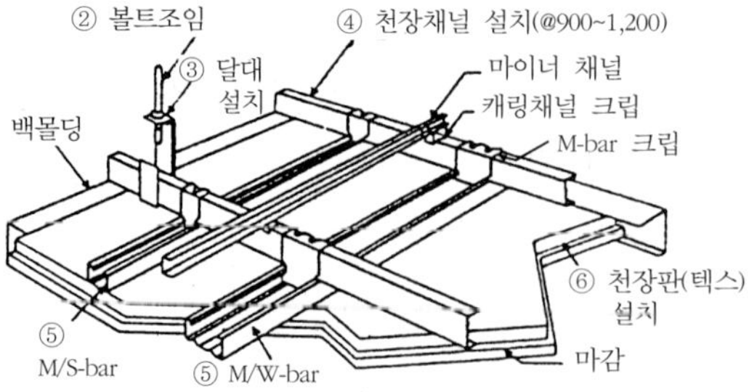

〈경량철골 천장구조〉

3. 내화피복공법

(1) 종류

구분	공법	내용
① 습식공법	뿜칠공법 타설공법 미장공법 조적공법	콘크리트나 모르타르와 같이 물을 혼합한 재료를 타설 또는 미장 등의 공법으로 부착하는 내화피복공법
② 건식공법	성형판붙임공법 멤브레인공법	각종 성형판을 접착제나 연결철물을 사용하여 부착하는 내화피복공법
③ 합성공법	이종재료적층공법 이질재료접합공법	2종류의 내화피복재료를 조합(이종재료를 적층하거나 이질재료를 접합)시킨 내화피복공법
④ 복합공법		하나의 제품으로 2개의 기능을 충족시키는 내화피복공법으로 내화피복과 커튼월이나 천장판 등의 복합적인 기능을 갖게 하는 공법

〈내화피복 중 뿜칠공법〉

(2) 내화피복공법별 재료

공법	재료
뿜칠공법	석면, 플라스터
타설공법	콘크리트, 경량콘크리트
미장공법	철망 모르타르, 철망 펄라이트 모르타르
조적공법	벽돌, 블록, 돌
성형판 붙임공법	ALC판, 석고보드, 규산칼슘판
멤브레인공법	암면판
합성공법	각종 재료 및 공법의 조화

제7장

조적공사

Ⅰ. 벽돌공사

Ⅱ. 블록공사

Ⅲ. 석공사

I. 벽돌공사

1. 일반사항

(1) 벽돌의 종류

보통벽돌	붉은 벽돌(소성벽돌), 시멘트벽돌
특수벽돌	이형벽돌(홍예벽돌, 원형벽돌, 둥근모벽돌 등), 오지벽돌, 검정벽돌(치장용), 보도용 벽돌 등.
경량벽돌	공동벽돌(hollow brick), 건물경량화 도모, 다공벽돌, 보온, 방음, 방열, 못치기 용도
내화벽돌	산성내화, 염기성내화, 중성내화벽돌 등이 있다.

(2) 벽돌의 규격

(단위 : mm)

구 분	길 이	너 비	두 께
기존형(재래형)	210	100	60
표준형(장려형)	190	90	57
내화벽돌	230	114	65

(3) 벽돌의 품질

① 붉은 벽돌

등 급	압축강도	흡수율	소 성
1급(1호, 2호)	150kg/cm² 이상	20% 이하	양호, 두드리면 금속성 청음
2급(1호)	100kg/cm² 이상	23% 이하	보통

주) 1호는 형상이 양호하고 갈라짐, 흠이 극히 적은 것.
2호는 형상이 보통이고 심한 갈라짐, 흠이 없는 것.

② 시멘트 벽돌

㉮ 압축강도 40kg/cm² 이상

㉯ 골재 최대지수 10mm 이하, 진동, 압축을 병용하여 성형한다.

㉰ 습도 100% 상태 500℃시(時) 이상 보양

③ 특급벽돌

㉮ 압축강도 200kg/cm² 이하

㉯ 흡수율 17% 이하

(4) 벽돌의 마름질 종류

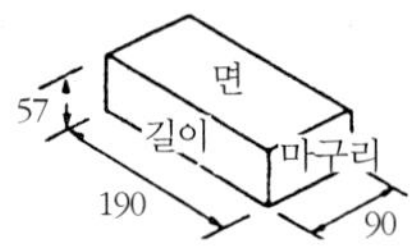

〈온장〉

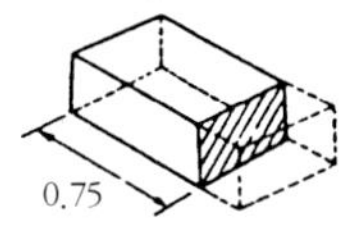

〈칠오토막〉

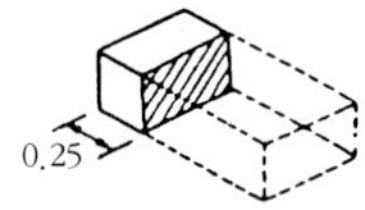

〈이오토막〉

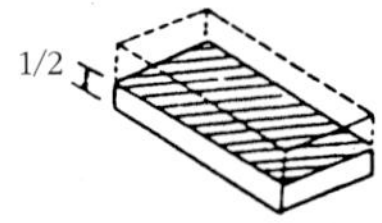

〈반격지〉

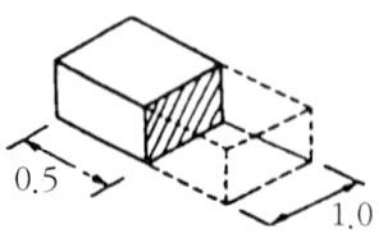

〈반토막〉

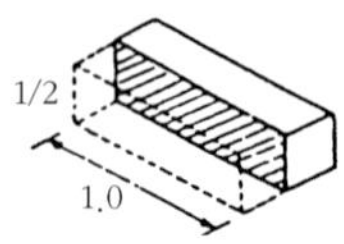

〈반절〉

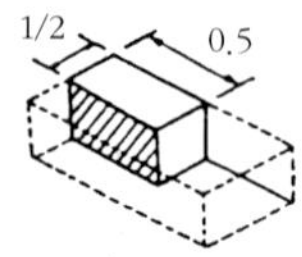

〈반반절〉

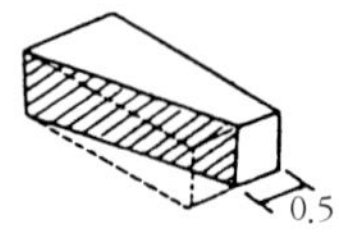

〈경사반절〉

2. 벽돌쌓기법

(1) 일반 벽돌쌓기 종류

종 류	특 징	비 고
영식쌓기 (english bond)	한 켜는 길이, 한 켜는 마구리쌓기, 벽모서리 끝벽, 마구리에 반절이나 이오토막 사용	가장 튼튼한 쌓기 내력벽에 사용
화란식(네덜란드)쌓기 (dutch bond)	영식쌓기와 거의 같다. 길이켜의 모서리와 끝벽에 칠오토막 사용	일하기 쉽고, 비교적 견고하며 가장 많이 쓰인다.
불식(프랑스식)쌓기 (flemish bond)	입면상 매 켜에 길이와 마구리가 번갈아 나온다. 구조적으로 튼튼하지 못하다.	벽돌담 등 치장용
미식쌓기 (american bond)	5켜는 치장벽돌로 길이쌓기 다음 한 켜는 마구리쌓기로 본 벽돌에 물리고 뒷면은 영식쌓기 한다.	외부 붉은 벽돌, 내부 시멘트벽돌을 쌓는 경우

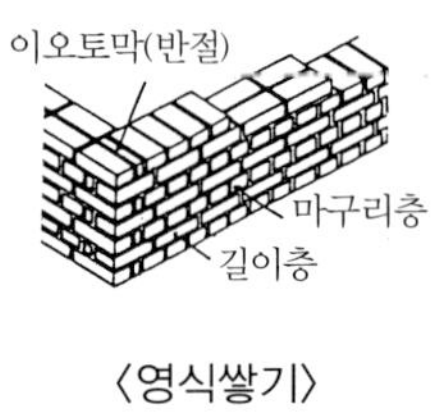

〈영식쌓기〉

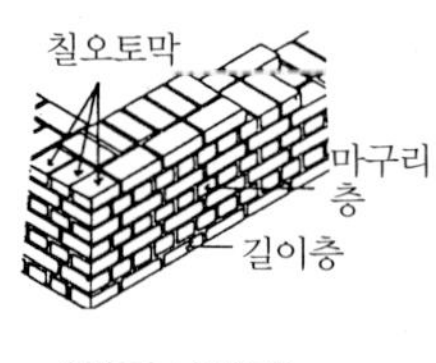

〈화란식쌓기〉

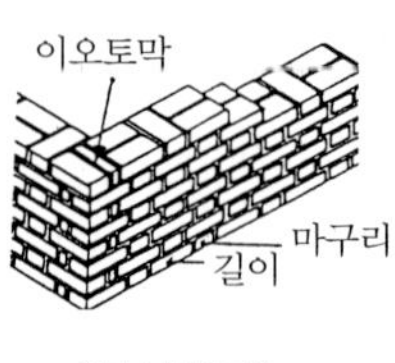

〈불식쌓기〉

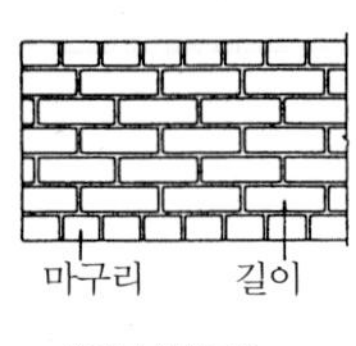

〈미식쌓기〉

참고

다음과 같이 5단으로 된 벽돌벽을 주어진 벽돌쌓기 방식에 따라 사용된 벽돌기호를 보기에서 골라 벽돌 안에 직접 표시하면 다음과 같다.

> **보 기**
> 길이 : A   칠오토막 : B   마구리 : C   이오토막 : D

(1) 영식쌓기

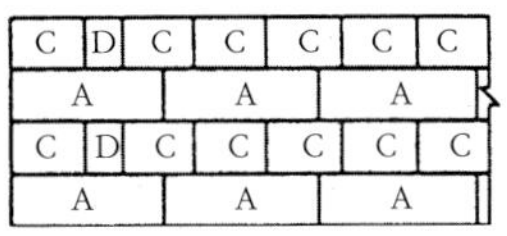

(2) 화란식쌓기

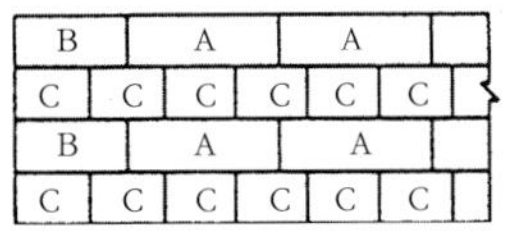

(3) 불식쌓기

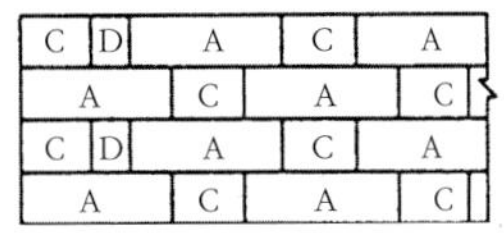

(2) 기본 벽돌쌓기 종류

종 류	특 징
길이쌓기	벽돌을 길게 나누어 놓아 길이면이 내보이도록 쌓는 방식
마구리쌓기	벽돌의 마구리가 나오게 쌓는 방식
길이세워쌓기	길이를 세워 쌓는 방식
옆세워쌓기	벽돌의 마구리를 세워 쌓는 방식

참고

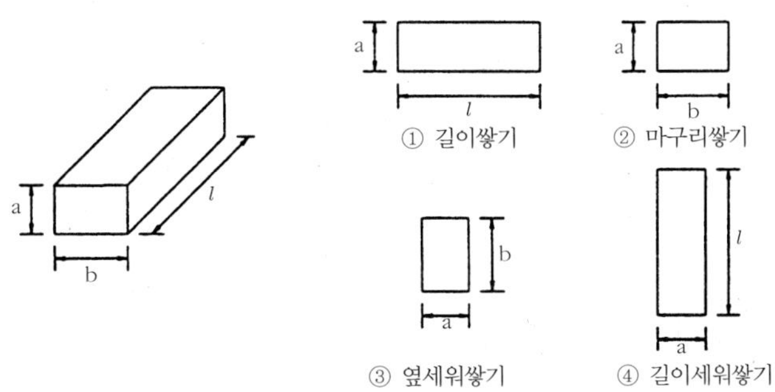

(3) 각부 쌓기

종 류	특 징
기초쌓기	기초 콘크리트판 위에 1/4B씩 한 켜 또는 두 켜씩 내어쌓고 기초 맨 밑의 너비는 두 켜 쌓기로 벽두께의 2배가 되게 한다.

종 류	특 징
내쌓기	① 벽면에서 내쌓기 : 한 켜 1/8B, 두 켜 1/4B ② 내미는 한도 : 2.0B 이하 ③ 내쌓기는 마구리쌓기로 하는 것이 강도, 시공상 유리
켜거름 들여쌓기	벽돌벽의 교차부에서 벽돌 한 켜거름으로 1/4~1/2B를 들여쌓는 방법
층단 떼어쌓기	긴 벽돌벽의 쌓기에서 벽 중간 일부를 쌓지 못하게 될 때 점점 쌓는 길이를 줄여오는 방법
공간쌓기	① 목적 : 방습, 방한, 방음 ② 공간간격 : 5~10cm 정도 ③ 연결재 배치 · 거리 간격 : 수직거리 40cm 이하, 수평거리 90cm 이하 ④ 물빠짐 구멍 : 1cm 파이프로 2m 이내 간격으로 설치

〈기초쌓기〉

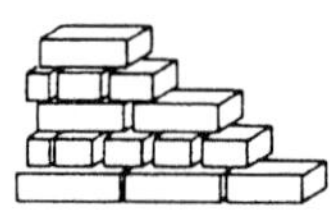
〈층단 떼어쌓기〉

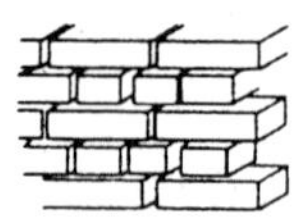
〈켜거름 들여쌓기〉

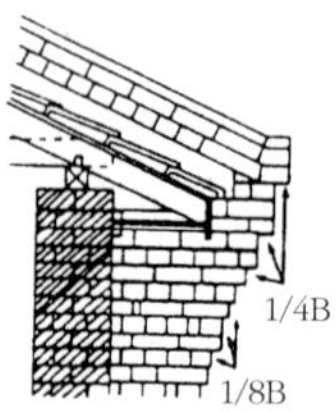

〈내쌓기〉

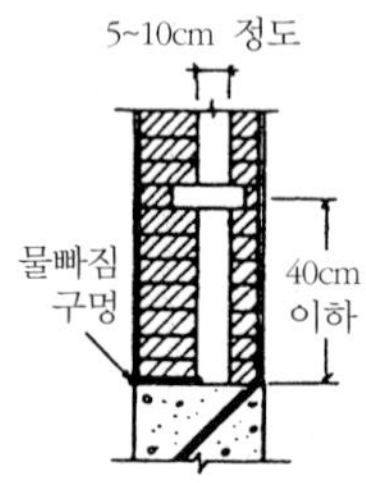

〈공간쌓기〉

(4) 개구부 쌓기

① 창문틀 세우기 : 먼저 세우기를 주로 한다.

㉮ 먼저세우기 : 문틀까지 쌓고 1일 경과 후 창문을 세우고 옆벽을 쌓는다.

㉯ 나중세우기 : 조적 중 60cm 간격으로 나무벽돌, 연결철물을 묻고 나중에 끼운다.

② 창대쌓기

㉮ 창대벽돌은 윗면을 15° 내외로 경사지어 옆 세워 쌓는다.

㉯ 문 위는 1/8B~1/4B 내쌓거나 벽면에 일치 시킨다.

〈창대쌓기〉

③ 창문틀 옆쌓기

창문틀은 수직 · 수평 위치 정확히 설치하고 고정용 쐐기, 못박는 간격은 60cm 이내이다.

④ 창문틀이 빠지지 않도록 하는 방법

㉮ 가새, 버팀대 등을 사용하여 틀을 보강하고 견고히 고정

㉯ 창문틀 중간에 60cm 간격으로 꺾쇠나 볼트, 대못으로 고정

㉰ 긴결철물을 이용하여 옆벽에 물려쌓기 하고 사춤을 철저히 한다.

㉱ 쌤블록을 이용하여 쌓기 한다.

(5) 아치쌓기

① 내용

아치는 상부에서 내려오는 **수직압력**이 아치의 축선을 따라 좌우로 나누어져 밑으로 **압축력**만 전달되게 하여 부재의 하부에 **인장력**이 생기지 않는 구조로 줄눈의 방향은 아치의 **중심**에 모이게 한다.

〈아치쌓기〉

② 종류

본아치	아치벽돌을 주문 제작한 것을 이용한 아치
막만든아치	보통벽돌을 쐐기모양으로 다듬어 만든 아치
거친아치	보통벽돌을 쓰고 줄눈을 쐐기모양으로 변화시켜 만든 아치
층두리아치	아치너비가 클 때에 아치를 겹으로 둘러 튼 아치

〈본아치〉

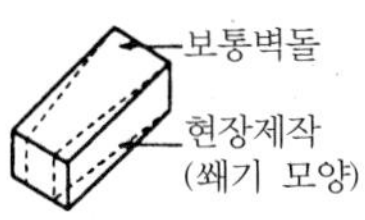

〈막만든아치〉

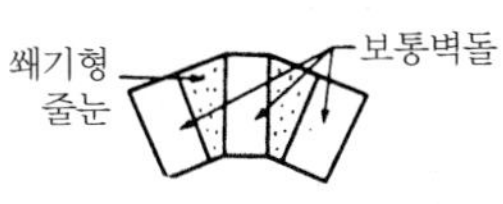

〈거친아치〉

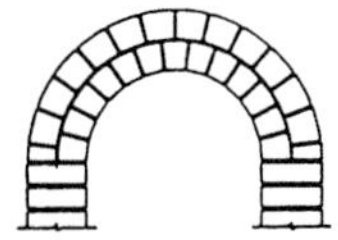

〈층두리아치〉

③ 형태에 따른 아치명

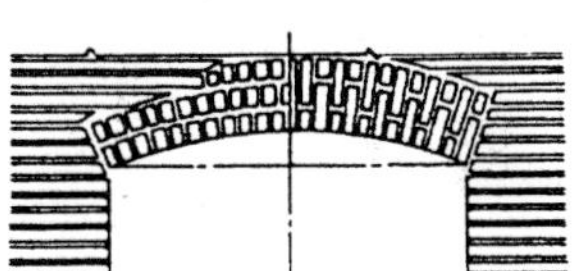

〈결원아치〉

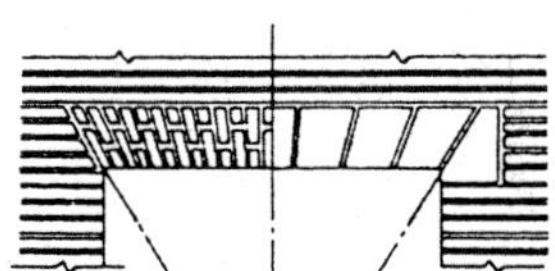

〈평아치〉

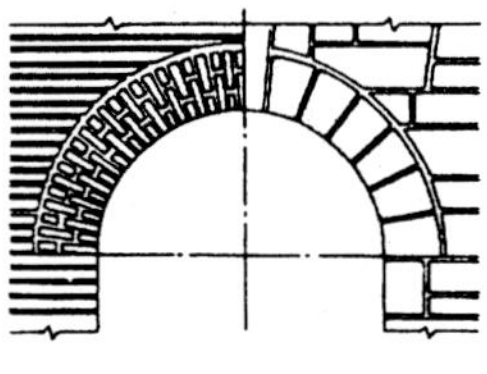

〈반원아치〉

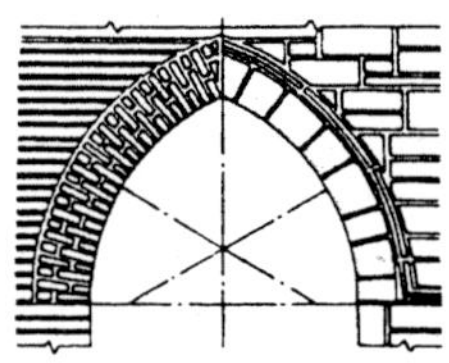

〈고딕아치〉

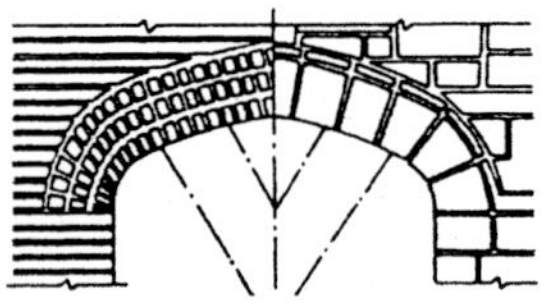

〈뾰족아치〉

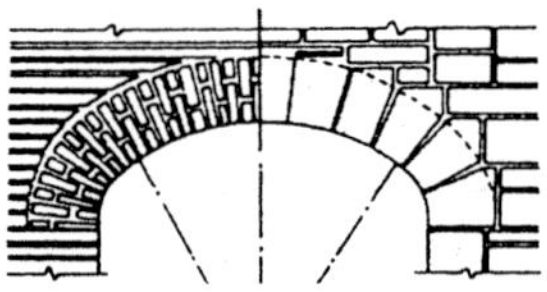

〈타원아치〉

3. 벽돌 시공

(1) 쌓기순서

① 벽돌면(접착면)청소 → ② 물축이기 → ③ 재료 건비빔 → ④ 세로규준틀 설치 → ⑤ 벽돌나누기 → ⑥ 규준벽돌 쌓기 → ⑦ 수평실치기 → ⑧ 중간부 쌓기 → ⑨ 줄눈누름 → ⑩ 줄눈파기 → ⑪ 치장줄눈 → ⑫ 보양

(2) 모르타르

① 모르타르의 강도는 벽돌강도와 동일 이상

② 경화시간 : 1~10시간(1시간 이내 사용)

③ 모르타르 배합비

용 도	배 합 비	비 고
치장용	1 : 1	시멘트 : 모래
아치용	1 : 2	
조적용	1 : 3 ~ 1 : 5	

(3) 줄눈

① 줄눈의 두께는 10mm를 기준으로 한다.(내화벽돌은 6mm)

② 조적조의 줄눈은 응력분산에 유리한 막힌줄눈을 원칙으로 한다.

③ 통줄눈은 보강블록조와 치장용으로만 사용한다.

(4) 치장줄눈

① 치장벽돌면은 쌓기가 완료되는 대로 흙손으로 줄눈누르기를 해 두고 시기를 보아 깊이 10mm 정도 줄눈파기를 하고 벽면을 청소한 다음, 1 : 1 모르타르로 치장줄눈을 시공한다.

② 줄눈모양은 특별한 지정이 없을 때에는 평줄눈으로 하고 조적면에서 2mm 정도 들여 시공한다.

③ 치장줄눈의 종류

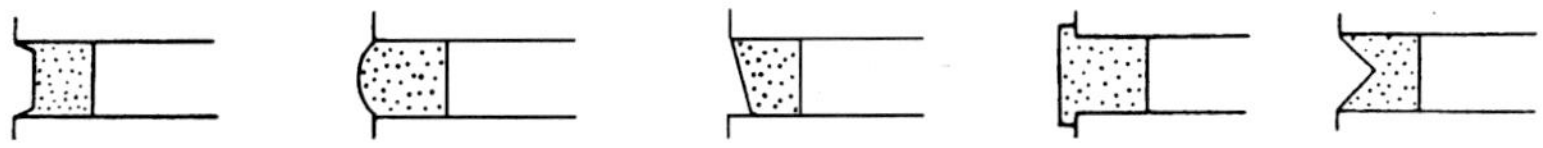

〈평줄눈〉 〈볼록줄눈〉 〈엇빗줄눈〉 〈내민줄눈〉 〈줄째기줄눈〉

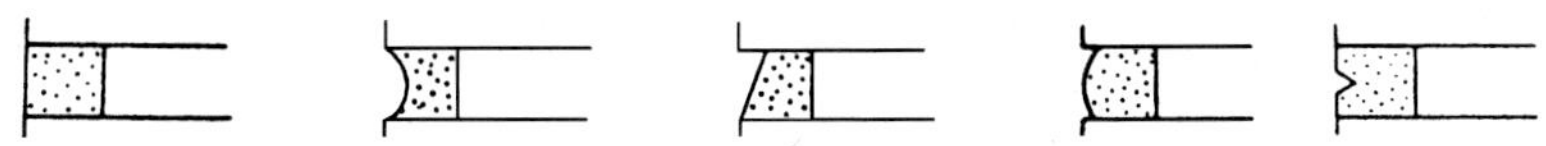

〈민줄눈〉 〈오목줄눈〉 〈빗줄눈〉 〈둥근줄눈〉 〈홈줄눈〉

④ 벽돌 치장면 청소방법

㉮ 물씻기 청소

㉯ 주걱, 솔, 헝겊 닦기

㉰ 염산 등 희석액을 사용하여 청소 후 물씻기

(5) 일반사항

<table>
<tr><td>쌓기높이</td><td colspan="2">하루의 쌓기높이는 1.2m(18켜 정도)~1.5m(22켜 정도) ※ 표준시방서 기준</td></tr>
<tr><td>물축이기</td><td colspan="2">① 붉은 벽돌 : 사전에 축이기
② 시멘트 벽돌 : 쌓으면서 쌓기 바로 전 축이기
③ 내화벽돌 : 물축이기를 하지 않는다.</td></tr>
<tr><td rowspan="2">세로규준틀</td><td>설치위치</td><td>① 건물의 모서리 ② 교차부 및 중요부분
③ 긴벽의 경우 중앙부</td></tr>
<tr><td>기입사항</td><td>① 쌓기단수 ② 창문틀 위치
③ 앵커볼트 위치 ④ 나무벽돌 위치</td></tr>
<tr><td>보 양</td><td colspan="2">① 쌓은 후 12시간 동안은 하중을 받지 않도록 하고, 3일 동안은 집중하중을 받지 않도록 한다.
② 평균 4℃ 이하~영하 4℃까지는 최소한 24시간 동안 보온막을 설치한다.</td></tr>
</table>

배관 홈파기	① 부득이한 경우에만 행한다. ② 가로홈 : 홈깊이 1/3 이하, 길이 3m 이하 ③ 세로홈 : 층높이의 3/4 이상, 연속될 때는 홈 깊이 1/3 이하 ④ 전기배전반, 소화전함 등은 벽돌벽과 동시에 설치한다. 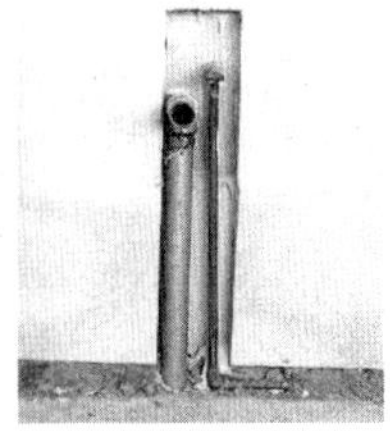 〈배관 홈파기〉

4. 벽돌벽 시공시 문제점

(1) 벽돌벽의 균열원인

계획 · 설계상 미비	① 기초의 부동침하 ② 건물의 평면 · 입면의 불균형 및 벽의 불합리 배치 ③ 불균형 하중, 큰 집중하중, 횡력 및 충격 ④ 벽돌벽의 길이 · 높이 · 두께에 대한 벽돌벽체의 강도 부족 ⑤ 문꼴 크기의 불합리 및 불균형 배치
시공상의 결함	① 벽돌 및 모르타르의 강도 부족 ② 온도 및 습기에 의한 재료의 신축성 ③ 이질재와의 접합부 ④ 모르타르의 사춤부족 ⑤ 모르타르, 회반죽 바름의 신축 및 들뜨기

(2) 벽체에서 물이 새는 원인(습기 침투)

① 줄눈의 시공불량 및 균열
② 벽돌(블록) 자체의 방수성 결여
③ 보양 부족 벽돌(블록)의 수축 균열
④ 외부돌출 철물의 시공불량
⑤ 개구부에서 이질재(목재, 알루미늄)와의 접촉부분 시공불량

5. 백화현상

정 의	벽표면에서 침투하는 빗물에 의해 모르타르 중의 석회분이 유출되어 공기중의 탄산가스와 결합하여 벽돌벽의 표면에 백색의 미세한 물질이 생기는 현상	
원 인	① 벽돌벽에 빗물침입	② 재료 및 시공불량

방지대책	① 소성이 잘된 벽돌을 사용 ② 줄눈에 방수제를 혼입하고 밀실하게 사춤시킨다. ③ 벽면에 비막이를 설치한다. ④ 벽면에 파라핀 도료 등을 발라 방수처리를 한다.

〈백화현상 건물〉

Ⅱ. 블록공사

1. 재 료

(1) 블록의 치수

형 상	치 수(mm)			허 용 치(mm)	
	길 이	높 이	두 께	길이 · 두께	높 이
기본블록(BI)형	390	190	190 150 100	±2	±3
이형블록	길이 · 높이 및 두께의 최소치수는 90mm 이상으로 한다.				

(2) 블록의 명칭

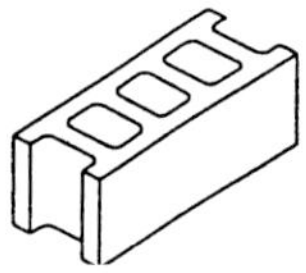

〈기본블록〉

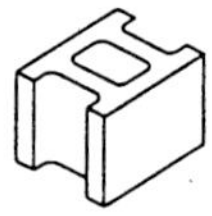

〈반블록〉

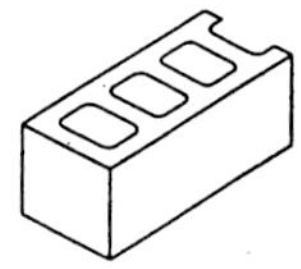

〈한마구리 평블록〉

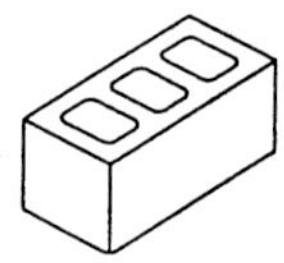

〈양마구리 평블록〉

〈창대블록〉

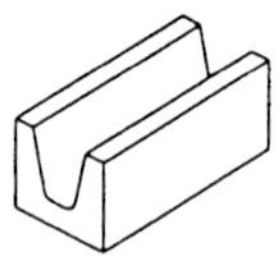

〈인방블록〉

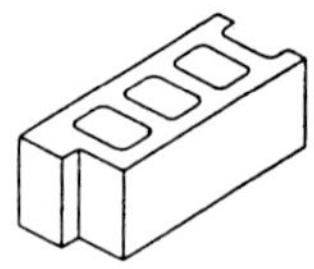

〈창쌤블록〉

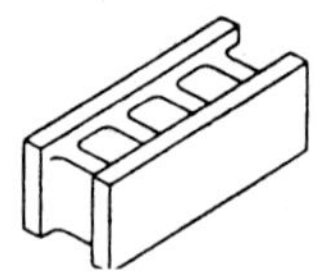

〈가로근용 블록〉

(3) 이형블록의 종류

창대블록	창문틀의 밑에 쌓는 블록
인방블록	창문틀의 위에 쌓아 철근과 콘크리트를 다져넣어 보강하게 된 U자형의 블록
창쌤블록	창문틀의 옆에 쌓는 블록

2. 블록구조의 종류

(1) 단순조적 블록조

단순히 쌓는 형식으로 내력벽과 비내력벽(장막벽)이 있다.

(2) 보강 블록조

정 의	철근을 가로, 세로로 배근하고 콘크리트를 다져넣은 블록구조
모르타르 사춤	① 모르타르 또는 콘크리트를 사춤하는 높이는 3켜 이내로 하고 이어붓는 위치는 블록의 윗면에서 5cm 정도 밑에 둔다. ② 모르타르 또는 콘크리트를 사춤할 때 보강철근의 피복두께는 2cm 이상으로 한다. ③ 사춤 채워 넣는 부위 ㉮ 벽끝 ㉯ 모서리 ㉰ 교차부 ㉱ 문꼴(개구부) 주위
세로근의 배근	① 삽입위치 : 벽끝, 모서리, 교차부, 문꼴(개구부) 주위 ② 기초보 하단에서 위층까지 잇지 않고 40d 이상 정착(d : 철근지름) ③ 벽, 모서리 부분 : D13 이상, 기타 : D10 이상 철근 사용(가로근도 동일)

가로근의 배근	① 단부는 180°갈고리 내어 세로근에 연결 ② 가로, 세로 철근은 각각 80cm 이하의 간격으로 배근 ③ 가로근의 이음은 벽체 중앙에서 25d, 모서리에서는 40d 이상 정착 및 이음
와이어 메시의 역할	① 횡력에 대한 보강 ② 블록벽을 일체로 시공 ③ 균열 방지 ④ 교차부 보강

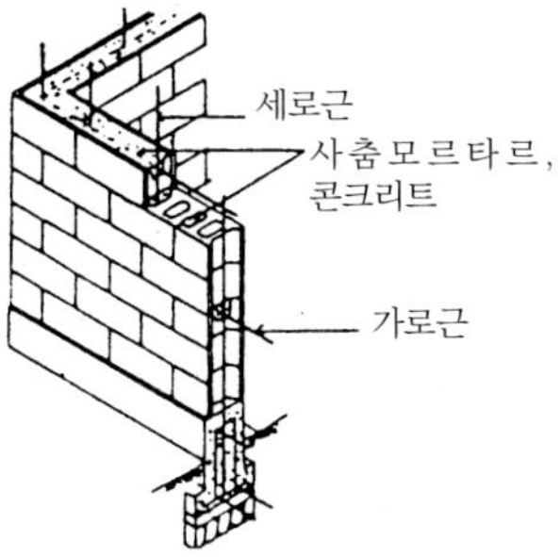

〈보강블록조〉

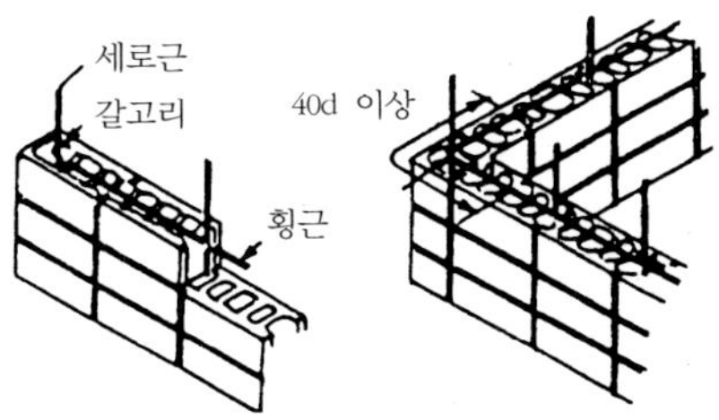

〈철근배근〉

(3) 거푸집 블록조

① 정의

거푸집 대용 블록을 사용하는 철근콘크리트 구조

② 콘크리트 부어넣기시 일반 RC에 비해 불리한 점

㉮ 줄눈이 많아서 강도가 부족하다.

㉯ 블록 살두께가 얇아서 충분한 다짐이 곤란하다.

㉰ 줄눈 사이에 시멘트풀이 흘러 곰보발생이 우려된다.

㉱ 시공결과의 판단이 불명확하고 철근의 접착피복두께가 불완전하다.

3. 블록쌓기 일반사항

(1) 시공순서

① 하부고르기 및 물축이기 → ② 세로규준대 설치 → ③ 블록쌓기 → ④ 메쉬 및 철근세우기 → ⑤ 사춤 콘크리트 채우기

(2) 시공도 작성시 기입사항

① 블록의 종류 ② 블록 나누기

③ 개구부의 안목치수 ④ 철근 삽입 및 이음위치

⑤ 콘크리트 사춤개소 ⑥ 철근 지름 및 개수
⑦ 나무벽돌 · 앵커볼트 위치

(3) 줄눈

일반블록조는 막힌줄눈, 보강블록조는 통줄눈

(4) 살두께

두꺼운 쪽이 위로 가게 쌓는다. (전면 살두께 : 25mm, 중간 살두께 : 20mm)

(5) 하루쌓기 단수

1.2m~1.5m 이내(6~7켜) 블록과 모르타르의 접촉면을 물축이고 모르타르는 충분히 깐다.

4. Bond beam

(1) 정의

① 조적벽체에서 벽을 일체화시키고, 집중하중 또는 국부적인 하중을 균등히 분포시키기 위한 철근콘크리트 보를 bond beam이라 한다.
② 설치 위치에 따라 테두리보, 기초보, 벽돌 보강보로 구분한다.

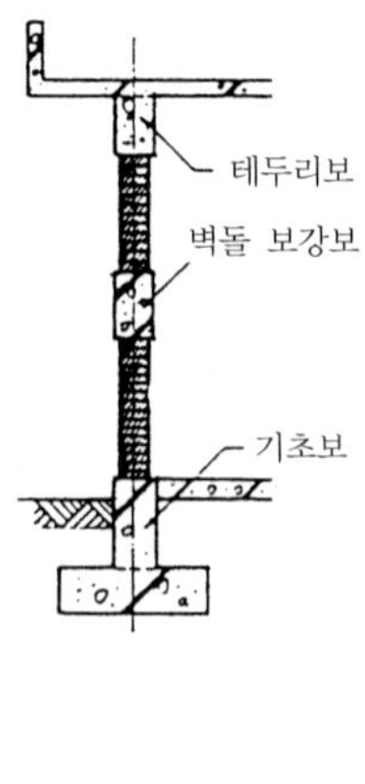

(2) 기능

① 벽체의 일체화 ② 벽체의 강성증대 및 균열 방지
③ 하중분포 ④ 수평하중에 저항
⑤ 부동침하 방지

(3) 설치 위치

벽체 상단(테두리보)	조적조의 벽체 상단에 테두리보를 설치함으로써 횡력저항, 일체성 확보
기초판 위(기초보)	기초판 위에 설치하여 조적벽의 일체성 및 부동침하를 방지
벽돌벽 중간(벽돌 보강보)	벽돌 벽체의 높이가 3.6m마다 설치하여 횡력저항 및 강성 확보

(4) 테두리보 · 인방보

분 류	테두리보	인 방 보
정의	조적조의 맨 위에 설치하는 보로 춤(높이)은 벽두께의 1.5배로 하고 철근은 40d 이상 정착시킨다.	인방블록을 틀 위에 쌓고 그 안에 철근을 배근하고 콘크리트 타설하거나, 기성철근 콘크리트 제품을 사용하며 좌우 벽면에 20cm 이상 걸친다.
역할(목적)	① 횡력에 대한 보강 ② 하중의 균등한 분포 ③ 세로철근의 끝을 정착하기 위해 ④ 집중하중에 대한 보강	① 상부하중을 분산하여 균등하게 벽체에 전달 ② 창 · 문꼴의 장기처짐 방지 ③ 벽체의 강성 확보

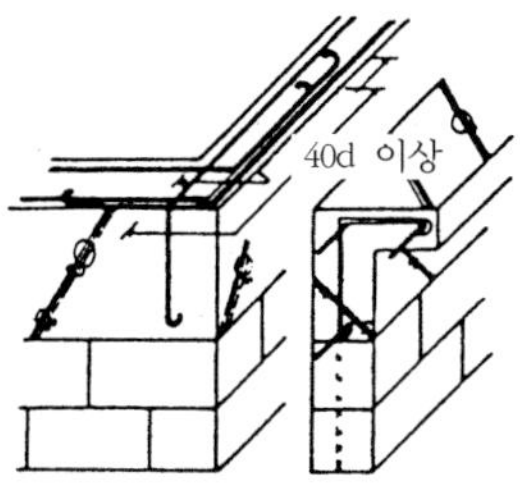

〈테두리보〉

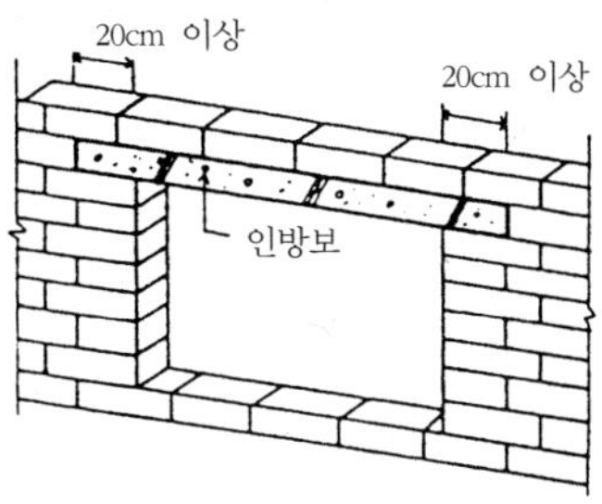

〈인방보(intel)〉

Ⅲ. 석공사

1. 암석의 종류 및 특성

암석의 종류		용 도	특 징
화성암(火成岩)	화강암	조적재, 구조재, 건축내 · 외장재	① 조직이 균일 ② 경도, 강도, 내마모성, 색채, 광택이 우수 ③ 내화성이 약하다.
	안산암	구조재, 장식재	① 경도, 강도, 내구성, 내화성이 있음. ② 색조가 일정치 않고 절리에 의해 가공이 용이함. ③ 큰 재 얻기가 어렵다.
	현무암	판석재로 많이 사용	

암석의 종류		용 도	특 징
수성암(水成岩)	사암	외벽재, 내장재, 경량 구조재	① 조직이 치밀하고 규산질 사암 등 경질의 것은 내구성이 있음. ② 석회질 사암은 가공성 좋음. ③ 석회질 사암, 철분사암은 흡수율이 높고 내구성이 약함.
	석회암	시멘트의 원료	용도가 매우 광범위하다.
	점판암	지붕재료, 비석, 바닥	① 재질이 치밀, 흡수성이 작고 강함. ② 색상이 미려함.
변성암(變成岩)	대리석	실내장식재, 조각재	① 강도가 크며 실외 사용 드물고 실내장식용 ② 내화, 내산성이 약하, 풍화되기 쉽다.
	석면	단열재, 마감재	단열, 보온, 흡음이 우수하고 내화적이다.

2. 석재의 강도, 비중, 흡수율

압축강도 순서	화강암>대리석>안산암>점판암>사문암>사암>응회암>부석
비중크기 순서	사문암>점판암 · 대리석>화강암>안산암>사암>응회암
흡수율 순서	응회암>사암>안산암>화강암>점판암>대리석

3. 석재의 시공

(1) 돌공사의 장 · 단점

장 점	단 점
① 다양한 색조와 광택 외관이 장중 미려하다. ② 내구, 내마모성, 내수, 내약품성이 있다. ③ 방한, 방서적이고 차음성이 있다. ④ 압축강도가 매우 높다.	① 운반, 가공이 어렵고 고가이다. ② 큰 재(장대재)를 얻기 어렵다. ③ 인장강도가 작다. ④ 일체식 구조가 어려워서 내진에 문제가 있다.

(2) 석재 사용상의 주의사항

① 압축응력을 받는 곳에만 사용한다. (휨, 인장강도가 약함)

② $1m^3$ 이상 되는 석재는 높은 곳에 사용하지 않는다.

③ 내화가 필요한 곳은 열에 강한 석재를 사용한다.

④ 산출량을 조사하여 공급에 차질이 없도록 한다.

⑤ 가공시 예각은 피한다.

(3) 석재의 표면 마무리 방법

① 손다듬기

순 서	석공구	내 용
㉮ 혹두기(메다듬)	쇠메	원석의 두드러진 면과 큰 요철만 없앤다.
㉯ 정다듬	정	혹두기면을 정으로 쪼아 평평하게 다듬는 것.
㉰ 도드락다듬	도드락망치	정다듬 면을 도드락망치로 더욱 평탄하게 다듬는 것.
㉱ 잔다듬	날망치	날망치로 처음 두 번은 직교방향, 1번은 평행방향으로 마무리하는 것.
㉲ 물갈기	숫돌, 금강사	잔다듬면을 숫돌이나 금강사로 갈아서 광택 나게 하는 것.

〈쇠메〉

〈정〉

〈도드락망치〉

〈날망치〉

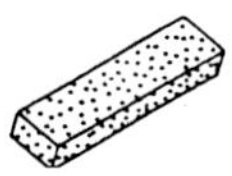
〈숫돌〉

② 기계다듬기

planer, surfacer, grinder 등을 이용하여 마감

(4) 표면 마무리 특수 가공공법

구분	내용
모래분사법 (sand blasting)	석재면에 고압공기의 압력으로 모래를 분출시켜 면을 다듬는 방법
화염분사법 (burner finish)	버너로 석재표면을 달군 다음 급랭시켜 표면의 박리층을 제거하여 거친 면으로 다듬는 방법
착색돌 마감	석재의 흡수성을 이용하여 석재의 내부까지 착색시키는 방법

(5) 모치기의 종류

〈혹두기〉

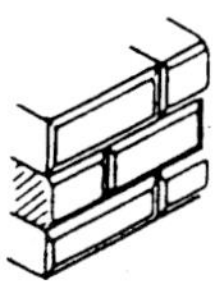
〈빗모치기〉

〈두모치기〉

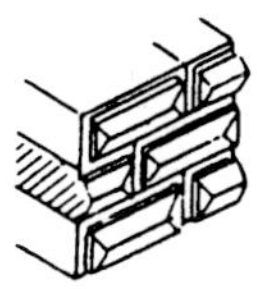
〈세모치기〉

〈혹두기 표면〉

〈세모치기 표면〉

(6) 석재 가공 후의 검사내용

① 마무리 치수의 정확도 여부
② 모서리의 직선, 각도의 바르기
③ 면의 평활성
④ 다듬기 솜씨가 일정할 것

4. 석재 붙임공법

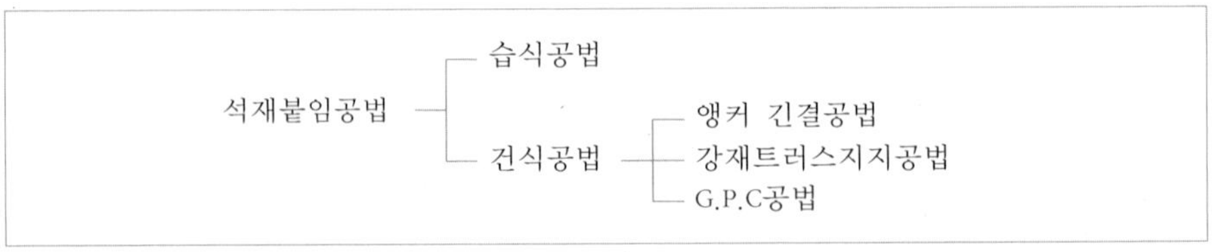

습식공법	① 구체와 석재 사이를 연결철물과 모르타르 채움에 의해 일체화시키는 공법 ② 종류 : 전체주입공법, 부분주입공법, 절충주입공법
앵커 긴결공법	구조체에 각종 앵커를 사용하여 석재를 붙여 나가는 공법
강재 트러스	미리 조립된 강재 트러스에 석판재를 지상에서 짜 맞춘 후 조립으로 설치해 나가는 공법
G.P.C공법	석재와 콘크리트를 일체화시킨 P.C를 제작하여 건축물의 외벽에 부착하는 공법

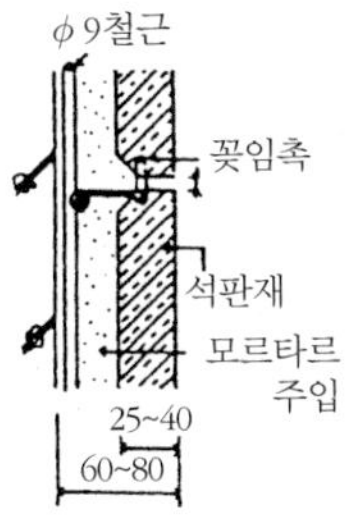

〈습식공법〉

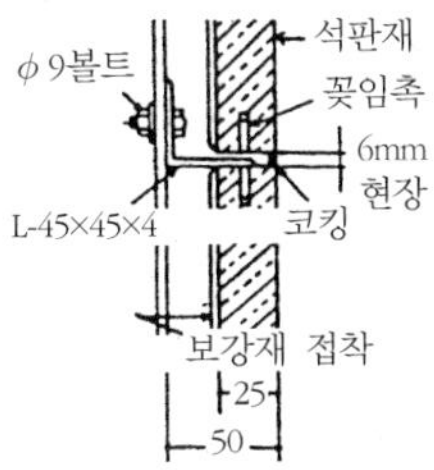

〈앵커 긴결공법〉

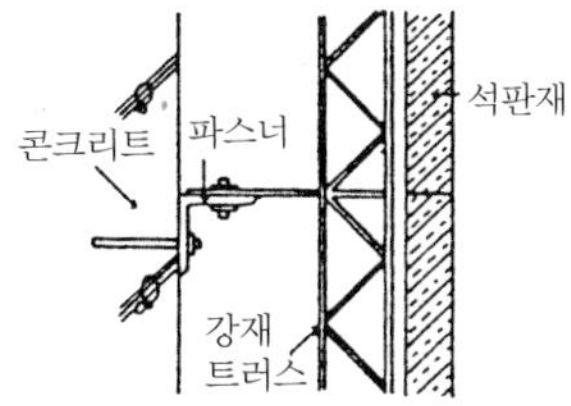

〈강재 트러스 지지공법〉

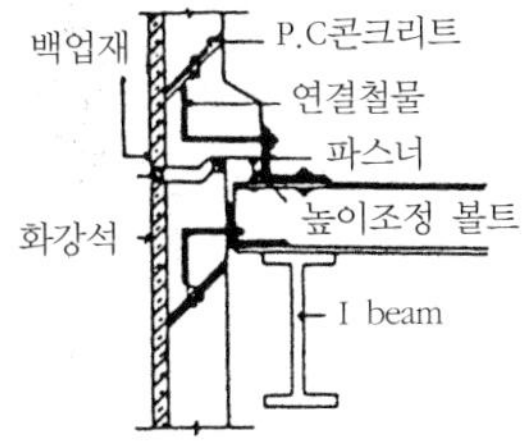

〈G.P.S 설치〉

〈앵커 긴결공법 시공 장면〉

5. 돌쌓기, 석축쌓기

돌쌓기의 종류	석축쌓기의 종류
① 거친돌 막쌓기 ② 다듬돌쌓기 : 줄눈을 바르게 쌓는다. ③ 허튼층쌓기 : 줄눈 불규칙하게 쌓기. ④ 바른층쌓기 : 돌 한 켜 한 켜가 수평 직선 ⑤ 층지어쌓기 : 허튼층으로 쌓되 3켜 정도마 다 수평줄눈 일직선으로 쌓기	① 건쌓기 : 돌 사이의 뒷고임만 다져 넣음. ② 모르타르 사춤쌓기 : 맞대면만 모르타르와 콘크리트를 깔고 뒷면은 잡석다짐 ③ 찰쌓기 : 돌과 돌에는 모르타르를 넣고, 뒤에는 콘크리트를 사춤, 가장 견고한 쌓기.

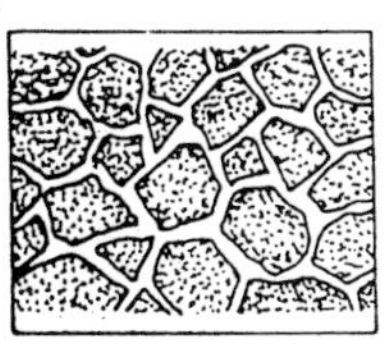

〈거친돌 막쌓기〉

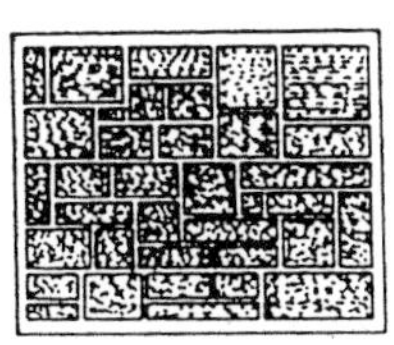

〈다듬돌쌓기〉

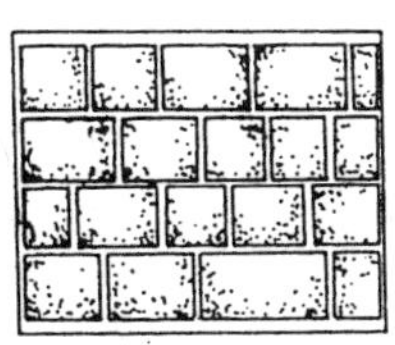

〈바른층쌓기〉

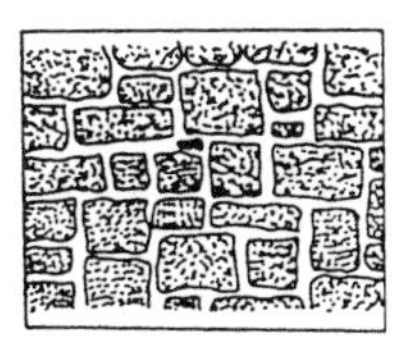

〈허튼층쌓기〉

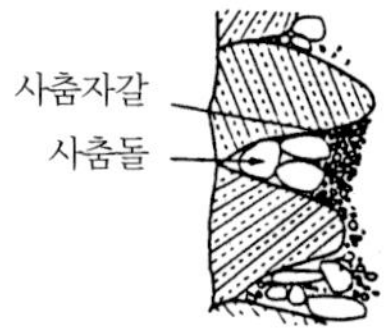

〈건쌓기〉

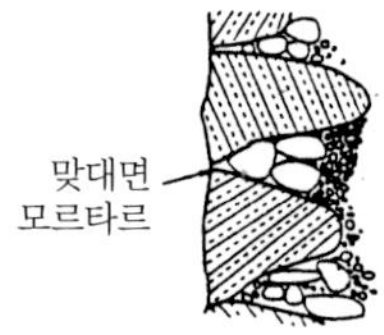

〈사춤쌓기〉

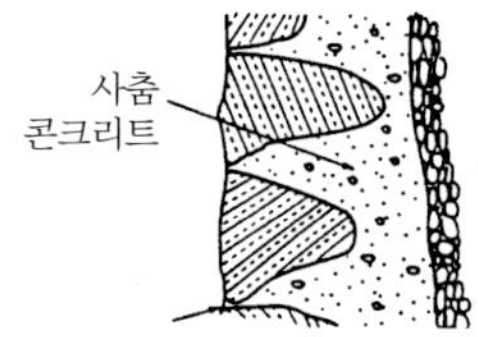

〈찰쌓기〉

6. 바닥돌 깔기의 종류

〈원형 깔기〉

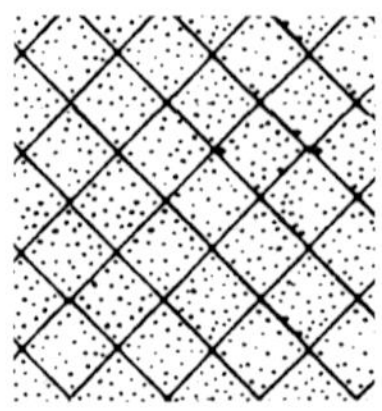
〈마름모 깔기〉

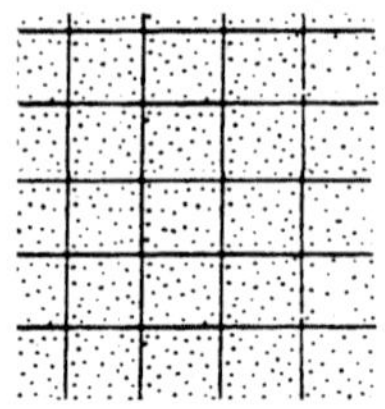
〈바둑판무늬 깔기〉

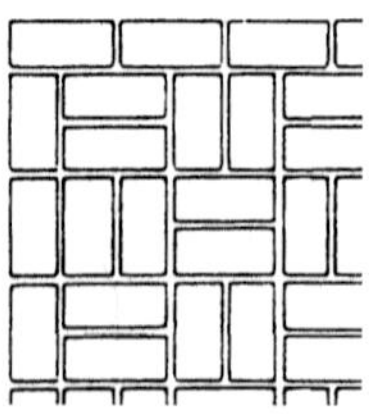
〈바자무늬 깔기〉

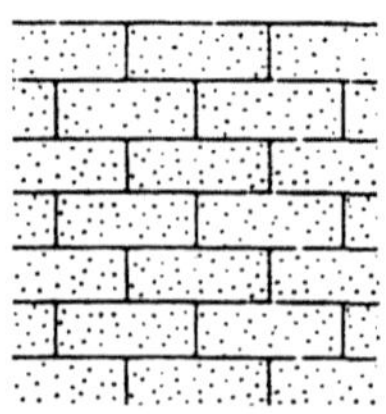
〈일자 깔기〉

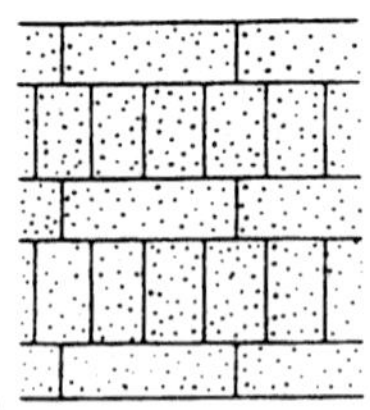
〈우물마루식 깔기〉

제8장 목공사

Ⅰ. 목재의 규격

Ⅱ. 목재의 성질

Ⅲ. 목재의 건조 및 방부법

Ⅳ. 목재의 가공 및 접합

Ⅴ. 목조 세우기 및 수장공사

I. 목재의 규격

1. 일반사항

(1) 목재의 수종

침 엽 수	① 건축용 구조재로 사용 ② 종 류 : 노송나무, 소나무, 낙엽송, 삼나무, 측백나무, 잣나무
활 엽 수	① 치장재 · 가구재로 사용 ② 종류 : 떡갈나무, 오동나무, 느티나무, 밤나무, 버드나무

(2) 목재의 용도

구조용 목재의 요구조건	① 강도가 크고, 직대재(直大材)를 얻을 수 있을 것. ② 건조변형, 수축성이 적을 것. ③ 산출량이 많고, 구입이 용이할 것. ④ 잘 썩지 않고, 충해에 대한 저항이 클 것. ⑤ 질이 좋고 공작이 용이할 것.
수장용(치장재)의 요구조건	① 결, 무늬, 빛깔 등이 아름다울 것. ② 건조가 잘된 것일 것. ③ 변형(수축, 굽음, 비틀림)이 없을 것. ④ 재질감이 우수할 것.

2. 목재의 규격 · 치수

(1) 제재목의 종류

널 재	두께 60mm 미만, 너비는 두께의 3배 이상
오 림 목	보통 6cm×6cm의 각재, 너비는 두께의 3배 미만
각 재	두께 75mm 미만, 너비는 두께의 4배미만 또는 두께, 너비가 75mm 이상

(2) 제재치수와 마무리치수

제 재 치 수	제재소에서 톱켜기한 치수로 구조재 · 수장재에 쓰인다.
마무리치수	대패질 마무리한 치수로 창호재 · 가구재에 쓰인다.
정 치 수	제재목을 지정치수대로 한 것.

(3) 목재의 정척길이

정 척 물	길이가 1.8m(6자), 2.7m(9자), 3.6m(12자)인 것.
장 척 물	길이가 정척물보다 0.9m(3자)씩 길어진 것.
단 척 물	길이가 1.8m 미만인 것.
난 척 물	6자, 9자, 12자인 정척물이 아닌 것.

3. 목재의 주문 · 검수 · 저장

(1) 주문

① 적산 시에 꾸민 목재조서(調書)를 세밀히 재검토

② 실제 소요치수 · 수량 · 품 · 재종별로 확인

③ 기성재 · 주문제재품 · 납품기일 · 대금지불 등에 대한 주문 계약서 작성

(2) 검수

① 목재의 치수와 길이가 맞는지 알아본다.

② 목재에 옹이, 갈램 등의 흠이 있는지를 알아본다.

(3) 저장(보관)시 주의사항

① 오염, 손상, 변색, 썩음을 방지할 수 있도록 저장

② 습기가 차지 않도록 저장

③ 종류, 규격, 용도별로 구별하여 저장

④ 흙, 먼지, 시멘트 가루가 묻지 않도록 저장

⑤ 직접 땅에 닿지 않게 저장한다.

⑥ 건조가 잘 되게 저장한다.

(4) 품질검사 항목

① 외관검사 ② 함수율 ③ 목재의 흠

④ 비중 ⑤ 수축률

Ⅱ. 목재의 성질

1. 심재와 변재

비교내용	심 재	변 재
비 중	크 다	작 다
강 도	크 다	작 다
신 축	작 다	크 다
내구성	크 다	작 다

2. 목재의 함수율

(1) 함수상태

전 건 재	기 건 재	섬유 포화점	생 목
0%	15%	30%	60~100%

수장재 함수율	A종(창호재, 가구재)	B종(일반 수장재)	C종
	18% 이하	20% 이하	24% 이하
구조재	18~25% 내의 것을 사용한다.		

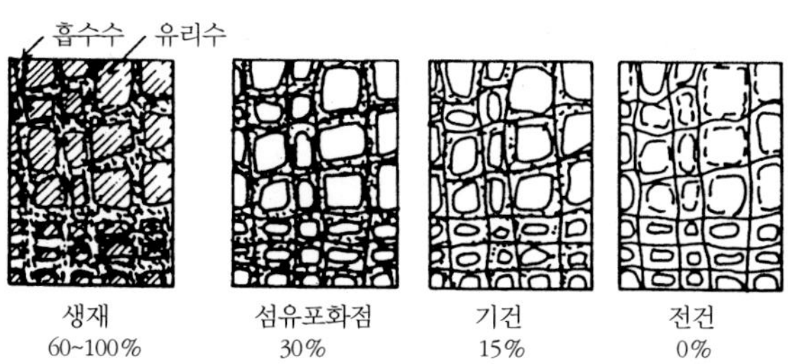

〈목재 함수상태의 변화〉

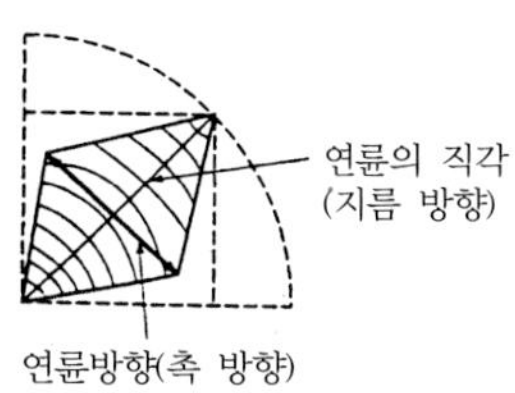

〈수축변형〉

(2) 섬유포화점

① 정의

세포막 내부가 완전히 수분으로 포화되어 있을 때의 목재의 함수율로 보통 섬유포화점의 함수율은 30% 정도이다.

② 특징

㉮ 섬유포화점 이상에서는 강도 · 신축률이 일정함.

㉯ 섬유포화점 이하에서는 함수율에 따른 강도 · 신축률의 변화가 급속히 이루어 짐.

㉰ 목재의 함수율이 섬유포화점 이하가 되면 강도가 급속히 증가

㉱ 섬유포화점 이상에서는 함수율에 강도가 거의 일정하며, 전건상태의 1/4 정도의 강도

㉲ 섬유포화점을 지나 전건상태가 되면 목재의 최저 강도(함수율은 최고)의 35% 정도 증가함.

3. 목재의 제재에 따른 명칭 및 흠

(1) 무늬의 종류

① 곧은결 : 연륜에 직각되는 방향 면

② 널　결 : 연륜에 평행되는 방향 면

③ 엇　결 : 제재목의 결이 심히 경사진

〈곧은결〉

〈널결〉

〈엇결〉

(2) 목재의 흠

① 옹이 : 나뭇가지의 밑둥이 남은 것.

② 갈라짐 : 건조수축에 따라 생긴다.

③ 껍질박이 : 목질 내부에 껍질이 남아 있는 것.

④ 썩음 : 국부적 또는 전체가 썩은 것이 있다

⑤ 혹 : 섬유가 집중되어 불룩하게 된 부분

⑥ 죽 : 제재목의 일부에 피죽이 남아 수피가 붙은 것.

⑦ 송진구멍

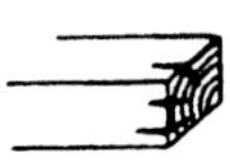

〈마구리갈램〉

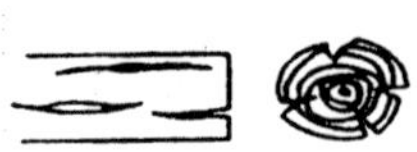

〈갈라짐〉

〈죽〉

〈껍질박이〉

〈옹이〉

Ⅲ. 목재의 건조 및 방부법

1. 목재의 건조법

(1) 자연건조법(대기건조법)

① 옥외에 방치하여 기건상태까지 건조

② 통풍이 잘되게 한다.

③ 건조시간이 오래 걸린다.

(2) 건조전 처리(수액제거법)

① 침수법 : 원목을 1년 이상 방치

② 뗏목으로 6개월 침수, 해수에 3개월 침수하여 수액 제거

(3) 인공건조법

① 실내에서 목재를 가열 또는 통풍하여 건조

② 종류 : 훈연법, 열풍법, 열기법, 증기법

2. 목재 방부(防腐)법

(1) 목재의 부식(腐蝕)

① 온도 : 균은 대개 5~45℃의 범위에서 발육하고 20~30℃가 가장 발육이 왕성하므로 인공건조법을 이용하여 건조시킨다.

② 습기 : 습도가 85% 전후로 목재 함수율이 20~50°/wt일 때 균이 발생하므로 충분히 건조된 것을 사용한다.

③ 공기 : 생물인 균도 공기가 필요하므로 이것을 배제하면 부식하지 않는다.

④ 양분 : 일반적으로 목재는 균의 영양이 되는 양분이 있는데 특히 목질부와 수피의 접촉부가 가장 풍부하여 이곳이 제일 먼저 썩는다.

(2) 유성(油性)방부제

① 크레오소트　② 콜타르　③ PCP　④ 유성페인트

(3) 방부처리 방법

① 도포법 : 크레오소트, 콜타르, 유성페인트를 표면에 바르는 것

② 침지법 : 방부액 속에 담근다.

③ 생리적 주입법 : 벌목 전 뿌리에 약액 주입한다.
④ 가압주입법 : 방부제를 가압주입한다.
⑤ 표면탄화법 : 목재의 표면을 태운다.(탄소 피막 형성)

(4) 방염제

① 규산나트륨 ② 황산암모늄 ③ 탄산나트륨 ④ 인산암모늄

Ⅳ. 목재의 가공 및 접합

1. 목재의 가공

(1) 가공 명칭

먹매김	마름질, 바심질을 하기 위해서 먹매김을 하고 가공형태를 그림
마름질	재료를 소요치수로 자른다. 재료가 많을 경우 공작도를 작성
바심질	구멍 뚫기, 홈파기, 대패질(맞춤 장부 깎아내기, 볼트구멍 뚫기 등)

(2) 가공순서

목재 건조처리 → 먹매김 → 마름질 → 바심질 → 세우기

(3) 마무리정도(대패질) 순서

① 막대패질	제재톱 자국이 간신히 없어질 정도의 거친 대패질
② 중대패질	제재톱 자국이 완전히 없어지고 평활한 정도의 중대패질
③ 마무리대패질	완전평면으로 미끈하게 되도록 하는 고운 대패질

(4) 모접기(쇠시리 : moulding)

① 정의

나무나 석재의 모나 면을 깎아 밀어서 두드러지게 또는 오목하게 하여 모양지게 하는 것.

② 종류

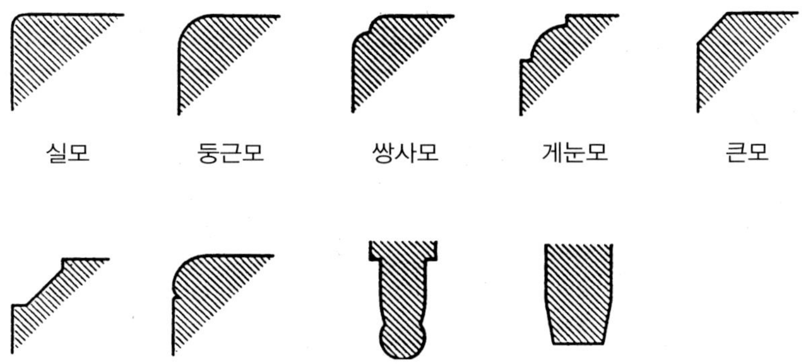

(5) 목재 가공시 주의사항

① 목재의 결점에서 이음, 맞춤을 피한다.
② 이음, 맞춤은 응력이 작은 곳에서 행한다.
③ 심재, 변재 등 목재의 건조변형을 고려한다.
④ 치장 부분은 먹줄이 남지 않게 대패질한다.
⑤ 줄구멍, 볼트구멍은 깊이를 정확하게 유지한다.

2. 목재의 접합

(1) 접합의 구분

구분	내용
이 음	재의 길이방향으로 부재를 길게 접합하는 것.
맞 춤	부재를 서로 경사 또는 직각으로 접합하는 것.
쪽 매	재를 섬유방향과 평행으로 옆대어 붙이는 것.

(2) 접합(이음 및 맞춤)시 주의사항

① 응력이 적은 곳에서 한다.
② 단면방향은 응력에 직각되게 한다.
③ 적게 깎아서 약해지지 않게 한다.
④ 모양에 치우치지 말고 간단하게 한다.
⑤ 응력이 균등하게 전달되게 한다.

3. 철물과 접착제

(1) 보강철물의 종류

못	① 못의 지름은 널두께의 1/6 이하로 한다. ② 못의 길이는 나무 두께의 2.5~3배(마구리는 3~3.5배)이다. ③ 못은 15° 정도 기울게 박는다.
꺾쇠	꺾쇠는 엇꺾쇠, 보통꺾쇠, 주걱꺾쇠가 있고 단면은 원형을 많이 사용한다.
볼트	① 볼트구멍은 볼트지름보다 2mm 이상 커서는 안 된다. ② 구조용은 12mm 이상, 경미한 곳은 9mm의 것을 사용해도 좋다.
띠쇠	보통 띠쇠, ㄱ자쇠, 감잡이쇠, 안장쇠 등이 있다.
듀벨	볼트와 같이 사용하여 듀벨은 전단력, 볼트는 안장력을 부담한다.

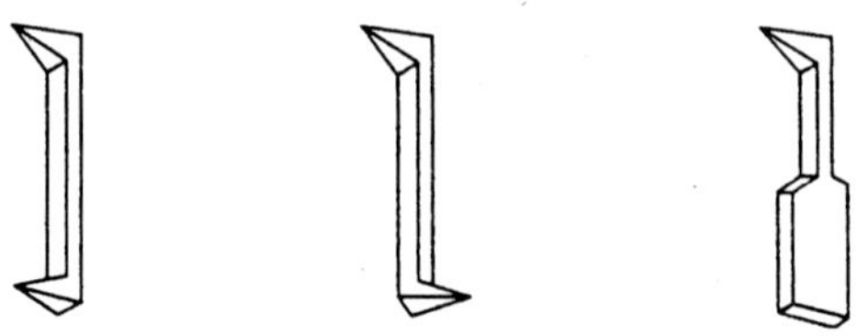

① 보통 꺾쇠　　② 엇꺾쇠　　③ 주걱꺾쇠

(2) 접착제

종 류	아교, 카세인, 합성수지(요소계, 멜라민계, 페놀계, 초산비닐계 등)
접착력 크기순서	에폭시 > 요소 > 멜라민 > 페놀(석탄산계)
내수성 크기순서	실리콘 > 에폭시 > 페놀 > 멜라민 > 요소 > 아교

V. 목조 세우기 및 수장공사

1. 시공순서

세우기 순서	① 토대 → ② 1층 벽체뼈대 → ③ 2층 마루틀 → ④ 2층 벽체뼈대 → ⑤ 지붕틀
목공사의 시공순서	① 수평규준틀 → ② 기초 → ③ 세우기 → ④ 지붕 → ⑤ 수장 → ⑥ 미장
2층주택 시공순서	① 2층 바닥 → ② 2층 천장 → ③ 1층 천장 → ④ 1층 바닥

2. 기둥의 종류

- 기둥
  - 본기둥
    - 통재기둥
    - 평기둥
  - 샛기둥
  - 조립식기둥

통재기둥	목구조에서 밑층에서 위층까지 1개의 부재로 된 기둥으로 5~7m 정도의 길이로 타 부재의 설치기준이 되는 기둥
평 기 둥	각 층별 기둥으로 설치간격은 2m 정도
샛 기 둥	본기둥 사이에 설치되는 기둥으로 설치간격은 45cm 정도

주) 본기둥은 통재기둥과 평기둥으로 모서리 · 칸막이벽과의 교차부 또는 집중하중이 오는 위치에 두고, 벽이 될 때에는 약 2m 간격으로 배치한다.

3. 보강부재

가 새	횡력에 저항하기 위해 대각선 방향으로 설치하는 경사부재
버팀대	수직재와 수평재의 모서리에 45° 경사로 설치하는 보강재
귀잡이	수평재가 서로 만나는 귀부분에 수평으로 댄 버팀대

4. 마 루

(1) 종류

- 바닥마루(1층마루) : 동바리마루, 납작마루
- 층 마 루(2층마루) : 홀(장선)마루, 보마루, 짠마루

(2) 1층 마루

종 류	시 공 순 서
동바리마루	동바리돌 → 동바리 → 멍에 → 장선 → 마룻널
납작마루	동바리돌 → 멍에 → 장선 → 마룻널

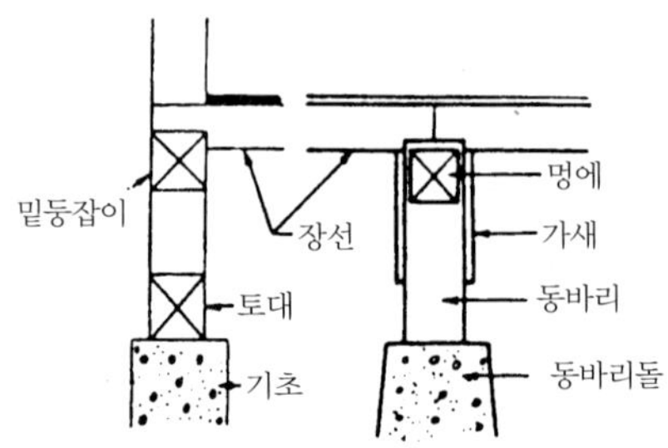

(3) 2층 마루

종 류	시공순서	간사이(span)
홀마루	장선 → 마룻널	2.4m 이하일 때
보마루	보 → 장선 → 마룻널	2.5m 이상일 때
짠마루	큰보 → 작은보 → 장선 → 마룻널	6.4m 이상일 때

(4) 마룻널 이중깔기 순서

동바리 → 멍에 → 장선 → 밑창널 깔기 → 방수지 깔기 → 마룻널 깔기

5. 반 자

(1) 종류

① 바름반자 : 콘크리트바탕, 졸대바탕, 회반죽, 모르타르 바름

② 널반자 : 치받이널반자, 살대반자, 우물반자

③ 넓은판 반자 : 합판, 금속판, 음향효과판

④ 구성반자 : 합판, 플라스틱판, 층단반자

(2) 반자틀 시공순서

① 달대받이

② 반자돌림대

③ 반자틀받이

④ 반자틀

⑤ 달대

⑥ 반자널

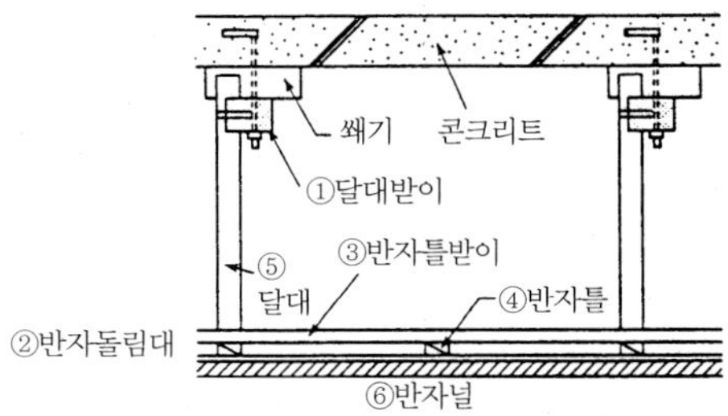

〈목재반자틀〉

6. 목조계단 설치시공 순서

① 1층 멍에, 계담참, 2층받이 보

② 계단옆판, 난간어미기둥

③ 디딤판, 챌판

④ 난간동자

⑤ 난간두겁

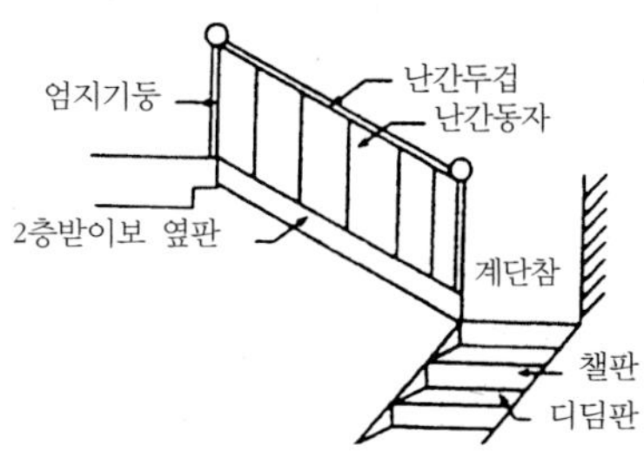

7. 판 벽

(1) 외부판벽

① 영식 비틀판벽 : 널면이 경사지고 반턱쪽매로 한 것.

② 턱솔(독일식) 비늘판벽 : 널면이 수직이고 반턱쪽매로 한 것.

③ 누름대 비늘판벽

(2) 내부판벽

기둥, 샛기둥에 띠장을 30~60cm 간격으로 대고 널을 세워댄 것.

(3) 징두리판벽

실내부의 벽 하부에서 1~1.5m 정도를 널로 댄 것, 굽도리판벽이라고도 한다.

(4) 걸레받이

벽 하부의 바닥과 접하는 부분에 높이 20cm 정도로 설치한 것.

〈걸레받이〉

제9장 지붕 및 방수공사

Ⅰ. 지붕공사

Ⅱ. 홈통공사

Ⅲ. 방수공사

I. 지붕공사

1. 일반사항

(1) 지붕재료에 요구되는 사항

① 수밀하고 내수적인 것이 좋다.
② 경량이고 내구성이 큰 것이 좋다.
③ 방화적이고 열차단성이 큰 것이 좋다.
④ 내한적, 내풍적인 것이 좋다.
⑤ 외관이 미려하고 건물과 조화되는 것이 좋다.
⑥ 시공이 용이하고 부분수리가 가능한 것이 좋다.

(2) 지붕재료 및 물매

재료	천연 슬레이트		평기와	본기와	금속판 평지붕, 아스팔트루핑	금속판 기와가락, 골슬레이트
	소형	대형				
물매(cm)	5.0	3.0	4.0	3.5	3.0	2.5

2. 슬레이트 잇기

(1) 천연 슬레이트

① 점토질의 수성암(점판암, 이판암)을 가공한 것.
② 흡수량이 적고 길이 36cm, 너비 18cm, 두께 6~9mm 정도를 쓴다.

(2) 석면 슬레이트

① 작은 평판잇기

㉮ 일자이음과 마름모이음이 주로 쓰인다.
㉯ 바탕은 지붕널 18mm 이상에 루핑이나 펠트를 깐다.

② 골판잇기

고 정	아연도금 못이나 갈고리 볼트(hook bolt)로 **중도리**에 못박아 댄다.
세로겹침	지붕물매가 3/10~5/10일 때 **10~15cm**이나 보통은 **15cm** 정도로 한다.
가로겹침	큰 골은 **0.5골**, 작은 골은 **1.5골**

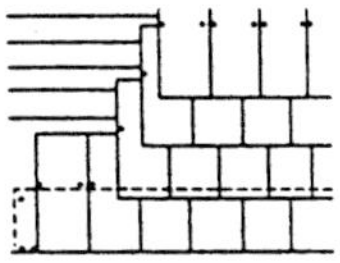 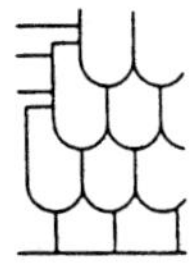 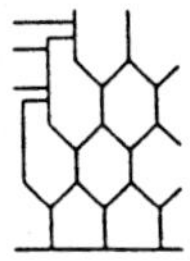 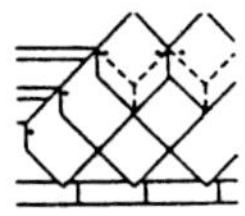 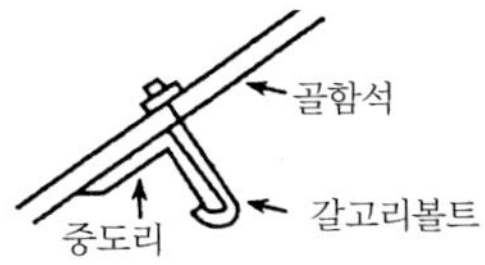

〈일자이음〉 〈비늘판이음〉〈귀갑이음〉〈마름모이음〉 〈골판고정〉

3. 금속판 잇기

(1) 일반사항

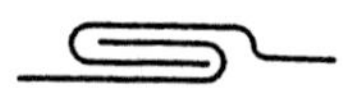

〈거멀접기〉

① 금속판은 함석판, 동판 및 알루미늄판 등이 주로 쓰인다.

② 빗물 아물림이 좋고, 경량이며, 시공이 용이하다.

③ 지붕물매 2.5cm 이상이면 비가 스며들 우려가 없다.

④ 열전도율이 커서 재료의 신축성이 있는 것이 결함이며, 그래서 판이음을 거멀접기로 한다.

(2) 재료

함 석 판	철판에 아연도금한 것으로 무연탄가스에 약하다.
동 (구 리) 판	암모니아 가스에 약하다.
알 루 미 늄 판	해변 바닷가 건물에 사용해서는 안 된다.
납 (연) 판	목재나 회반죽에 닿으면 부식되기 쉽다.
아 연 판	산과 알칼리에 약하다.

(3) 금속판 잇기

① 평판잇기 : 일자이음, 마름모 이음 60×90cm 판을 거멀쪽, 고정못으로 고정함.

② 기와가락 잇기 : 서까래 위에 지붕널을 대고 다시 서까래와 같은 방향으로 기와가락을 대고 함석판을 이은 것으로 3~6cm 각 정도의 기와가락을 서까래에 고정시킨다.

③ 골함석 잇기 : 세로 겹침은 15cm 정도, 가로겹침은 대골 1.5골 이상, 소골 2.5골 이상이다.

II. 홈통공사

1. 재 료

동판(0.3~0.5mm), 함석판(#25~#29), 플라스틱 제품(PVC : 에스론 파이프) 등이 쓰인다.

2. 홈통의 종류

구분	내용
처마홈통	① 물매 : 1/200~1/500 처마 끝에 설치한 홈통으로 안, 밖 홈통이 있다. ② 홈걸이 간격은 90cm ③ 보통 바깥홈통으로 하고 원형, 상자형, 쇠시리형 등이 있음.
깔때기 홈통 (끝홈통)	처마홈통에서 선홈통까지 연결, 기울기 15° 정도
장식 홈통	① 우수의 넘쳐흐름 방지 ② 우수의 방향 전환 ③ 장식 역할 ④ 깔때기와 선홈통의 연결 역할
선홈통	① 처마길이 10m 이내마다 설치 ② 홈걸이 간격은 90~120cm ③ 선홈통 하부 1.5m는 철관으로 보호관을 댐.
누인홈통	2층에서 1층 처마홈통까지 연결한 홈통(1층 지붕면 따라 설치)

3. 우수(雨水)처리 순서

① 처마홈통
② 깔때기 홈통
③ 장식홈통
④ 선홈통
⑤ 보호관
⑥ 낙수받이돌

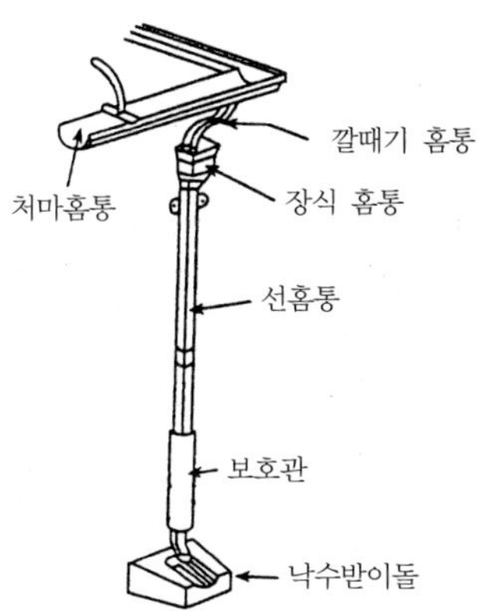

Ⅲ. 방수공사

1. 공법 분류

(1) 재료상

① 아스팔트 방수

② 시멘트 액체 방수

③ 합성고분자 방수

㉮ 도막 방수 ㉯ 시트(sheet) 방수
㉰ 실재(seal) 방수 ㉱ 혼화제 모르타르 방수

(2) 멤브레인 방수

① 아스팔트 방수

㉮ 열공법 ㉯ 상온공법(냉공법) ㉰ 토치공법

② 시트방수

㉮ 재료상(: 합성고무계, 합성수지계, 고무화 아스팔트계)
㉯ 시공법상(: 노출공법, 보호누름공법, 단열공법)

③ 도막방수

㉮ 재료상
- 용제형(solvent) : 네오프렌계, 하이파론계
- 유제형(emulsion) : 아크릴수지, 초산비닐계 수지
- 에폭시형(epoxy) : 에폭시수지

㉯ 시공상
- 라이닝공법 : 유리섬유, 합성섬유를 적층하여 도포
- 코팅공법 : 단순 도포

(3) 외부 벽면 방수공법

① 시멘트 액체방수법

② 수밀재 붙임법

③ 침투성 방수법

2. 아스팔트 방수

(1) 재료

① 천연 아스팔트

아스팔트 타이트(asphalt tight)	방수, 포장, 절연재료의 원료로 사용
로크 아스팔트(rock asphalt)	역청분이 모래, 사암에 침투되어 있는 것.
레이크 아스팔트(lake asphalt)	도로포장, 내산공사에 사용

〈아스팔트방수 원료 및 시공 장면〉

② 석유 아스팔트

스트레이트 아스팔트 (straight asphalt)	신축이 좋고, 접착력도 우수하지만 연화점이 낮아 지하실, 아스팔트로 사용한다.
블로운 아스팔트 (blown asphalt)	비교적 연화점이 높고 온도에 예민하지 않으므로 지붕방수에 주로 사용한다.
아스팔트 컴파운드 (asphalt compound)	블로운 아스팔트에 동식물성 기름과 광물성 분말을 혼입하여 성질을 개량한 최우량품의 아스팔트
아스팔트 프라이머 (asphalt primer)	아스팔트를 휘발성 용제로 녹인 것으로 방수 시공시 밑바탕에 도포하여 모재와 방수층의 부착을 좋게 한다.
콜타르(coal tar)	① 비중 1.1~1.3, 인화점 ; 아스팔트보다 낮다. ② 방수포장, 방수도료, 방부제로 사용

〈프라이머 도포 장면〉

③ 아스팔트 재료의 품질검사 항목

침입도 (針入度)	아스팔트 양부를 판별하는 데 가장 중요한 아스팔트의 경도를 나타내는 것으로서, 25℃에서 100g 추를 5초 동안 바늘을 누를 때 0.1mm 들어가는 것을 침입도 1이라 한다.
감온비	아스팔트의 온도변화에 따른 침입도의 변화정도를 나타내는 수치
연화점	아스팔트를 가열하여 액상의 점도에 도달했을 때의 온도를 나타낸다.
인화점	아스팔트를 가열하여 불을 대는 순간 불이 붙을 때의 온도
신 도	아스팔트 신장(伸張)되는 늘임의 정도

〈내피로시험〉

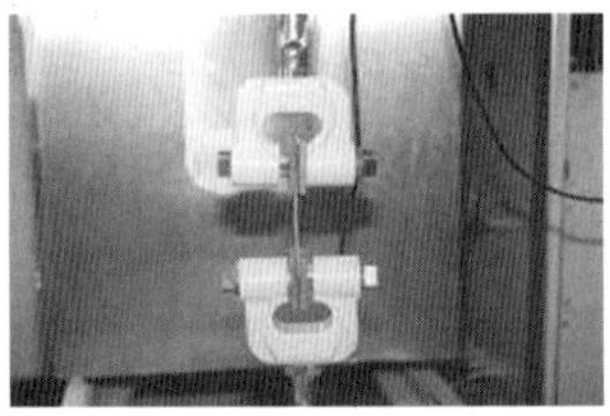

〈인장강도시험〉

〈투수시험〉

(2) 아스팔트 제품

아스팔트 펠트 (asphalt felt)	유기성 섬유(양모, 폐지)를 펠트상으로 만든 원지에 스트레이트 아스팔트를 가열용해해서 흡수시켜 만든다.
아스팔트 루핑 (asphalt roofing)	원지에 아스팔트를 침투시키고, 양면에 컴파운드를 피복하고 광물질 분말을 살포시킨다.(내산, 내염성이 있음)
아스팔트 유제 (asphalt emulsion)	스트레이트 아스팔트를 가열하여 액상으로 만들고 유화제를 혼합한 것.(대부분 도로포장에 사용)
아스팔트 코팅 (asphalt coating)	아스팔트, 가솔린, 석면 등을 혼입, 방수층 치켜올림부에 사용

〈아스팔트 루핑제품〉

(3) 방수층 시공순서

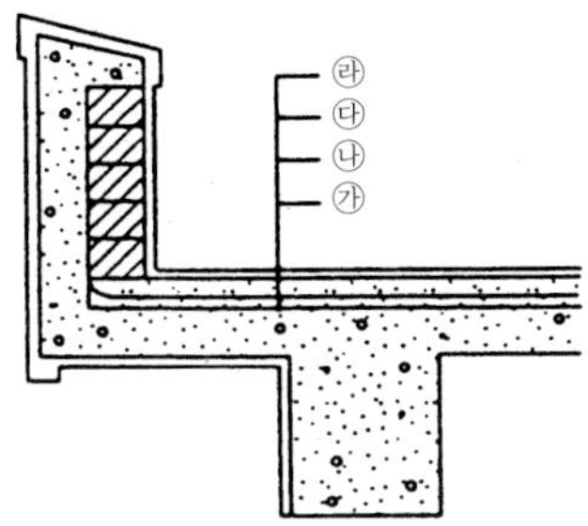

① 방수층을 세분하지 않을 경우

㉮ 바탕모르타르 바름 시공
㉯ 아스팔트 방수층 시공
㉰ 보호누름 시공
㉱ 보호모르타르 시공

② 8층 방수(3겹)인 경우

㉮ 1층 : 아스팔트 프라이머
㉯ 2층 : 아스팔트
㉰ 3층 : 아스팔트 펠트
㉱ 4층 : 아스팔트
→ 1겹

㉲ 5층 : 아스팔트 루핑
㉳ 6층 : 아스팔트
→ 2겹

㉴ 7층 : 아스팔트 루핑
㉵ 8층 : 아스팔트
→ 3겹

(4) 방수층 시공시 유의사항

① 시공바탕의 결함부분은 보수하고 청소한 뒤 모르타르 배합 1 : 3으로 15cm 정도 바르고 완전 건조시킨다.(함수율 8% 이하)

② 배수구 주위를 1/100 정도 물흘림경사를 주고 구석, 모서리 치켜올림 부분은 부착이 잘 되도록 둥글게 3~10cm 면접어 둔다.(일반적인 물매 1/200 정도)

③ 펠트의 겹침은 엇갈리게 하고, 가로 세로 90mm 이상, 귀, 모서리는 300mm 이상 망우루핑으로 덧붙임한다.

④ 신축줄눈은 3~5m마다(모르타르 얇은 줄눈일 때는 1m 마다) 너비 1.5cm 깊이는 방수층까지 자르고, 마무리 3cm 밑까지 모래충진 그 위 줄눈은 아스팔트 컴파운드나 블로운 아스팔트로 충진한다.

⑤ 기온이 0℃ 이하가 되면 작업을 중지한다.

3. 시멘트 액체방수

(1) 방수층 시공순서

1공정
① 1층 : 방수액 침투
② 2층 : 시멘트풀(paste)
③ 3층 : 방수액 침투
④ 4층 : 시멘트 모르타르

2공정
⑤ 5층 : 방수액 침투
⑥ 6층 : 시멘트풀(paste)
⑦ 7층 : 방수액 침투
⑧ 8층 : 시멘트 모르타르

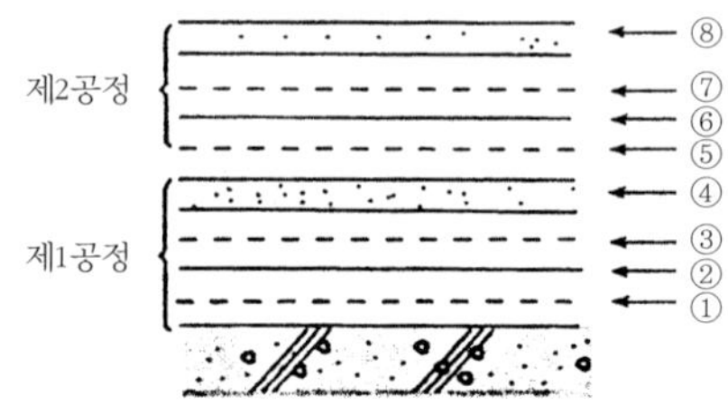

* 1공정과 같은 공정을 2~3회 반복한 후 표면을 보호방수 모르타르로 마무리한다.

(2) 방수층 시공시 유의사항

① 바탕처리는 수밀하고, 견고 평탄하게 한다.(물매 : 1/200 정도)

② 배수구로 물매 1/100 정도, 깊이 6mm, 너비 9mm, 간격 1m 내외의 줄눈을 설치

③ 원액을 5~10배 희석한 것을 모체에 1~3회 침투시킨다.

④ 방수 모르타르 배합비 1 : 2~1 : 3 정도, 매회 바름두께 6~9mm, 전체두께 1.2~2.5cm 정도로 한다.

〈시멘트액체방수 시공 장면〉

⑤ 방수 모르타르는 강도에 관계없이 방수능력이 큰 것으로 하고, 바름 바탕은 거칠게 한다.

4. 도막방수

(1) 정의

도료상의 방수제를 여러 번 칠하여 상당한 두께의 방수막을 형성하는 공법

(2) 특징

① 내후, 내약품성 우수
② 시공간단, 보수용이
③ 노출공법 가능, 경량
④ 균일두께 시공곤란
⑤ 바탕균열에 의한 파단 우려
⑥ 방수 신뢰성이 적다.

〈도막방수 시공 장면〉

(3) 재료의 분류

유제형 도막방수 (emulsion형)	① 수지, 유지를 여러 번 발라서 0.5~1mm의 피막 형성 ② 바탕 1/50의 물흘림경사 ③ 다소 습기가 있어도 시공가능, 보호층을 둔다. ④ 우천시 동기 시공(2℃ 이하)은 피한다.
용제형 도막방수 (solvent형)	① 합성고무를 솔벤트에 녹여 0.5~0.8mm의 방수 피막 형성 ② 시트와 같은 피막형성, 고가품, 최상층 마무리에 사용 ③ 시공 간단, 착색이 용이, 충격에 약하므로 보호층이 필요
에폭시계 도막방수	① 에폭시수지를 여러 번 발라 0.1~0.2mm의 얇은 도막형성 ② 내약품성, 내마모성 우수, 화학공장 바닥 방수층에 적당

5. 시트(sheet) 방수(합성고분자 루핑 방수)

(1) 정의

합성고무 또는 합성수지를 주성분으로 하는 시트 1겹을 접착제로 바탕에 붙여서 방수층을 형성하는 공법

〈시트방수 시공 장면〉

(2) 공법 분류

- 재료상
  - 합성고무계
    - 가황고무계
    - 비가황고무계
  - 합성수지계
    - 염화비닐고무계
    - 에틸렌비닐고무계
  - 고무화 아스팔트계

- 시공법상
  - 노출공법
  - 보호누름공법
  - 단열공법

(3) 시공순서

① 일반적 공법 시공순서

㉮ 바탕처리 → ㉯ 프라이머칠 → ㉰ 접착제 칠 → ㉱ 시트붙이기 → ㉲ 마무리

② 단열공법 시공순서

㉮ 바탕처리 → ㉯ 단열재 깔기 → ㉰ 접착제 도포 → ㉱ 시트붙이기 → ㉲ 보강붙이기 → ㉳ 조인트 실(seal) → ㉴ 물채우기 시험

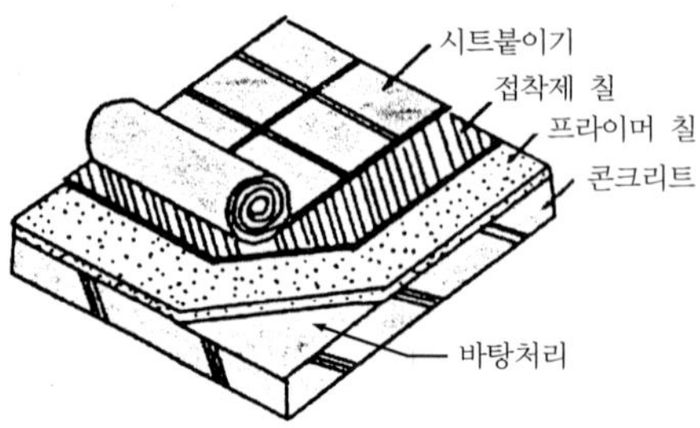

〈시트 방수〉

(4) 접착공법

① 종류

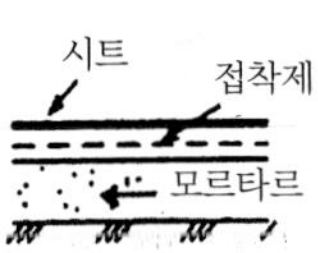

〈온통접착〉

〈줄접착〉

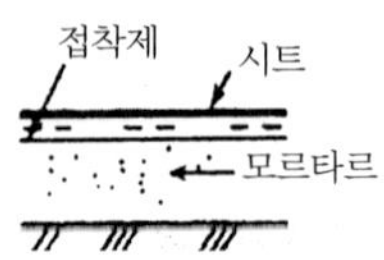

〈점접착〉

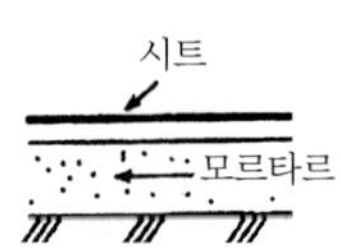

〈갓(들뜬)접착〉

② 시트 상호접착 이음

㉮ 겹친 이음 : 겹친 너비는 5cm 이상

㈏ 맞댄 이음 : 겹친 너비는 10cm 이상

(5) 시공 일반사항 및 유의사항

〈시트방수 이음부분 접합 장면〉

① 방수능력이 우수하고, 시공이 간단, 공기단축이 가능하다.

② 방수층 치켜올림부는 3~5cm 둥글게 면접어 붙이고, 접합부 및 붙임마감부는 테이프로 보강하고, 실재로 충진 수밀하게 한다.

③ 방수누름층의 신축줄눈 간격 ; 4m 안팎 또한 패러핏 및 옥탑 등 모서리와 치켜올림면에서 0.6~1m 높이의 위치에 설치

④ 현장에서 5cm 깊이로 24시간 동안 침수시키는 누수시험을 행한다.

6. 방수공법 비교

(1) 장 · 단점에 대한 비교

구분	내용
아스팔트 방수	시공비, 인건비가 많이 들며, 방수효과는 보통이고, 보호누름이 필요하다.
시멘트 액체방수	시공이 간단하며, 비교적 저렴하게 시공할 수 있고 결함부의 발견이 용이하다.
시트 방수	신장성과 내후성이 우수하고, 보호누름이 필요하며, 결함부의 발견이 매우 어렵다.

(2) 아스팔트 방수와 시멘트 액체방수의 비교

내 용	아스팔트 방수공사	시멘트액체 방수공사
(가) 바탕처리	모르타르 바름	불필요
(나) 외기영향	적다.	직감적이다.
(다) 방수층 신축성	크다.	작다
(라) 균열발생	안 생김	잘 생김
(마) 시공용이	번잡하다.	용이하다.
(바) 시공시일	길다.	짧다.
(사) 보호누름	필요하다.	안 해도 무방하다.

내 용	아스팔트 방수공사	시멘트액체 방수공사
(아) 공사비	비싸다.	싸다.
(자) 결함부 발견	용이하지 않다.	용이하다.
(차) 보수범위	광범위하다.	국부적이다.
(타) 방수성능	신뢰할 수 있다.	신뢰도가 작다.

(3) 안방수와 바깥방수의 비교

① 장 · 단점 비교

바깥방수	방수층 시공이 복잡하여 공사비는 고가이지만 수압이 큰 곳에 사용할 수 있다.
안 방 수	방수층 시공이 간단하여 공사비는 저렴하지만 수압이 작은 곳에만 사용한다.

참고

구 분	안 방 수	바 깥 방 수
사용환경	수압이 적고 얕은 지하실	수압이 크고 깊은 지하실
공사시기	자유롭다	본공사에 선행한다
내수압성	작다	크다
경 제 성	싸다	고가이다
보호누름	필요하다	없어도 무방하다

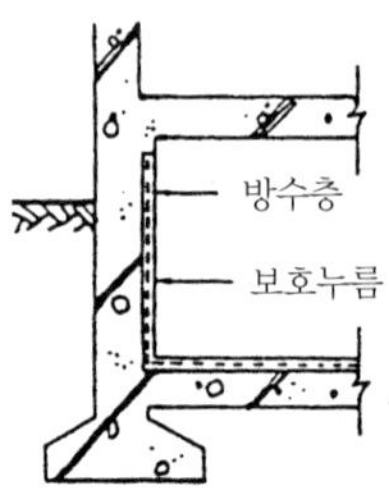

〈안방수〉

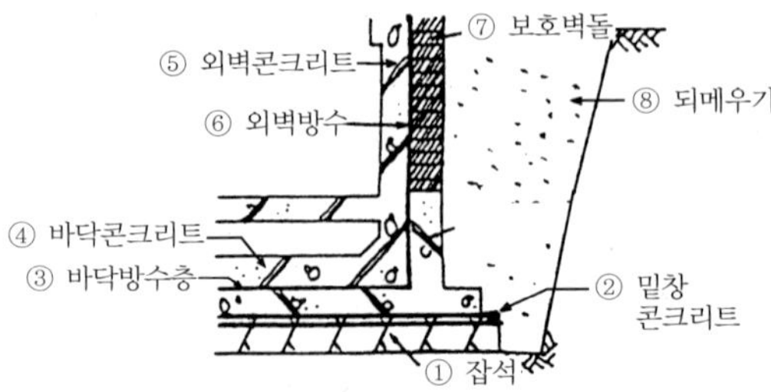

〈바깥방수〉

② 지하실 바깥방수법 시공순서

잡석다짐 → 밑창(버림) 콘크리트 → 바닥 방수층 시공 → 바닥콘크리트 → 외벽 콘크리트 → 외벽 방수 → 보호누름 벽돌쌓기 → 되메우기

6. 실(seal)재 방수

(1) 정의

국부 방수재로서 각종 재료의 접합부, 창호 주위, 균열보수 등에 사용

(2) 종류

- 실재
  - 성형 실재
    - 퍼티(putty)
    - 개스킷(gasket)
  - 비성형 실재
    - 코킹(비탄성형)
      - 유성 코킹재
      - 아스팔트 코킹재
    - 실런트(탄성형)
      - 실리콘계 실런트
      - 우레탄계 실런트
      - 폴리설파이드계 실런트

① 성형 실재

퍼티(putty)	탄성 복원력이 적고 새시 접합부에 사용한다.
개스킷(gasket)	네오프렌과 연질염화비닐이 많이 쓰이고, H · Y · U형이 있다.

② 코킹(caulking)재

유성 코킹재	코킹 건(gun)과 주걱으로 시공
아스팔트 코킹재	블로운 아스팔트에 석면, 충전재를 섞은 것

③ 실런트(sealant)

실리콘계	1성분형(사전에 시공할 수 있게 조정되어 있는 것
폴리설파이드계	2성분형(기제에 경화제를 조합하여 사용)

(3) 요구성능

① 부재에 밀착하여 접착성을 확보할 것(;접착성).

② 내구성, 내후성, 내약품성이 클 것.

③ 실링재 표면에 곰팡이 발생이 생기지 않을 것(;비오염성).

④ 시공이 용이할 것.

※ 실재 3대 요소 ; 접착성, 내구성, 비오염성

(4) 실재 검사항목

① 움직임(movement)의 종류 및 크기에 관한 검사
② 피접합재와의 접착성에 관한 검사
③ 작업성에 관한 검사
④ 내구성, 내오염성에 관한 검사

7. 실베스터(sylvester) 방수

(1) 정의

모르타르 또는 콘크리트에 명반과 비눗물의 뜨거운 용액을 일정한 간격을 두고 여러 번 바름하여 방수층을 구성하는 공법으로 침투성 방수의 일종이다.

(2) 특징

① 구조체의 표면 손상이 발생하지 않는다.
② 재료구입이 용이하다.
③ 구조체의 흡수방지 효과로 동해 · 백화 · 풍화를 방지할 수 있다.
④ 장시간 경과 후에는 방수효과가 떨어진다.

(3) 시공순서

① 바탕면의 이물질, 들뜸, 레이턴스 등을 제거한다.
② 명반 5% 용액+비누 7% 용액을 혼합한다.
③ 뜨거운 용액을 시간간격을 두고 여러 번 바른다.
④ 침투상태를 확인하고 시험한다.
⑤ 48시간 이상 초기 양생한다.

8. 벤토나이트(bentonite) 방수

(1) 정의

벤토나이트가 물을 많이 흡수하면 팽창하고, 건조하면 극도로 수축하는 성질을 이용한 방수공법이다.

(2) 방수재의 구조

① 바탕층 : Sheet · Panel · Mat

② 벤토나이트층 : 압밀 벤토나이트

③ 보호층 : 그물망사

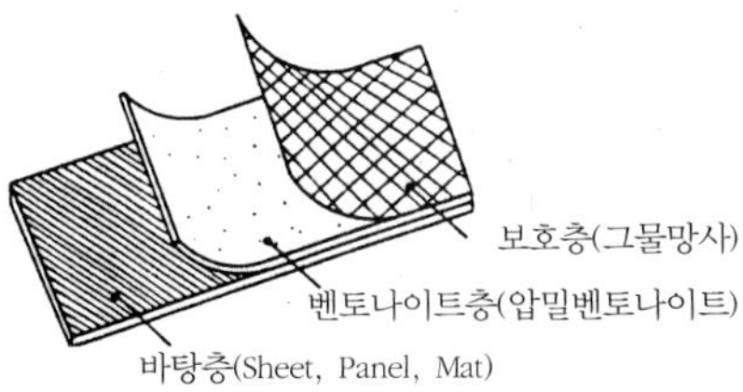

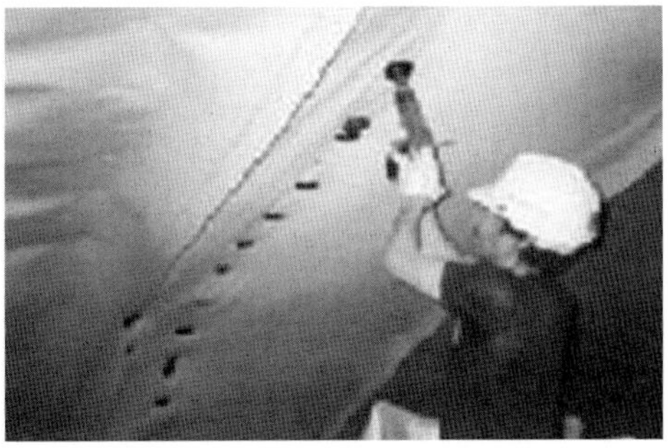

〈벤토나이트방수 시공 장면〉

(3) 특징

① 시공이 간편하고 신속하다.

② 자동 보수기능(self - sealing) 겸비

③ 방수에 대한 신뢰도가 높다.

④ 까다로운 구조물에는 뿜칠로 시공이 가능하다.

⑤ 외방수공법으로 이상적인 공법이다.

제10장 창호 및 유리공사

Ⅰ. 창호공사

Ⅱ. 유리공사

I. 창호공사

1. 목재 창호공사

(1) 일반사항

구분	내용
재　　료	홍송, 삼송, 적송, 가문비나무, 나왕, 느티나무, 티크 등의 재료로 함수율 13~15%인 곧은결, 거심재를 사용하며, 접착제는 페놀, 요소, 멜라민, 수지 등을 사용한다.
주 문 치 수	설계도의 창호재 치수는 마무리 치수이므로 3mm 정도 크게 주문(중대패 마무리)
마 름 질	창문크기에 따라 부재를 소요길이로 자르는 일(선대 : 3cm, 막이대 : 5~10cm 정도 크게 자름)
장　　부	① 외장부 두께는 울거미 두께의 1/3 ② 쌍장부는 각각 1/5 정도, 중요한 장부는 내다지 장부로 하고, 벌림쐐기 아교풀칠을 한다.

(2) 창호의 종류

구분	내용
문의 종류	외여닫이, 쌍여닫이, 미닫이, 미세기, 자재문, 회전문, 접문 등
창의 종류	붙박이, 외여닫이, 쌍여닫이, 미세기, 오르내리, 회전미들창, 젖힘창 등
널합판문	널문, 양판문(한장, 두장, 4장, 6장, 프랑스식, 징두리 양판문 등), 합판문, 플러쉬문

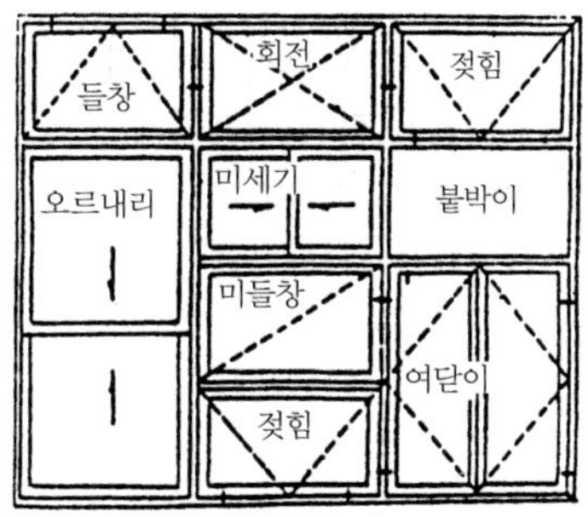

(3) 창호용어

박배(朴排)	창문을 창문틀에 다는 일
여밈대	미세기 또는 오르내리기창이 서로 여며지는 선대
마중대	미닫이 또는 여닫이 문짝이 서로 맞닿는 선대
풍소란(風小欄)	창호가 닫아졌을 때 각종 선대 등 접하는 부분에 틈새가 나지 않도록 대어 주는 것.
비막이 소란	창문틀에 빗물이 들어가지 못하게 위틀이나 밑막이대에 물끊기 역할을 위하여 덧대는 부재
멀리온(mullion)	창면적이 클 때 기존의 창문틀을 보강해주는 중간선대

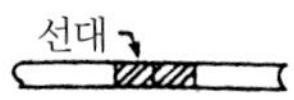

〈마중대〉

〈여밈대〉

〈풍소란〉

〈멀리온〉

(4) 창호제작순서

① 창호평면도(공작도 작성) → ② 창문틀의 실측 → ③ 재료주문 → ④ 마름질 및 바심질 → ⑤ 창호조립 → ⑥ 마무리

2. 강재 창호공사

(1) 일반사항

개　　요	① 공장에서 제작하여 현장에서는 조립 설치 ② 설치공법은 나중세우기와 먼저세우기가 있으나, 나중세우기를 많이 이용(목재창호는 보통 먼저세우기)
설치 정밀도	① 틀의 대칭치수 차 : 3mm 이내 ② 틀, 문의 뒤틀림, 휨, 부풀음 : 2mm 이내 ③ 틀의 기울기 : 2mm 이내
설치시 유의사항	① 강제창호의 설치는 공정표 및 시공요령서 순서에 따른다. ② 부품 취급에 주의하여 손상이 생기지 않게 한다. ③ 설치시 정밀도 허용오차의 범위를 넘지 않게 한다.

(2) 제작순서

① 원척도 작성 → ② 녹떨기 → ③ 변형바로잡기 → ④ 금매김 → ⑤ 절단 → ⑥ 구부리기 → ⑦ 조립 → ⑧ 용접 → ⑨ 접합부 검사(마무리)

(3) 현장설치 순서(나중세우기)

① 현장 반입 → ② 변형 바로잡기 → ③ 녹막이칠 → ④ 먹매김 → ⑤ 구멍파기, 따내기 → ⑥ 가설치 및 검사 → ⑦ 문음발고정 → ⑧ 창문틀 주위 모르타르 사춤 → ⑨ 보양

3. 알루미늄 창호공사

(1) 장·단점

장 점	단 점
① 비중이 철의 약 1/3 정도로 가볍다. ② 녹슬지 않고, 사용연한이 길다. ③ 내식성이 강하고 착색이 가능하다. ④ 공작이 자유롭다. ⑤ 여닫음이 경쾌하다.	① 철재에 비해 강도가 약하다. ② 콘크리트, 모르타르, 회반죽 등 알칼리에 약하다. ③ 내화성 및 염분에 약하다. ④ 이질금속과 접하면 부식된다.

(2) 성능 구분 항목

① 수밀성 ② 기밀성 ③ 내풍압성 ④ 단열성 ⑤ 방음성

(3) 공사시 주의사항

① 모르타르, 회반죽 등 알칼리에 약하므로 직접 접촉을 피한다.
② 철재보다 강도가 약하므로 공작, 설치, 운반시 취급손상에 주의한다.
③ 이질재 접촉시 부식되므로 동일재료의 창호철물을 사용하거나 녹막이칠한다.

(4) 강재 셔터

폭 8m, 높이 4m 이하인 감아넣기식 셔터에 적용

① 셔터의 종류

분 류	종 류
개 폐 형 식	상부 감아넣기, 오버슬라이드, 수평셔터
개폐구동방식	수동식, 전동식, 수압열림식 셔터, 퓨즈장치식(방화셔터)
사 용 목 적	방화용, 방연용, 내풍용, 차음용, 방범용

② 설치부품

㉮ 홈대(guide rail)
㉯ 셔터케이스(shutter case)
㉰ 로프 홈통
㉱ 핸들 박스
㉲ 슬랫

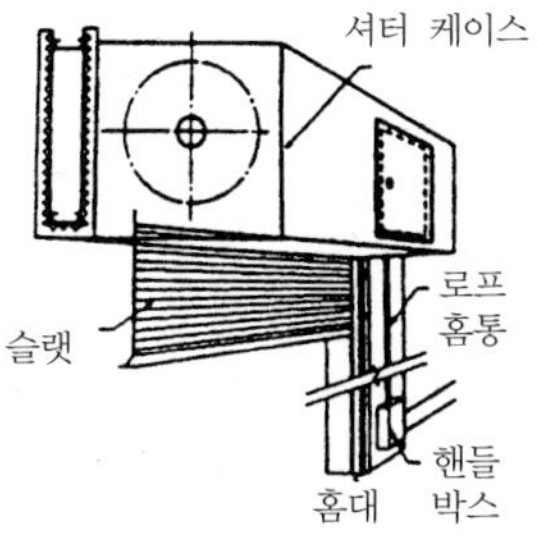

4. 창호의 종류와 용도

(1) 종류와 용도

종 류	창호철물 및 특징	용 도
행거 도어	대형호차를 레일 위와 문 양옆에 부착	창고, 격납고, 차고 등 대형문
주름문(holding door)	문을 닫았을 때 창살처럼 되는 문	방도(防盜)용
무테문	강화유리(12mm), 아크릴판(20mm), 울거미 없이 설치한다.	현관용(자동개폐장치)
아코디언 도어	상부 행거 롤러, 하부는 중앙 지도리가 쓰인다.	칸막이용
회전문	회전 지도리 사용	방풍용(온도조절)
셔터	홈대, 셔터 케이스, 로프 홈통, 핸들 상자로 구성	방화(防火)용

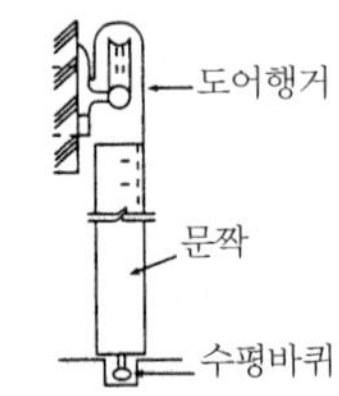

〈행거 도어〉

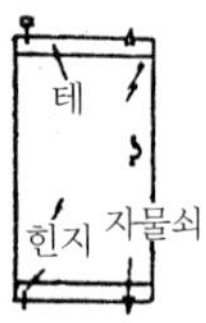

〈무테문〉

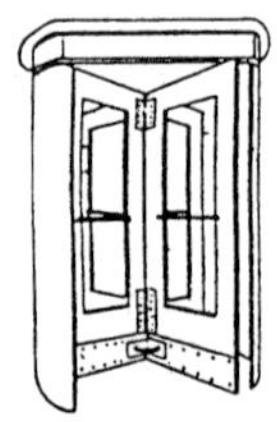
〈회전문〉

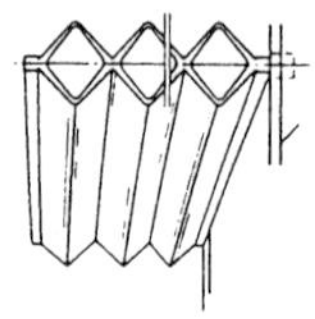
〈아코디언 도어〉

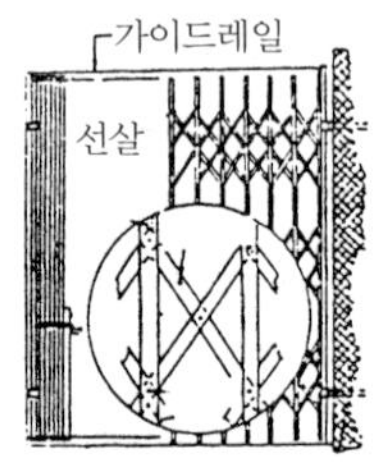

〈주름문〉

〈행거 도어〉

〈회전문〉

〈회전문(접힌 모양)〉

〈무테문〉

〈주름문〉

〈아코디언 도어〉

(2) 창호의 성능표시 항목

① 강도　② 내풍압성　③ 내충격성　④ 기밀성
⑤ 수밀성　⑥ 차음성　⑦ 단열성　⑧ 개폐성

5. 창호철물

(1) 종류

자유정첩	스프링 힌지, 안팎으로 개폐할 수 있는 정첩, 자재문에 사용
Lavatory Hinge	공중전화 박스, 공중화장실에 사용, 15cm 정도 열려진 것.
Floor Hinge	정첩으로 지탱할 수 없는 무거운 자재 여닫이문에 사용. (현관문에 사용)
Pivot Hinge	용수철을 쓰지 않고 문장부식으로 된 힌지. 가장 중량문에 사용 (방화문)
Door Closer = Door Check	문 위틀과 문짝에 설치하여 자동으로 문을 닫는 장치
창개폐 조절기	창 수위조절기라고도 한다. 여닫이창, 젓힘창의 개폐 조절
도어홀더(Door stay)	도어스톱에 고리쇠나 꽂이쇠가 달려서 문열림이나 닫힘 방지
Door stop	문이 벽에 충돌하여 파손되는 것을 방지하는 것으로 바닥매립형과 벽매립형이 있다.
오르내리 꽂이쇠	쌍여닫이문(주로 현관문)에 상하고정용으로 달아서 개폐방지
크레센트	오르내리창이나 미세기창의 잠금장치(자물쇠)

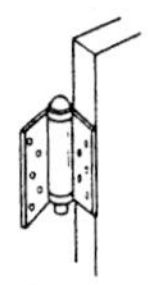
〈자유정첩〉

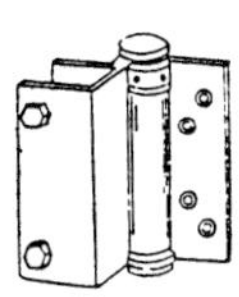
〈레버토리 힌지〉

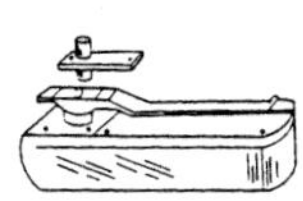
〈플로어 힌지〉

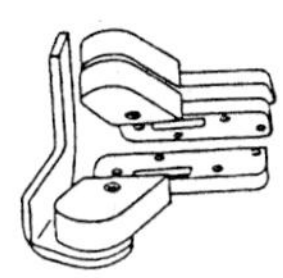
〈피벗 힌지〉

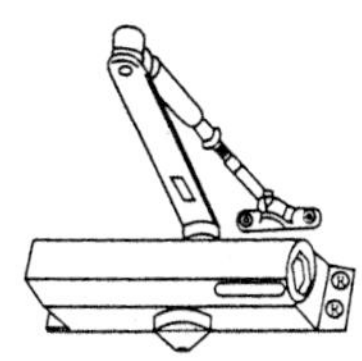
〈도어 클로저〉

〈도어 홀더〉

〈도어 스텝〉

〈오르내리 꽂이쇠〉

〈크레센트〉

〈플로어 힌지〉

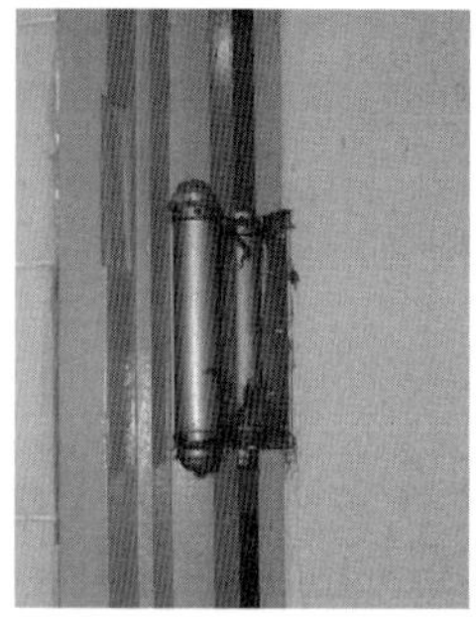

〈레버토리 힌지〉

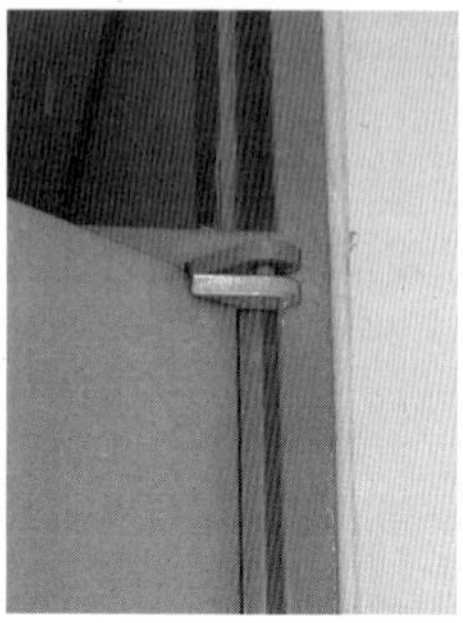

〈피벗 힌지〉

〈도어체크〉

〈도어스톱〉

(2) 창호분류별 철물정리

여닫이문(창)	정첩, 레버토리 힌지, 도어 클로저, 피벗 힌지, 플로어 힌지, 도어 스톱
미세기, 미닫이문(창)	레일, 호차(문바퀴), 오목손걸이, 꽂이쇠, 도어 행거
오르내리창	도르래, 끈, 크레센트, 추
회전문	지도리

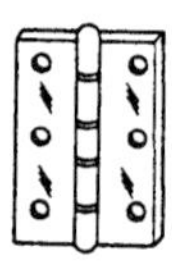

〈보통 정첩〉

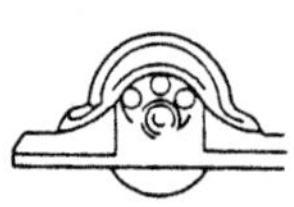

〈호차〉

〈오목손걸이〉

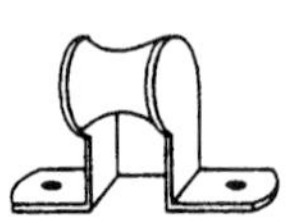

〈도르래〉

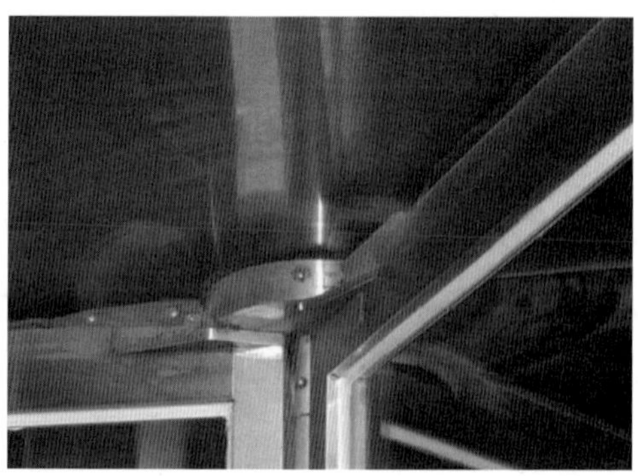

〈지도리〉

Ⅱ. 유리공사

1. 유리의 장 · 단점

장 점	단 점
① 반영구적, 내구성 ② 불연재 ③ 빛 시선의 투과	① 충격에 약해 파손되기 쉽다. ② 불에 약하다. ③ 두께가 얇아서 단열, 차음효과가 적다.

2. 유리의 종류

(1) 건축 창호용 유리 종류

종 류	특 징	용도 및 비고
보통판유리	① 판유리의 두께는 2~5mm가 사용 ② 정일품유리 : 3mm (9.29m²를 1상자 단위로 판매함) ③ 박판유리 : 6mm 미만 판유리 ④ 후판유리 : 6mm 이상, 실내차단용 칸막이벽, 통문, 기구 등	• 일반 창유리
망입유리	① 유리판 중간에 철선(망)을 넣은 것. ② 화재 등의 파손시 산란하는 위험 방지	• 방도용, 방화용 • 유류창고
강화유리	① 보통유리에 비해 강도가 3~5배 크다. ② 내열성이 우수하다. ③ 파손시 안전하다. ④ 현장가공이 불가능하므로 필요한 가공을 열처리 전에 해두어야 한다.	• 자동차의 유리
복층유리 (pair glass) (=이중유리)	건조공기층을 사이에 두고 판유리를 이중으로 접합하여 테두리로 둘러서 밀봉한 유리	① 단열 ② 방음 ③ 결로 방지
접합유리 (=합판유리)	① 2장 이상의 유리판을 합성수지로 겹붙여 댄 것으로 강도가 크다. ② 방탄의 효과가 우수하다. ③ 여러 겹이라 다소 하중이 크지만 견고하다. ④ 절단이 용이하다.	• 건물의 진열창, 방탄, 고층건물

종 류	특 징	용도 및 비고
유리블록	투명유리로서 열전도가 적고 상자형	• 계단실 채광용, 의장용
프리즘유리	한 면이 톱날 모양의 홈이 있어 광선을 조절, 확산하며 실내를 밝게 하는 유리	• 지하실 채광
형판유리 (=무늬유리)	① 두께 2~5mm의 반투명판 유리 ② 판유리의 한 면에 각종 무늬를 돋운 것.	• 출입문, 스크린
자외선 투과유리	위생상 좋은 자외선을 투과하는 유리	• 병원, 온실, 일광욕실, 요양소
자외선 차단유리	물질의 노화와 변색을 방지하기 위하여 사용하는 것	• 의류진열장, 박물관 진열장, 약품창고

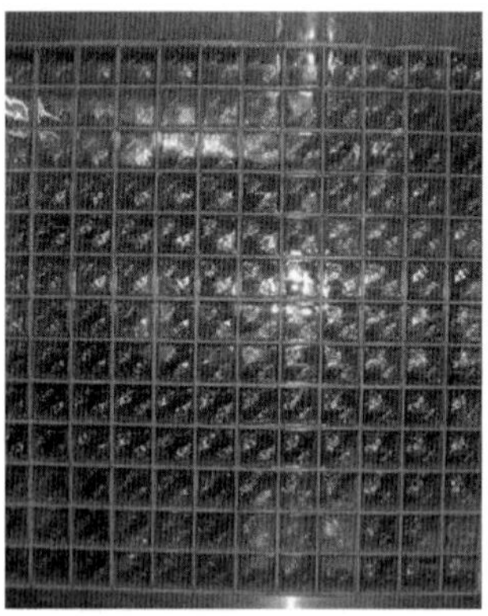
〈유리블록〉

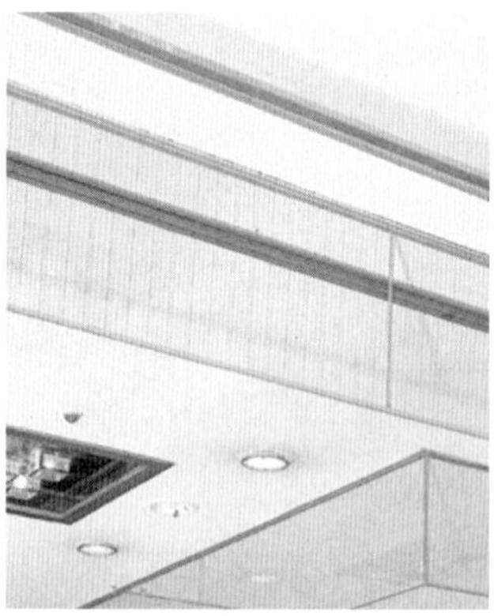
〈망입유리〉

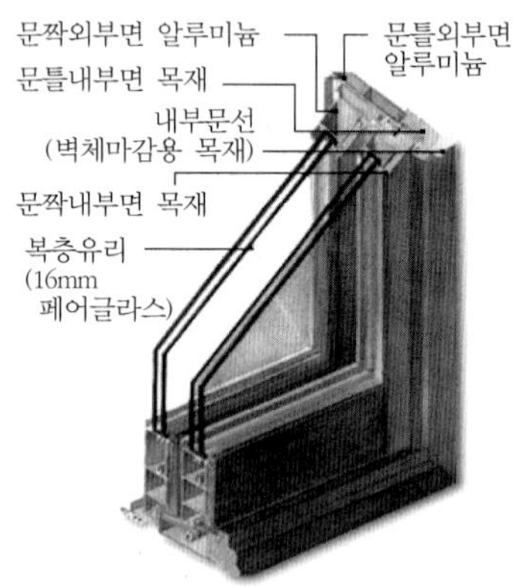

〈복층유리〉

(2) 안전유리의 종류

① 접합유리 ② 강화유리 ③ 망입유리

(3) 공사현장에서 절단이 불가능한 유리종류

① 강화유리 ② 복층유리 ③ 유리블록

3. 유리끼우기

(1) 재료의 종류

① 반죽퍼티(호분(胡粉)+아연화(亞鉛華)+연백(鉛白)+건성유(乾性油))

② 나무퍼티(삼각형, 둥근형, 사각형)

③ 개스킷(고무, 합성수지)

(2) 끼우기공법

① 반죽퍼티대기 ② 나무퍼티대기(wood bead)

③ 고무퍼티대기(rubber bead) ④ 누름대대기(glazing bead)

〈나무퍼티대기〉

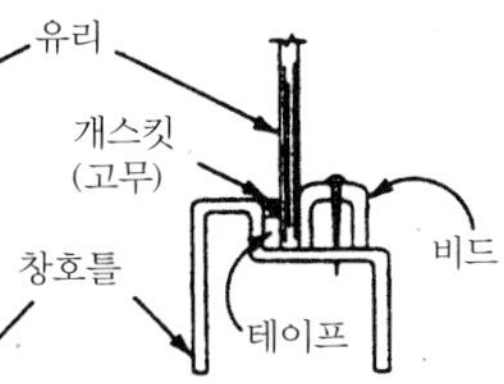

〈고무퍼티대기〉

〈반죽퍼티대기〉

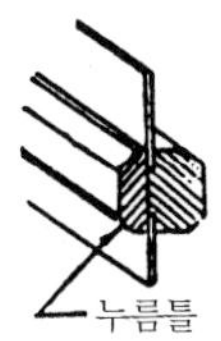

〈누름대대기〉

(3) 절단 및 가공

① 유리는 유리칼(glass cutter, diamond cutter)로 정확한 치수로 절단

② 두꺼운 유리 : 유리칼로 금을 긋고 뒷면에서 고무망치로 두드려 금이 깊어지면 잘라진다.

③ 보통판유리 : 유리칼, 포일 커터로 절단

④ 합판유리 : 양면을 유리칼로 자르고 필름은 면도칼로 절단

⑤ 강화유리·복층유리 : 절단이 불가능한 유리이므로 사용치수로 주문제작

⑥ 망입유리 : 유리는 칼로 자르고 꺾기를 반복하여 철을 절단

(4) 유리 설치 후 보양

① 종이 붙이기 ② 판 붙이기 ③ 글자 붙이기

제11장

미장 및 타일공사

Ⅰ. 미장공사

Ⅱ. 타일공사

I. 미장공사

- 미장재료
  - 수경성
    - 시멘트 모르타르
    - 석고플라스터
  - 기경성
    - 회반죽(석회류)
    - 돌로마이트 플라스터(마그네시아 석회)
    - 진흙
  - 특수재료
    - 마그네시아 시멘트(magnesia cement)

1. 일반사항

(1) 미장재료의 구분

- 수경성 : 시멘트 · 석고 등이 물과 반응하여 경화하고, 차차 강도가 크게 되는 성질
- 기경성 : 진흙과 같이 공기중에서 완전히 경화하는 성질

구 분		종 류	구성재료 및 특징
수경성 (팽창성)	석고질	순석고 플라스터	[순석고+모래+여물+물] 중성으로 경화속도가 빠르다.
		혼합(배합)석고 플라스터	[배합석고+모래+여물+물] 약알칼리성으로 경화속도는 보통이다.
		경석고 플라스터 (keen's cement)	[무수석고+모래+여물+물] 강도가 크고 수축균열이 거의 없다.
	시멘트	모르타르	[시멘트+모래+물]
기경성 (수축성)	진흙질	진흙	[진흙+모래+짚여물+물] 외바탕 흙벽으로 초벽, 재벽바름용
	석회질	회반죽	[소석회+모래+여물+해초풀] 물은 사용 안함
		회사벽	[석회죽+모래(시멘트, 여물 등도 섞는다.)] 흙벽의 정벌바름, 회반죽 고름, 재벌바름
		돌로마이트 플라스터 (마그네시아 석회)	[마그네시아 석회+모래+여물] 건조수축이 커서 균열발생, 지하실 사용 안함.

구 분		종 류	구성재료 및 특징
용액성 간수 ($MgCl_2$)	고토질	마그네시아 시멘트	① 착색이 용이하고 물을 가해도 경화되지 않는다. ② 염화마그네슘($MgCl_2$)을 물 대신 사용하고 철재를 녹슬게 하며, 리그노이드의 주원료

(2) 알칼리성 미장재료

① 회반죽

② 돌로마이트 플라스터(마그네시아 석회)

③ 시멘트 모르타르

(3) 미장재료 비교

구 분	회반죽	돌로마이트 플라스터	석고 플라스터
주 체	소석회	마그네시아 석회	순 · 혼합(배합) · 경석고
강 도	적다.	회반죽보다 크다.	가장 크다.
경화속도	늦다.	회반죽보다 빠르다.	가장 빠르다.
건조수축	보통	크다.	적다.
점 성	적다.	크다.	보통이다.

(4) 미장공사 균열 및 박리의 원인

구조체의 균형	설계미숙에 의한 구조적 결함. 구조재의 수축, 변형
재료의 원인	배합재료 불량, 모르타르 배합비 불량, 재료수축
바탕면의 원인	바탕면 처리 불량, 모서리, 이음부, 이질재와 접촉부 등
시공불량	불균질한 바름두께, 1회 바름두께량 초과, 혼합재의 불균 등, 양생불량으로 인한 건조, 수축

(5) 미장공사시 주의사항

① 양질의 재료를 사용하여 배합을 정확하게, 혼합은 충분하게 한다.

② 바탕면의 적당한 물축임과 면을 거칠게 해둔다.

③ 1회 바름두께는 바닥을 제외하고 6mm 표준으로 한다. (바름두께는 균일하게 한다.)

④ 초벌 후 재벌까지의 기간을 충분히 잡는다.

⑤ 급격한 건조를 피하고, 시공중이나 경화중에는 진동을 피한다.

(6) 미장공사 치장 마무리방법

① 시멘트 모르타르 바름　② 회반죽 바름　③ 플라스터 바름
④ 흙바름　⑤ 인조석 바름

2. 시멘트 모르타르 바름

(1) 재료의 배합

바탕에 가까울수록 부배합으로 하고, 정벌에 가까울수록 빈배합이 원칙이다.

시공개소	초벌, 라스 먹임	재벌, 고름질	정 벌
	시멘트 : 모래	시멘트 : 모래	시멘트 : 모래 : 소석회
바 닥	-	-	1 : 2 : 0
안 벽	1 : 3	1 : 3	1 : 3 : 0.3
천장, 차양	1 : 3	1 : 3	1 : 3 : 0
바깥벽, 기타	1 : 2	-	1 : 2 : 0.5

(2) 모르타르 바름두께

① 1회 바름두께 : 바닥을 제외하고 6mm를 표준으로 한다.
② 외벽 · 바닥두께 : 24mm, 안벽 : 18mm, 천장 · 차양 : 15mm
③ 바닥은 1회 바름으로 마감하고 벽, 기타는 2~3회 바른다.
④ 얇게 여러 번 바르는 것이 두껍게 바르는 것보다 좋다.

(3) 모르타르의 종류

종 류		용 도
보통모르타르	보통시멘트 모르타르 백시멘트 모르타르	구조용, 일반수장용 착색, 치장용
특수모르타르	바라이트 모르타르 질석 모르타르 활석면 모르타르 합성수지 모르타르	방사선 차단용 경량 · 단열용 보온 · 불연용 광택용
방수 모르타르		방수용
아스팔트 모르타르		내산 바닥용

(4) 표면마무리 방법

뿜칠 마무리	플라스터, 돌로마이트, 모래, 방수제, 안료 등을 혼합 사용
긁어내기(scratch)	마감 바르기를 두껍게 한 후 쇠주걱 등으로 시공
흙손 마무리	흙손으로 표면을 평활하게 마무리하고, 물솔질 마무리로 흙손자국을 없앤다.
리신(규산석회) 마무리	백시멘트, 돌가루, 안료 등을 혼합하여 모르타르는 6mm 정도를 바르고, 12시간 경과 후 쇠빗으로 긁어 마무리한다.

〈기계식 표면마무리 장면〉

(5) 바름순서

① 일반적인 순서

위치상	위 → 밑(아래)
실내면	천장 → 벽 → 바닥
외 벽	㉮ 옥상난간 → 지층 ㉯ 처마, 반자, 차양 밑 등의 밑 → 밑벽

② 벽체 3회 바름순서

㉮ 바탕처리 → ㉯ 바탕청소 → ㉰ 재료비빔 → ㉱ 초벌바름 및 라스먹임 → ㉲ 초벌바름 → ㉳ 방치기간 → ㉴ 고름질 → ㉵ 재벌바름 → ㉶ 정벌바름 → ㉷ 마무리 → ㉸ 보양

③ 바닥 바름순서

㉮ 청소 및 물씻기

㉯ 순 시멘트풀 도포
㉰ 모르타르 바름
㉱ 규준대 밀기
㉲ 나무흙손 고름질
㉳ 쇠흙손 고름질

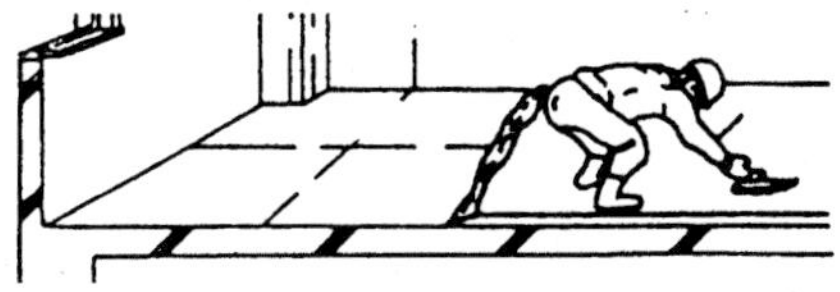

3. 회반죽 바름

(1) 혼화재료

: [해초풀 + 여물 + 소석회 + 모래]

재 료	역 할	종 류
해초풀 (혼화제)	① 점도가 증대 ② 강도가 증대 ③ 부착력이 증대 ④ 점도가 높아지기 때문에 균열을 방지	은행초, 미역, 해초
여물 (보강재)	① 강도의 보강 ② 균열, 수축 방지가 목적	① 짚여물 ② 삼여물 ③ 종이여물 ④ 털여물

(2) 일반사항

① 해초풀은 끓인 후 1~2회 체로 걸러 사용하며, 1일 지난 것은 사용안하고 부득이 하게 사용할 때 석회를 뿌려서 부패를 방지한다.
② 바름두께는 벽 15mm, 천장 · 차양은 12mm 정도로 한다.
③ 고름질, 재벌바름은 초벌바름 후 5일 이상 두고, 초벌바름면이 건조한 후에 평탄하게 바른다. 초벌바름에 균열이 생긴 경우에는 고름질을 한 다음 다시 5일 이상 두고 덧먹임을 하여 재벌바름한다.
④ 회반죽은 기경성으로 통풍을 억제하고 강한 일사광선을 피하고 2℃ 이하에서는 공사를 중지하고 5℃ 이상 유지하여 보양한다.
⑤ 졸대바탕일 때에는 회반죽이 떨어지는 것을 방지하기 위하여 수염(끈이나 털)을 붙인다.

(3) 시공순서

① 바탕처리
② 재료조정 및 반죽

③ 수염붙이기
④ 초벌바름
⑤ 고름질 및 덧먹임
⑥ 재벌바름
⑦ 정벌바름
⑧ 마무리
⑨ 보양

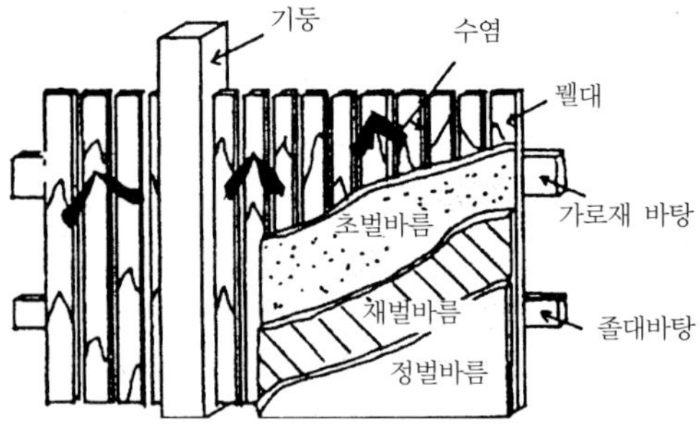

4. 석고 플라스터 바름

(1) 재료

원 석 —110~190℃→ 소석고 —300℃→ 무수석고 —500~1,000℃→ 경석고

(2) 시공시 주의사항

① 수경성이고 경화가 빠르므로 혼합 즉시 사용한다.
(초벌용 : 2시간 이상, 정벌용 : 1시간 30분 이상 경과한 것은 사용할 수 없다.)
② 졸대바탕일 때 재벌바름은 초벌바름 후 3~6일 경과 후 완전히 건조되었을 때 한다.
③ 콘크리트 바탕일 때는 반 건조되었을 때(초벌바름 후 1~2일이 경과 후) 한다.
④ 바름작업 중에는 될 수 있는 대로 통풍을 방지하고 작업 후에도 석고가 굳어질 때까지는 심한 통풍을 피하도록 한다. 그 후는 적당한 통풍으로 바름면을 건조시킨다.
⑤ 실내온도가 5℃ 이하일 때는 공사를 중단하거나 난방하여 5℃ 이상으로 유지한다.['03 표준시방서 내용]

5. 돌로마이트 플라스터 바름

(1) 특징

① 가소성이 높기 때문에 풀과 혼합할 필요가 없다.
② 보수성이 크고, 바름작업이 용이하다.

③ 조기강도가 크고, 착색이 비교적 용이하다.
④ 회반죽에 비하여 건조수축이 크다.
⑤ 기경성이므로 지하실 등의 습기가 많은 곳의 마무리에는 좋지 못하다.

(2) 시공시 주의사항

① 수염의 간격은 300mm 이하 마름모로 배열하고, 창문 주위 등은 150mm 이하 간격으로 한 줄로 배열한다.
② 정벌바름용 반죽은 12시간 경과 후 사용하고, 시멘트와 혼입하여 2시간 이내에 사용한다.
③ 고름질은 초벌바름 후 10일 이상 두어 초벌바름면이 건조한 다음, 면에 얼룩이 없도록 고르게 바른다.
④ 초벌 후 5일이 경과한 후 갈라짐이 없는 경우 재벌바름하며, 갈라짐이 발생하면 고름질한 후 10일이 경과하여 갈라짐이 없음을 확인하고 재벌바름한다.
⑤ 실내온도가 5℃ 이하일 때는 공사를 중지하고, 5℃ 이상으로 난방하여 온도를 유지해야 한다.
⑥ 작업중 통풍을 방지하고, 바름 후 적당히 환기하면서 서서히 건조시켜야 한다.

6. 인조석 · 테라초(terrazzo) 바름

(1) 개요

테라초는 일반의 인조석(모조석 : 종석을 화강석 사용)과는 달리, 고품질의 좋은 재료(종석을 대리석 사용)와 우수한 시공 및 양생방법(수중양생 · 증기양생)으로 시공한 인조석의 일종이다.

구분＼종류	인 조 석	테 라 초
시 공	주로 현장시공	공장제작 → 현장설치
용 도	바 닥	창대 및 내부벽
종 석	화강석 부스러기	대리석 부스러기
배 합 비	시멘트 : 종석 = 1 : 2	시멘트 : 종석 = 1 : 2
보 양	현장시공 → 습윤보양	공장제작시 → 수중 및 증기 보양 현장설치 후 → 진동 및 충격 방지

(2) 인조석 바름

① 바름벽일 때는 정벌바름은 재벌바름의 경화 정도를 살펴서 미리 시멘트풀 또는 비합비 1 : 1인 모르타르를 3mm 정도 바르고 실시한다.

② 바닥일 때는 시멘트풀을 문질러 칠한 후 이어서 배합비 1 : 3 모르타르로 두께 약 15mm의 초벌바름하고 정벌바름한다.

③ 표면 마무리법에는 인조석물갈기, 씻어내기, 잔다듬의 3가지가 있는데, 특히 정벌바름하여 경화한 후 석재 다듬용 공구로 잔다듬하여 마무리한 것을 **인조석 잔다듬(cast stone)**이라 한다.

(3) 테라초 바름

① 초벌 바름의 종류 : 접착공법, 절연공법

② 줄눈나누기는 $1.2m^2$ 이내로 하며, 최대 줄눈간격은 2m 이하로 한다.

③ 테라초를 바른 후, 시공시기, 배합에 따라 손갈기일 때는 2일 이상, 기계갈기일 때는 5~7일 이상 경과한 후 한다.

(4) 테라초 현장갈기 시공순서

① 바탕처리 → ② 황동줄눈대 설치 → ③ 테라초 종석바름 → ④ 양생 및 경화 → ⑤ 초벌갈기 → ⑥ 시멘트풀 먹임 → ⑦ 정벌갈기 → ⑧ 왁스칠(광내기)

(5) 줄눈대 설치 이유

① 바름구획을 구분하기 위해서 설치한다.

② 균열방지을 위해서 설치한다.

③ 보수의 용이를 위해서 설치한다.

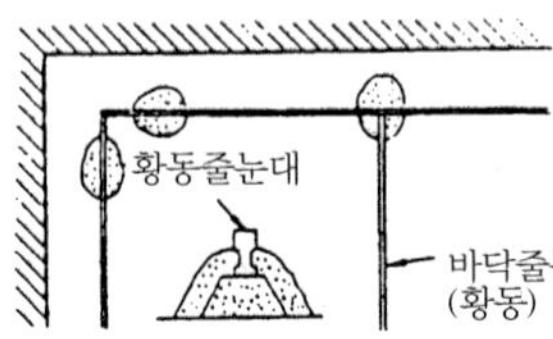

7. 바닥강화재 바름공법

(1) 개요

① 금강사 · 규사 · 철분 · 광물성 골재 · 시멘트 등을 주재료로 하여, 콘크리트 등의 시멘트계 바닥 바탕의 내마모성 · 내화학성 및 분진방지성 증진을 목적으로 한 바름공법이다.

② 중량물의 출입이 많은 공장 바닥 등에 시공된다.

(2) 형태에 따른 분류

분말형 바닥강화재	① 콘크리트를 타설한 후 블리딩 멈추고 초기응결이 시작될 때 살포함. ② 마무리 작업 후 24시간이 지나면 타설 표면은 7일간 습윤양생한다. ③ 마무리 면의 균열방지를 위해 4~5m 간격으로 조절하여 줄눈을 설치한다.
침투식 액상 바닥강화재	① 적당량의 물로 희석한 후 2회 이상 나누어 도포한다. ② 1차 도포분이 완전히 흡수 건조된 후 2차 도포를 실시한다.
합성고분자 바닥강화재	① 경화된 콘크리트나 시멘트 모르타르 면에 시공한다. ② 에폭시계, 폴리에스테르계, 폴리우레탄계 등의 합성고분자계 재료에 잔모래, 부순돌, 안료 등을 혼합한 재료를 사용한다. ③ 사용목적은 방진성, 탄력성, 내수성 및 내약품성의 강화이다.

8. 셀프레벨링(self leveling)재공법

(1) 정의

바닥 바탕모르타르의 대용으로 사용되는 공법으로서, 석고계 등의 유동 재료를 흘려 넣기만 하면 표면이 평탄해지면서 수평면을 만드는 공법이다.

(2) 종류

석 고 계	석고에 모래, 경화지연제, 유동화제 등을 혼합하여 사용함.
시멘트계	포틀랜드 시멘트에 모래, 분산제, 유동화제 등을 혼합하여 사용하며, 필요할 경우는 팽창성 혼화재료를 사용하기도 함.

(3) 특징

① 공기가 단축된다.
② 시공관리가 용이하며 숙련공을 필요로 하지 않는다.
③ 표면강도가 크다.
④ 석고계는 내구성이 약하고 이상팽창이 발생하기 쉽다.
⑤ 시멘트계는 강도발현이 늦고 수축균열이 크다.

9. 내화학 바름

(1) 개요

① 구조체의 벽·바닥 등에 시공하여 내산·내알칼리·내식·내약품성 등의 내화학적 성능을 발휘하여 구조체를 보호하기 위한 목적으로 사용되는 것을 내화학 바

름이라 한다.

② 재료는 합성수지계의 결합재를 주원료로 하여 탄소질 또는 규토질의 보강재와 경화제 등을 혼합하여 제조한다.

(2) 장 · 단점

장 점	단 점
① 내구성이 뛰어나다. ② 방수성능이 향상된다. ③ 실용적인 마무리 재료로 사용이 가능하다. ④ 중성화의 영향을 적게 한다.	① 바닥에 먼지 · 얼룩 등의 이물질이 생기기 쉽다. ② 시공시 유해한 냄새가 발생될 수 있다.

(3) 화학적 침식의 피해

① 구조체의 열화

② 균열 및 누수의 원인

③ 구조체의 강도 및 내구성 저하

④ 백화 발생의 원인

Ⅱ. 타일공사

1. 점토제품의 품질

내용 \ 종류		토 기(土器)	도 기(陶器)	석 기(石器)	자 기(磁器)
흡수성		크다	적다	있다	없다
색 조		유색, 백색	유색, 백색	유색	백색
시 약		무유	유약사용(시유)	무유, 식염유	유약사용(시유)
소성 온도	1회	500~800℃	1,200~1,300℃	900~1,100℃	900~1,200℃
	2회	600~800℃	1,000~1,100℃	1,300~1,400℃	1,300~1,400℃
주용도		벽돌, 기와, 토관	내장타일, 위생도기 (terracotta tile)	바닥타일(無油), 클링커 타일	외장타일, 바닥타일, 모자이크타일
특 성		최저급원료. 취약하다.	다공질. 두드리면 탁음. 유약 사용.	시유약을 쓰지 않고 식염수를 사용한다.	양질토도 사용. 금속성 청음이 난다.

2. 타일의 종류

(1) 제조(성형)방법에 의한 분류

종 류	성 형 방 법	용 도
건 식	원재료를 건조 분말하여 프레스(가압)성형한 것.	내장, 바닥타일
습 식	원재료를 물반죽하여 형틀에 넣고 압출성형한 것.	외장타일

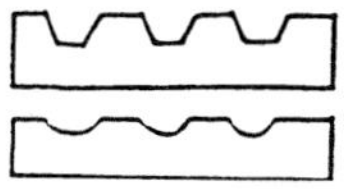
〈프레스식〉

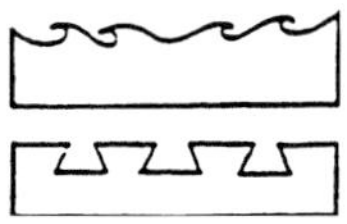
〈압출식〉

(2) 용도 및 소지질(재료의 질)에 따른 분류

용 도	특 징	소지질
외장타일	① 외기에 저항력이 강하고 단단한 것. ② 발생할 수 있는 결점(흠집) 종류 ㉮ 치수, 형태오차 ㉯ 색조의 차이 ㉰ 공기구멍(기포) 혼입	자기질, 석기질
내장타일	① 건물의 내부용(5.4cm 각 이상의 대형, 중형) ② 미려하고 위생적이며 청소가 용이한 것.	반도기질, 도기질
바닥타일	① 단단하고 내구성이 강한 것. ② 흡수성이 적은 것. ③ 표면이 미끄럽지 않은 것. ④ 내마모성이 좋고, 충격에 강한 것.	도기질, 유약경질
모자이크타일	내 · 외벽용, 바닥용	자기질

〈모자이크타일〉

〈바닥타일 시공 장면〉

(3) 형상에 따른 종류

형 상	① 정사각형 ② 직사각형 ③ 정육각형 ④ 팔각형 타일 등
면처리한 타일	① 스크래치 타일 ② 태피스트리 타일 ③ 천무늬 타일 ④ 클링커 타일
유약한 유무	① 시유타일 ② 무유타일

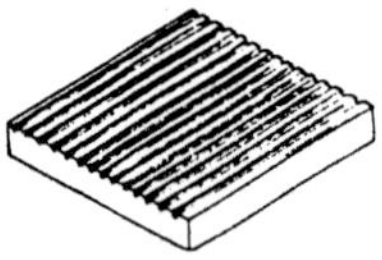
〈scratch tile〉

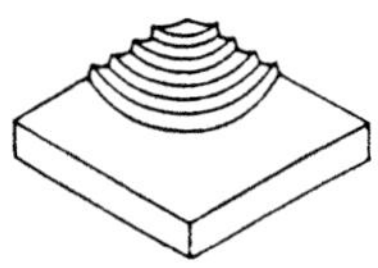
〈tapestry tile〉

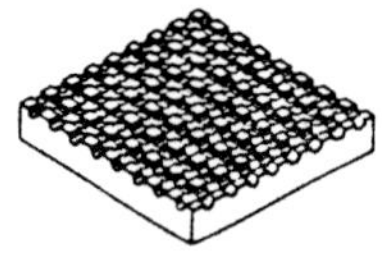
〈천무늬 타일〉

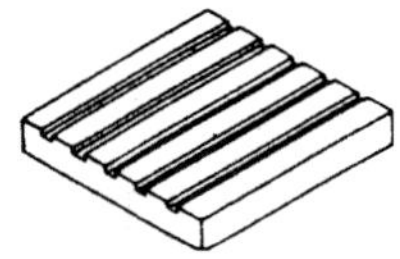
〈clinker tile〉

3. 타일시공

(1) 바탕처리

① 바탕의 들뜸, 균열 등을 보수, 불순물 제거, 청소하고 타일부착이 잘 되게 거친 면으로 한다.(바탕처리 후 1주일 이상 경과 후 타일붙임이 원칙)

② 흡수성 있는 타일은 미리 물을 뿌리고 바탕면도 적당한 물축임한다.

③ 타일붙임 표면에서 시멘트가루는 백화현상의 원인이 되므로 뿌리지 않는다.

(2) 치장줄눈

① 타일을 붙인 후 3시간이 경과 후 줄눈파기를 하여 청소한다.

② 청소 후 24시간 경과한 뒤 치장 줄눈하되, 작업직전에 줄눈 바탕에 물을 뿌려 습윤케 한다.

③ 세로줄눈은 먼저 시공하고 가로 줄눈은 위에서 아래로 마무리한다.

(3) 줄눈너비의 표준

대형 벽돌형(대형)	대형(내부일반)	소 형	모자이크
9mm	6mm	3mm	2mm

(4) 모르타르 표준배합

타 일	배 합 비	비 고
치장줄눈	1 : 1	시멘트 : 모래
경질타일붙임용	1 : 2	
연질타일붙임용	1 : 3	

4. 벽타일 붙임공법

(1) 종류

떠붙임공법	가장 오래된 타일 붙임 방법으로 타일 뒷면에 붙임모르타르를 얹어서 1장씩 붙이는 공법
개량 떠붙임공법	바탕모르타르 바름 후 타일 뒷면에 얇게 붙임모르타르를 얹어서 1장씩 붙이는 공법
압착공법	평평하게 만든 바탕모르타르 위에 붙임모르타르를 바르고 그 위에 타일을 두드려 누르거나 비벼 넣으면서 붙이는 방법
개량 압착공법	평평하게 만든 바탕모르타르 위에 붙임모르타르를 바르고 타일 뒷면에 붙임모르타르를 얇게 발라 두드려 누르거나 비벼 넣으면서 붙이는 방법
밀착(동시줄눈)공법	바탕면에 붙임모르타르를 발라 타일을 눌러 붙인 다음 충격공구(손진동기)로 타일면에 충격을 가하는 공법
접착공법	접착제를 바탕에 2~3mm 두께로 바르고 타일을 붙이는 공법으로 내벽에 사용

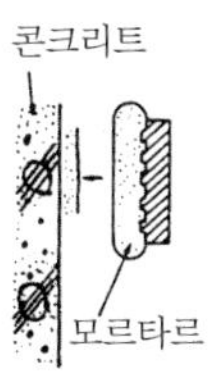

〈떠붙임공법〉

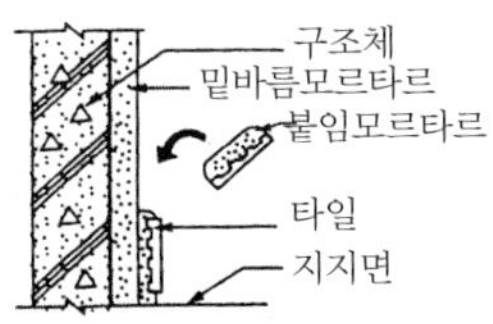

〈개량떠붙임공법〉

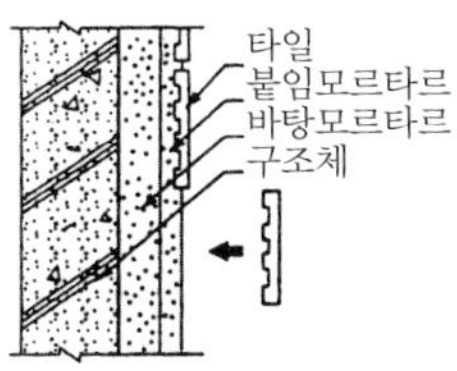

〈압착붙임공법〉

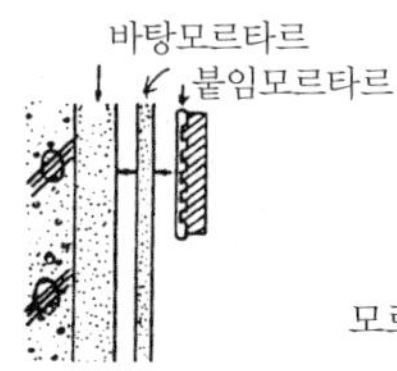

〈개량압착붙임공법〉

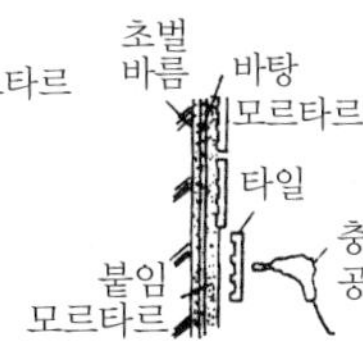

〈밀착(동시줄눈)공법〉

〈떠붙임공법 시공 장면〉

〈접착공법 시공 장면〉

(2) 떠붙임공법과 압착공법의 특징 비교

종류	떠붙임공법	압착공법
특징	① 타일과 붙임모르타르의 접착성이 비교적 양호함. ② 박리하는 수가 적음. ③ 다른 공법에 비해 시공관리가 용이함. ④ 한 장씩 쌓아 가므로 작업속도가 더디고 시간이 걸림.	① 타일 이면에 공극이 작으므로 백화현상이 적음. ② 직접 붙임공법에 비해 숙련도를 요하지 않음. ③ 작업속도가 빠르고, 능률이 높음. ④ 동해의 발생이 적음.

5. 타일 시공순서

(1) 벽타일 붙이기

① 바탕처리 → ② 타일나누기 → ③ 벽타일 붙이기 → ④ 치장줄눈 → ⑤ 보양

(2) 바닥 플라스틱 타일 붙이기

① 콘크리트 바탕마무리 → ② 콘크리트 바탕건조 → ③ 프라이머 도포 → ④ 먹줄치기 → ⑤ 접착제 도포 → ⑥ 타일붙이기 → ⑦ 타일면 청소 → ⑧ 타일면 왁스 먹임

6. 보양 및 검사

(1) 보양

① 직사일광을 받을 때 또는 풍우 시에는 시트 등으로 덮어 보호한다.
② 기온 2℃ 이하일 때 방동제를 쓰거나 임시로 난방 보온을 한다.
③ 타일을 붙인 후 톱밥으로 보양하고 3일간은 진동이나 보행을 금한다.

(2) 검사

① 타일의 접착력시험은 $600m^2$당 한 장씩 시험한다.
② 시험은 타일 시공 후 4주 이상일 때 한다.
③ 시험결과 판정은 접착강도가 $4kg/cm^2$ 이상이어야 한다.
④ open time(붙임시간)
: 붙임모르타르를 바탕면에 바른 후 타일붙임을 시작하면 시간경과에 따라 붙임

모르타르의 응결이 진행되는데, 타일의 기준 접착강도를 얻을 수 있는 최대한 계시간

7. 타일의 동해방지

동해의 발생원인	방 지 대 책
① 모르타르의 배합수량이 많은 경우 ② 줄눈 충전상태 불량(물의 침입) ③ 물·시멘트비가 클 경우 ④ 부적당한 혼화제 사용 ⑤ Open time 초과 ⑥ 타일 이면의 공극이 클 경우(물의 침투)	① 모르타르의 단위수량을 적게 할 것. ② 물의 침입을 방지하기 위해 물끊기, 물흐름 구배 등을 둠 ③ 초기 보양을 철저히 할 것. ④ 물·시멘트비를 작게 할 것. ⑤ 바탕면과 접착 모르타르의 접착성을 좋게 할 것.

8. 테라코타 공사

(1) 정의

이탈리아어로 "구운 흙"이라는 뜻으로 자토(磁土)를 반죽하여 형틀로 찍어내어 소성한 속이 빈 대형의 점토제품을 말한다.

(2) 일반사항

① 테라코타는 속이 빈 대형의 점토 소성제품으로 구조용과 장식용이 있다.
② 구조용에는 칸막이벽 등에 사용되는 공동(空胴)벽돌
③ 주로 장식용으로 쓰이며 난간벽, 돌림띠, 창대, 주두 등에 이용한다.
④ 제작기간이 길어 주문 제작한다.

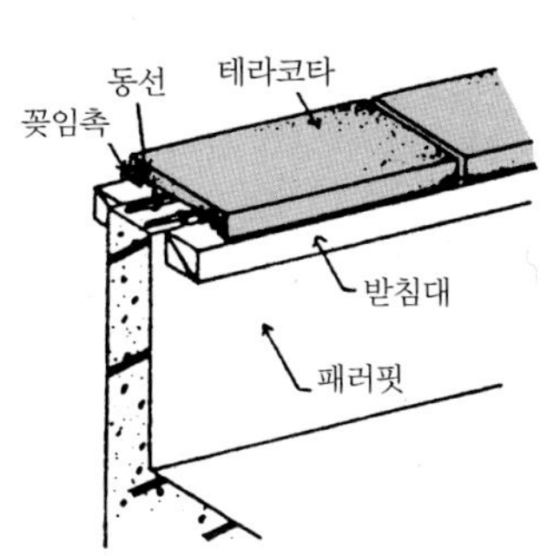

〈테라코타 시공〉

〈테라코타 시공 건물〉

(3) 특성

① 석재보다 가볍고, 색이 다양하다.

② 압축강도는 800~900kg/cm^{2}로, 화강암의 1/2 정도이다.

③ 대리석보다 풍화에 강하므로 외장에 적당하다.

제12장 금속 · PC · 커튼월 공사

I. 금속공사

1. 바탕 및 장식철물

종 류	용 어 내 용
와이어 메시	연강철선을 전기 용접한 철선망으로 콘크리트 바닥 포장용
와이어 라스	철선을 꼬아서 만든 철망으로 미장바름에 사용
메 탈 라 스	얇은 철판에 자름금을 내어 당겨 늘린 것으로 미장바름에 사용
펀 칭 메 탈	얇은 철판에 각종 모양을 도려낸 것으로 장식용, 라지에이터 등에 사용
법 랑 철 판	0.6~2.0mm 두께의 저탄소강판에 법랑(유기질 유약)을 소성한 것으로 주방용품, 욕조 등에 쓰인다.
타일가공 철판	타일면의 감각을 나타낸 철판

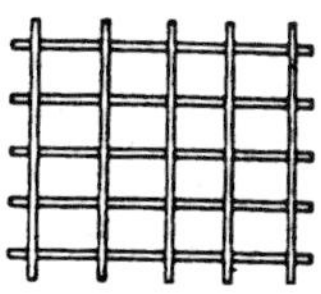
〈와이어 메시〉

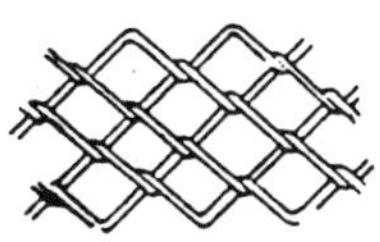
〈와이어 라스〉

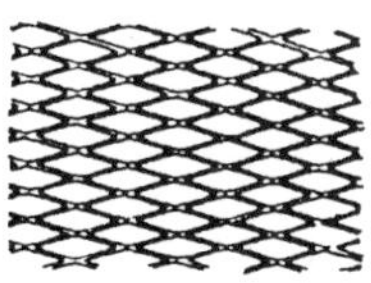
〈메탈 라스〉

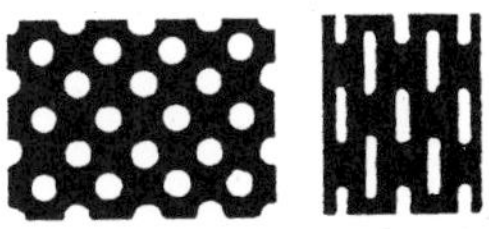
〈펀칭 메탈〉

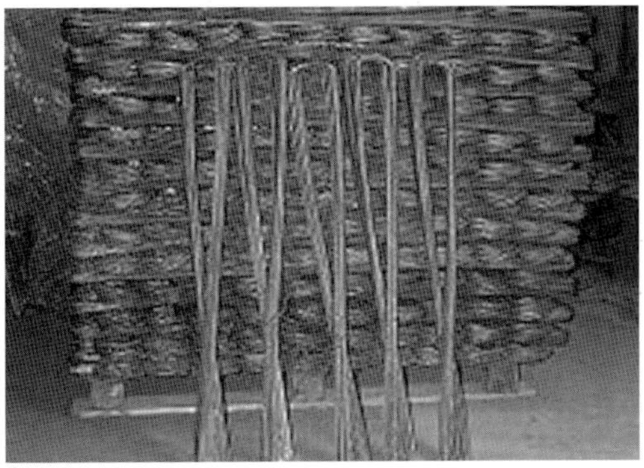
〈와이어 메시〉

〈펀칭 메탈〉

2. 고정철물

종 류	용 어 내 용
인서트 (insert)	주로 콘크리트조 바닥판 밑에 달대의 걸침이 되는 것으로 거푸집 바닥에 고정 시공함.
익스팬션 볼트 (expansion bolt)	확장볼트 또는 팽창볼트라고 불리는 것으로 콘크리트, 벽돌 등의 면에 띠장, 문틀 등의 다른 부재를 고정하기 위하여 붙여두는 특수볼트
드라이비트 건 (drivit gun)	소량의 화약 폭발력을 이용하여 콘크리트, 벽돌벽, 강재 등에 드라이비트 핀(특수 가공한 못)을 순간적으로 쳐 박는 기계

〈인서트〉

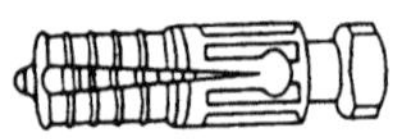
〈익스팬션 볼트〉

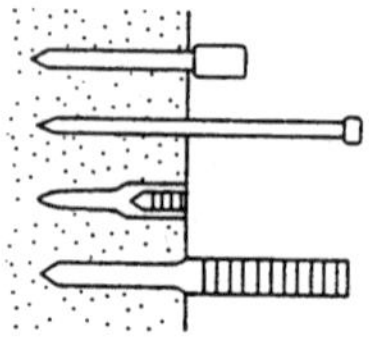
〈드라이비트 핀〉

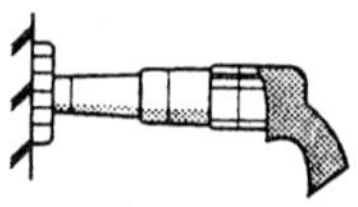
〈드라이비트 건〉

3. 기성재 철물

종 류	용 어 내 용
미끄럼막이 (non-slip)	계단의 디딤판 끝에 대어 미끄러지지 않게 하는 철물, 황동제, 타일제품, 석재, 접착 시트 등 다양하다.
계단 난간	황동대, 철제, 스테인리스 등을 용접 또는 접합한다.
코너 비드 (corner bead)	기둥, 벽 등의 모서리에 대어 미장바름을 보호하는 철물
plaster stop	미장바름과 다른 마감부재와의 접촉부에 넣는 줄눈대
바닥용 줄눈대 (황동 줄눈대)	인조석 테라초 갈기에 쓰이는 황동압축재로 I 자형이다. 두께 4~5mm, 높이 12mm, 길이 90cm 가 표준
벽, 천장 줄눈대 (joiner)	천장, 벽 등에 보드, 합판 등을 붙이고, 그 이음새를 감추어 누르는 데 쓰이는 철물

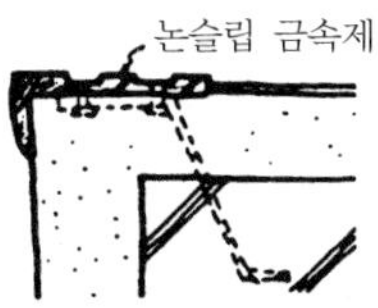

〈논슬립〉

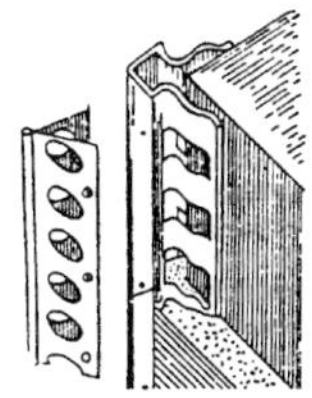
〈코너 비드〉

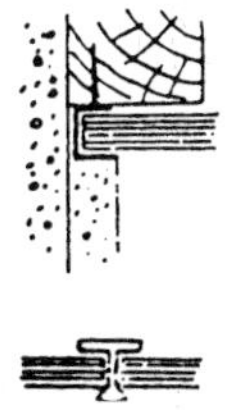
〈줄눈대(조이너)〉

〈논슬립〉

〈코너비드〉

4. 계단 논슬립 설치순서

① 가설 나무벽돌 설치 → ② 콘크리트 타설 → ③ 가설 나무벽돌 제거 및 청소 → ④ 다리 철물 설치 → ⑤ 사춤 모르타르 구멍 메우기 → ⑥ 논슬립 고정 → ⑦ 보양

Ⅱ. PC(precast) 공사(공업화 건축)

1. 개 요

(1) 정의

① 공업화 건축이란 부재를 공장에서 생산하여 현장에서 기계화에 의해 조립 시공하는 시스템을 말한다.

② 건축생산의 합리화 방안으로 인한 품질의 균등화, 대량생산, 노동력 부족, 인건비 상승 등의 환경변화에 따른 대처방안으로 공업화 건축의 필요성이 날로 증대되고 있다.

(2) 필요성

① 수요에 따른 대량생산 필요
② 기능 인력 부족(고임금, 고령화)
③ 자재수급 불균형
④ 노동기피 현상
⑤ 품질수준의 향상
⑥ 기업의 경쟁력 강화
⑦ 작업공해 저감, 재해 예방

(3) 장 · 단점

장 점	단 점
① 품질수준의 향상 ② 원가 절감 ③ 건식공법화로 공기단축 ④ 기계화 시공으로 노무비 절감 ⑤ 건설공해 감소 ⑥ 현장작업 감소	① 다양성 부족 ② 접합부 방수, 차음, 강도의 취약 ③ 중량부재 취급 및 중량부재의 운반으로 대형 양중장비 필요 ④ 운반 및 설치시 부재파손 우려 ⑤ 일시적 수요에 따른 수요공급의 불안정

2. PC 개발방식

(1) closed system

정 의	특 징	문 제 점
완성된 건물의 형태가 사전에 계획되고 이를 구성하는 부재, 부품들이 특정한 타입의 건물에만 사용할 수 있도록 생산하는 방식	① 부재, 부품의 호환성이 없음. ② 주문공급방식 ③ 대형 구조물, 특수 구조물 대상	① 주문생산으로 호환성이 없음. ② 문제점 발생시 대처하기 어려움.

(2) open system

정 의	특 징	문 제 점
건물을 구성하는 부재, 부품들이 여러 형태의 건물에 사용될 수 있도록 개발 생산하는 방식	① 평면구성이 자유로움. ② 호환성이 높음. ③ 시장 공급 방식 ④ 대량생산 가능	① 초기투자비 과다 ② 부재의 표준화 · 규격화 미흡 ③ 접합부 취약 ④ 기술개발 투자 미흡

3. PC 부재의 공장제작

(1) PC 생산방식

- 타설방식
  - 평타식(수평타설식)
    - 적층식
    - 단층식
      - 정치식
      - 이동식
      - 회전식
    - 연속식
  - 입타식(수직타설식)
- 양생방식
  - 가열양생 : 증기양생, 전기양생
  - 자연양생
  - Hot 콘크리트 방식
  - 혼화제 방식 : 조강제 사용

(2) 프리패브(pre-fab)공장작업 순서

① 베드, 거푸집 청소 → ② 거푸집 조립 → ③ 개구부 새시(frame) 설치 → ④ 철근, 철물류 삽입 → ⑤ 설비, 전기배관 → ⑥ 중간검사 → ⑦ 콘크리트 타설 → ⑧ 표면 마무리 → ⑨ 양생 후 탈형 → ⑩ 보수 및 검사 → ⑪ 야적

4. 조립식(PC) 건축의 현장시공법

(1) 종류

대형 패널공법	창호가 붙어 있는 대형 콘크리트 벽판을 조립하여 아파트 등을 건축하는 공법
Box식 공법	1실 내지는 2실로 된 벽과 슬래브가 붙어 있는 박스형의 유닛을 쌓아 올려 건축하는 공법
Tilt up공법	수평으로 지상에서 제작한 큰 벽체나 뼈대를 수직으로 일으켜 세워 건축하는 공법
Lift slab공법	각 층 슬래브를 여러 겹으로 지상에 제작해 놓고, 각 층 바닥을 끌어 올려 건축하는 공법
커튼월공법	창이 붙은 외벽 기성 벽판을 구조체에 붙여서 건축하는 공법

(2) 접합부 처리법

접합부 요구 성능	① 응력전달 ② 방수성 ③ 기밀성 ④ 내구성	
접합부 누수 원인	① 재료불량 ② 바탕처리 미흡 ③ 시공 불량 ④ 구조체의 변형	
부위별 접합부 방수처리	① 외벽 접합부	• 접합부 외측에서 백업재를 넣고 코킹재 충전 • 외벽 줄눈의 종류에는 수평줄눈과 수직줄눈이 있음.
	② 지붕 슬래브 접합	• 수평 습식 접합으로 되어 있으며, 실 충전 후 그 위에 시트방수처리 • 바탕면은 평활하게 마무리해야 하며, 건조 철저
	③ 슬래브+벽 접합	• 구석부위를 고무 아스팔트 시트로 ㄴ형으로 바르고, 홈 부위에 실링재 충전 • 방수처리가 가장 곤란한 부분
	④ 패러핏	• 접합면에 고무 아스팔트 시트 처리 후 패러핏과 슬래브 접합부는 실링재로 충전 • 패러핏 상단은 캡(flushing) 설치

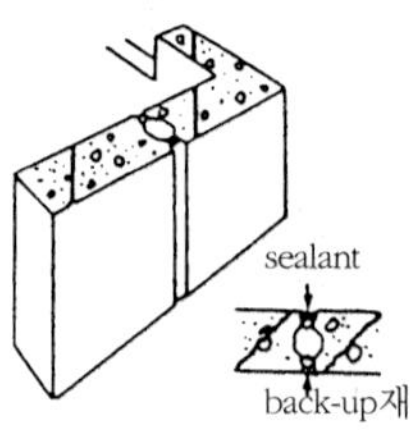

〈외벽 접합부〉

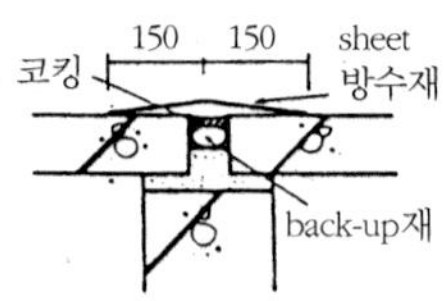

〈지붕 슬래브 접합 〉

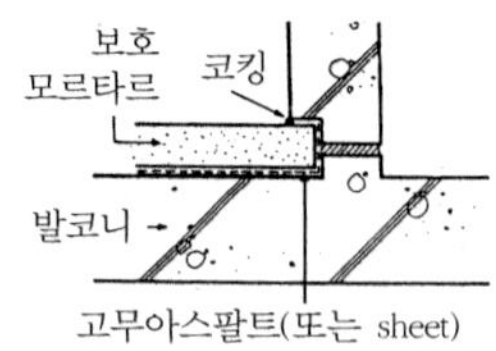

〈Slab+wall 접합〉

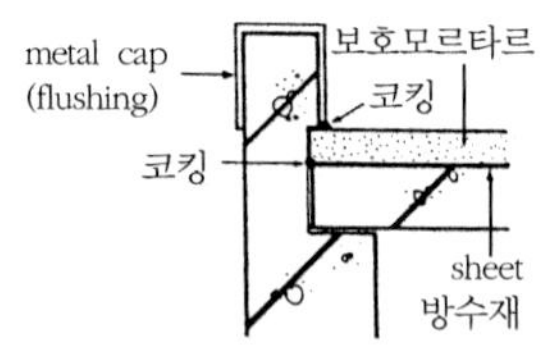

〈패러핏〉

5. PC공법의 분류

- 판식
  - 횡벽구조
  - 종벽구조
  - 양벽구조
- 골조식
  - H.P.C(H형강 P.C)공법
  - R.P.C(라멘 P.C)공법
  - 적층 공법(T.S.A공법)
- 상자식
  - space unit공법
  - cubicle unit공법

(1) 판식 공법

R.C조의 내력벽 슬래브 등을 실 크기 단위로 공장에서 P.C로 생산하여 현장에서 조립하는 공법이다.

횡벽구조	① 평면구조상 내력벽을 횡(가로)방향으로 배치하여 평면계획 유리 ② 외벽이 내력벽 기능을 가지므로 개구부 설치시 불리
종벽구조	① 평면구조상 내력벽을 종(세로)방향으로 배치 ② 외벽을 비내력벽으로 처리 가능하므로 경량 커튼월 처리할 수 있음.
양벽구조	① 종 · 횡 방향이 모두 내력벽인 구조 ② 외벽은 내력벽체 또는 비내력벽체로 처리할 수 있음.

(2) 골조식 공법

H.P.C	기둥은 H형강을 사용하고 보, 바닥판, 내력벽 등을 P.C 부재화하여 현장에서 조립 접합하여 건물을 구축하는 공법
R.P.C	라멘구조의 주요 구조부(기둥, 보)를 철골철근콘크리트 또는 철근콘크리트로 P.C 부재화하여 현장에서 조립 접합하여 건물을 구축하는 공법
적층공법	철골로 골조를 조립하고 공장제작된 구조체 및 외벽 등을 1개층씩 조립하면서 동시에 설비공사 및 마감공사도 1개층씩 끝내면서 세워가는 공법으로 T.S.A(Total Space Accumulation)공법이라고도 한다.

(3) 상자식 공법

cubicle unit 공법	공장에서 제작, 생산된 상자형의 주거 유닛을 현장에서 연결하거나 또는 쌓아서 1~2층의 주택을 구축하는 공법
space unit 공법	공장에서 생산된 스페이스 유닛(주거유닛)을 순철골조로 가구(架構)된 구조체 안에 삽입하여 건물을 구축하는 공법

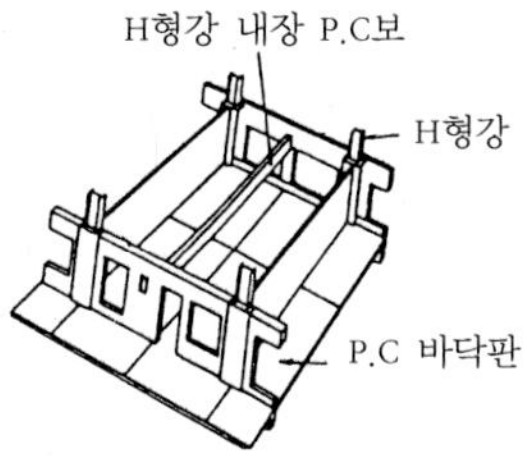

〈H.P.C공법〉

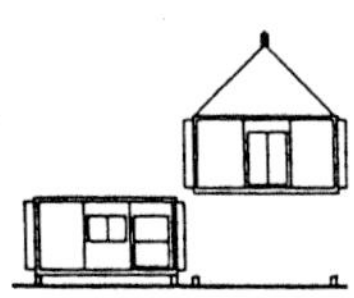
〈Cuicle unit공법〉

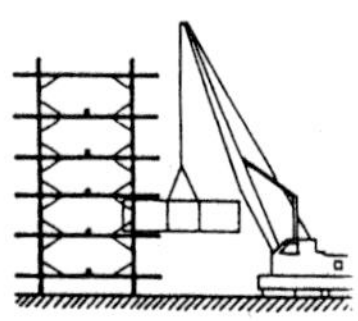
〈Space unit공법〉

Ⅲ. 커튼월 공사

1. 개 요

(1) 정의

① 커튼월은 공장생산 부재로 구성되는 비내력벽이며, 구조체의 외벽에 고정 철물(fastener)을 사용하여 부착시킨 것으로 초고층 건물에 많이 사용한다.

② 커튼월은 재료별, 외관 형태별, 구조방법별로 분류할 수 있으며, 입지조건이나 주변환경을 고려하여 적정한 공법을 선택

(2) 요구성능

① 내구, 내화성
② 내진, 내풍압성
③ 방화, 방연성
④ 방수, 수밀성
⑤ 차음, 기밀성
⑥ 외관, 시공용이성

(3) 시험종류

<table>
<tr><td rowspan="2">풍동시험
(wind tunnel test)</td><td colspan="2">건축물 준공 후에 나타날지도 모를 문제점을 파악하고 설계에 반영할 목적으로 실시하며, 건물 주변의 기류를 파악하여 풍해의 예측 및 그에 따른 대책을 수립하는 시험</td></tr>
<tr><td>시험방법</td><td>① 외벽풍압시험 ② 구조하중시험
③ 고주파 응력시험 ④ 보행자 풍압영향시험</td></tr>
<tr><td rowspan="2">실물대시험
(mock-up test ;
외벽성능시험)</td><td colspan="2">커튼월의 변위측정, 온도변화에 따른 변형, 누수, 접합부 검사, 창문의 열손실을 시험하기 위하여, 풍동시험을 근거로 설계한 실물 모형을 만들어 건축예정지에서 최악의 외기조건으로 시험하는 것을 말한다.</td></tr>
<tr><td>시험종목</td><td>① 예비시험 ② 기밀시험
③ 정압수밀시험 ④ 동압수밀시험
⑤ 층간변위</td></tr>
</table>

2. 분 류

- 재료별 분류
  - 메탈 커튼월 : 알루미늄, 스틸, 스테인리스
  - P.C 커튼월 : 콘크리트, G.P.C, T.P.C
- 외관형태별 분류
  - 샛기둥 방식(mullion type)
  - 스팬드럴 방식(spandrel type)
  - 격자 방식(grid type)
  - 피복 방식(sheath type)
- 구조방법별 분류
  - mullion system
  - panel system
  - cover system
- 조립공법별 분류
  - unit method
  - knock down method(분해조립증법)

(1) 재료별 분류

종 류	특 징	
금속재 커튼월 (metal)	알루미늄	경량으로 가공이 용이하고, 조립시공이 쉬우며, 부식이 적다.
	철	재료비가 염가이지만 소재의 정밀도, 방청 등 문제점이 발생한다.
	스테인리스	재료비가 고가이지만 부식이 없고, 변형이 적다.
PC 커튼월	콘크리트	수축, 팽창이 적으며, 열전도율이 낮다.
	G.P.C	석재와 콘크리트를 일체화시킨 P.C를 공장제작하여 현장에서 접합한다.
	T.P.C	타일과 콘크리트를 일체화시킨 P.C를 공장제작하여 현장에서 접합한다.

(2) 외관형태별 분류

종 류	특 징
샛기둥방식 (mullion type)	① 수직기둥을 노출시키고, 그 사이에 유리창이나 스팬드럴 패널을 끼우는 방식 ② 외관에 있어 수직 강조 예 3.1 빌딩
스팬드럴방식 (spandrel type)	① 수평선을 강조하는 창과 스팬드럴의 조합으로 이루어지는 방식 ② 외관에 있어 수평을 강조 예 국제빌딩, 동방생명빌딩

종 류	특 징
격자방식 (grid type)	① 수직·수평의 격자형 외관을 노출시키는 방식 ② 외관에 있어 수직·수평 강조 예 63빌딩
피복방식 (sheath type)	① 구조체가 외부에서 나타나지 않게 패널로 은폐시키고, 새시가 패널 안에서 끼워지는 방식 예 L.G 트윈빌딩

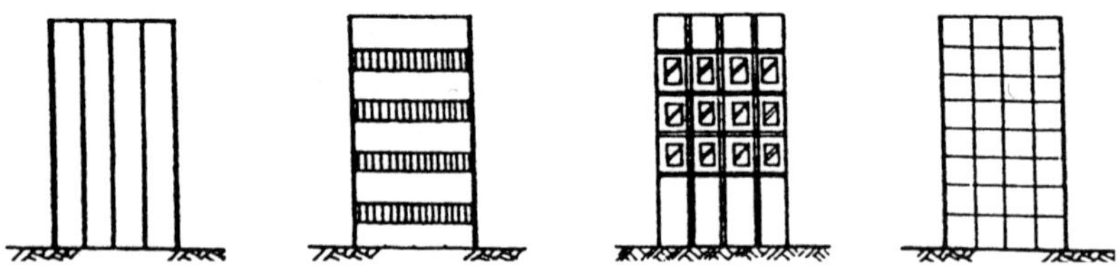

〈Mullion type〉 〈Spandrel type〉 〈Grid type〉 〈Sheath type〉

(3) 파스너(fastener)의 긴결방식

파스너는 커튼월을 구조체에 긴결시키는 부품을 말하며, 외력에 대응할 수 있는 강도를 가져야 하며 설치가 용이하고 내구성, 내화성 및 층간변위에 대한 추종성이 있어야 한다.

설 치 방 식	내 용
슬라이드 방식(slide type)	커튼월 상부가 슬라이딩되도록 하는 방식
회전방식(locking type)	커튼월 하부 중앙부를 핀으로 지지하는 방식
고정방식(fixed type)	커튼월 상하부를 용접으로 고정하는 방식

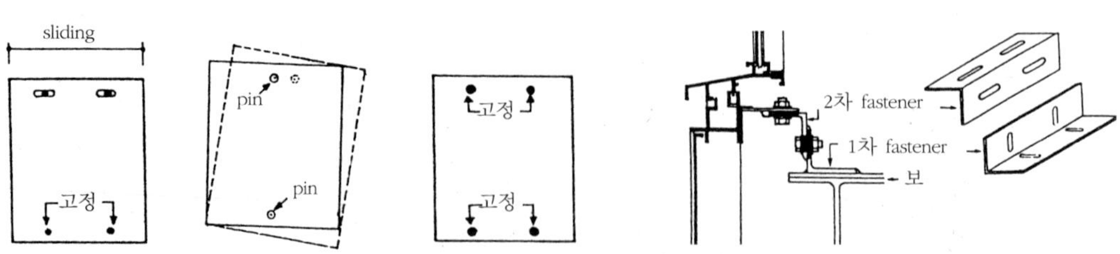

〈sliding 방식〉 〈locking 방식〉 〈fixed 방식〉 〈fastener 방식〉

3. 부착순서

① 파스너 설치 → ② 멀리온 부착 → ③ 횡재의 부착 → ④ 패널 끼우기 → ⑤ 유리끼우기 → ⑥ 실(seal)부착 → ⑦ 청소(보양)

4. 커튼월의 누수처리 대책

(1) closed joint system

정 의	커튼월 유닛의 접합부를 seal재로 완전히 밀폐시켜 틈을 없이 해서 처리하는 방식
특 징	① 누수의 원인 중의 하나인 틈새를 없애는 것을 목적으로 하는 방식 ② 누수를 외측면에서 차단하여 소재의 수명 연장 ③ 부재 내측면 내후성 증가 ④ 중 · 고층 건물에 적합하며 국내에서 주로 채택하는 방식 ⑤ 외부 누수에 대비하여 내부에 배수구 설치

(2) open joint system

정 의	벽의 외측면과 내측면 사이에 공간을 두어 옥외의 기압과 같은 기압을 유지하게 하여 배수하는 방식
특 징	① 틈을 통해서 물을 이동시키는 압력차를 없애는 등압이론 이용 ② 기밀층(공기층)은 풍압에 충분히 견딜 수 있는 구조 ③ 표면재의 내측에 기압을 생기게 하기 위해 내벽은 기밀 유지 ④ 외벽에 물끊기를 설치하면 더욱 효과적 ⑤ 초고층 건물에 채택

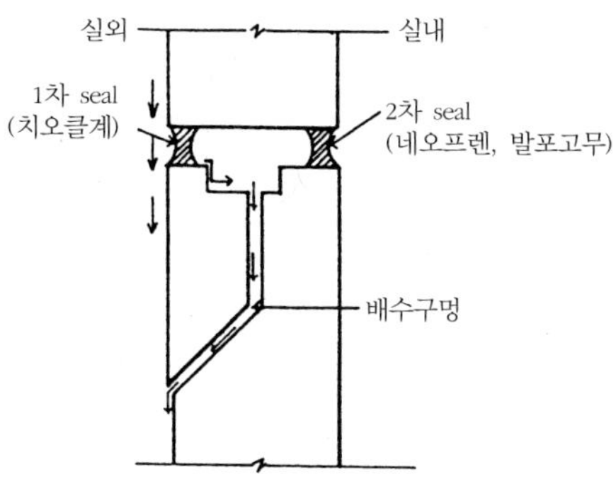

〈Closed joint system〉

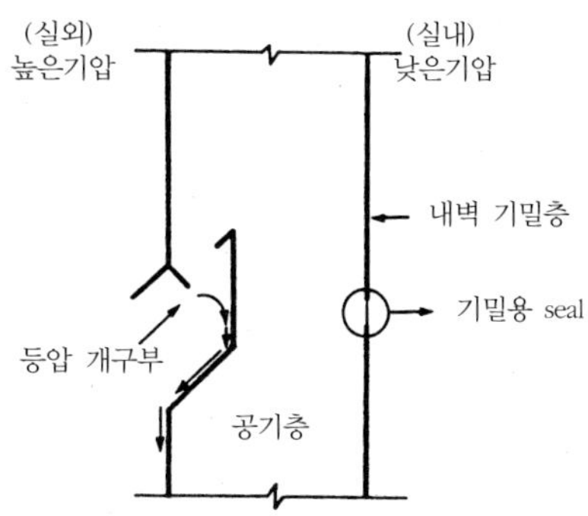

〈Open joint system〉

제13장 기타 공사

Ⅰ. 도장공사

Ⅱ. 수장공사

I. 도장공사

1. 일반사항

구분	내용
칠(도장)의 목적	① 건물의 보호 ② 미적 효과 ③ 성능의 부여 : 방부성, 내수성, 내열성, 방음성, 내화학성능
도료 선택상 고려사항	① 도장하고자 하는 물체의 사용목적 ② 표면의 재료 ③ 도장시의 기후적 조건 및 경제성
도료 보관상 주의사항	① 직사광선이 들지 않게 보관 ② 밀폐된 용기에 보관 ③ 환기가 잘 되는 곳에 보관 ④ 화기로부터 먼 곳에 보관
도장공사시 주의사항	① 눈, 비가 내릴 때, 바람이 강하게 부는 날은 작업하지 않는다. ② 기온이 5℃ 미만이거나 상대습도가 85%를 초과할 때는 작업하지 않는다. ③ 바름두께는 얇게 여러 번 칠하고, 급격한 건조를 피한다. ④ 칠하는 횟수(초벌, 재벌, 정벌)를 구분하기 위해 색을 바꾸는 것이 좋다.

2. 도료의 종류별 특성

(1) 종류

종 류		도료 성분	특 징
수용성	수성 페인트	[안료+교착제+물] (교착제 : 아교, 전분, 카세인)	내알칼리성, 무광택, 내수성에 약함.
	에멀션 페인트	[수성 페인트+유화제+합성수지]	내수성, 내구성(수성 페인트 일종)
유성 페인트		[안료+건성유+건조제+희석제]	내후성, 내마모성, 알칼리에 약함.
바니시	유성 바니시	[수지+건성유+건조제]	비내후성, 건조가 더딤
	휘발성 바니시	[수지+휘발성 용제]	• lake : 천연수지 주체 • lacquer : 합성수지 주체
래커	투명 래커	[수지+휘발성용제+초화면]	• 건조가 빠르므로 뿜칠 시공 • 도막이 얇고, 부착력이 적음. • 도막이 견고하고, 고가임. • 내수성, 내마모성, 내구성, 내후성
	래커 에나멜	[투명 래커+안료]	

종 류	도료 성분	특 징
에나멜 페인트	[안료+유성 바니시]	• 내수성, 내후성, 도막 견고
합성수지 도료	염화비닐, 실리콘, 멜라민, 에폭시, 페놀, 아크릴, 알키드	• 조기건조, 도막견고, 방화성 • 내산, 내알칼리, 투광성

(2) 수성 페인트칠

특 징 (장 점)	① 건조가 빠르다. ② 물을 용제로 사용하므로 공해가 없고, 경제적이다. ③ 알칼리성 재료에 도포가 가능하다. ④ 도포방법이 간단하여 보관의 제약이 간소하다.	
종 류	① 유기질 수성페인트	도장하기 전에 물을 가하여 체로 걸러 사용(습기가 없는 곳에서만 사용)
	② 무기질 수성페인트	마그네시아 시멘트, 백시멘트를 수성페인트의 고착재로 사용(실내외 모두 사용)
	③ 에멀션 페인트	수성페인트에 합성수지와 유화제를 섞은 것.

(3) 유성 페인트칠

① 재료

재 료	종 류
기름(용제, 油)	㉮ 아마유(亞麻油) - 아마(flax)의 씨 ㉯ 오동유(梧桐油) - 오동실 ㉰ 들기름(perilla oil) - 들깨씨 ㉱ 삼씨기름(hemp oil) - 삼씨 ㉲ 콩기름(大豆油)
희석제 (=신전제, 휘발성 용제)	㉮ 송진 건류품 - 테레핀유(oil of terepinth) ㉯ 석유 건류품 - 휘발유, 벤진(benzin), 석유 ㉰ 콜타르 증류품 - 벤졸(benzol), 솔벤트 ㉱ 알코올 - 에틸알코올, 메틸알코올 ㉲ 에스테르 - 초산아밀, 초산부틸 ㉳ 송근 건류품 - 송근유
건조제(乾燥劑)	리사지(litharge), 연단, 수산화망간, 붕산 망간, 염화코발트
안료(顔料)	㉮ 백색 - 아연화 ㉯ 빨강 - 연단, 산화제이철 ㉰ 노랑 - 아연노랑 ㉱ 파랑 - 코발트청(cobalt blue)

② 종류(반죽 정도에 따른)

㉮ 된반죽 페인트(stiff pasted paint)

㉯ 중반죽 페인트(semipasted paint)

㉰ 조합 페인트(ready mixed paint)

(4) 바니시(varnish)칠

- 바니시
  - 기름(유성)바니시
    - 스파 바니시
    - 코팔 바니시
    - 골드 사이즈
    - 흑바니시
  - 휘발성 바니시
  - 래커 바니시

① 개요

㉮ 바니시란 천연수지, 합성수지 또는 역청질 등을 건성유와 같이 열반응시켜 건조제를 넣고 용제에 녹인 것을 말한다.

㉯ 바니시는 천연수지와 휘발성 용제를 섞어 투명 담백한 막으로 되고, 기름이 산화되어 휘발성 바니시, 기름 바니시, 래커 바니시로 나눈다.

② 종류 및 특징

종 류	특 징
스파 바니시 (spar varnish)	내수성, 내마모성이 우수하여 목부 외부용으로 많이 사용
코팔 바니시 (copal varnish)	건조가 빠르고, 목부 내부용으로 사용
골드 사이즈 바니시 (gold size varnish)	건조가 빠르고, 연마성이 좋음.
흑바니시 (black varnish)	미관상 관계없는 곳의 방청 · 내수 · 내약품용 등으로 쓰임.

(5) 방청도료(녹막이)칠의 종류

① 광명단 : 철재 녹막이용

② 징크로메이트 도료 : 알루미늄, 아연철판의 녹막이 초벌용

③ 아연 분말 도료

④ 알루미늄 도료

⑤ 역청질(瀝靑質) 도료

⑥ 산화철(酸化鐵) 녹막이 도료 : 마무리용

3. 칠(도장)공법의 종류

<table>
<tr><th>종 류</th><th>도 구</th><th colspan="2">특 징</th></tr>
<tr><td>솔 칠</td><td>솔</td><td colspan="2">가장 일반적인 공법이며, 건조가 빠른 래커 등에는 부적당하다.</td></tr>
<tr><td>롤 러 칠</td><td>롤러</td><td colspan="2">천장이나 벽면처럼 평활하고 넓은 면을 칠할 때 유리하며, 작업시간이 타공법에 비해 간소하다.</td></tr>
<tr><td>문지름칠</td><td>솜, 헝겊</td><td colspan="2">면이 고르고 광택을 낼 때 사용</td></tr>
<tr><td>뿜 칠</td><td>스프레이건</td><td>주의
사항</td><td>① 스프레이건의 위치는 면에 직각이 되도록 평행이동시켜 운행
② 뿜칠 거리는 약 30cm로 한다.
③ 운행시 약 1/3씩 겹쳐서 바르도록 한다.</td></tr>
</table>

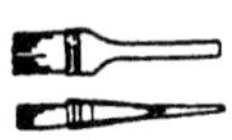
〈솔칠〉

〈롤러칠〉

〈문지름칠〉

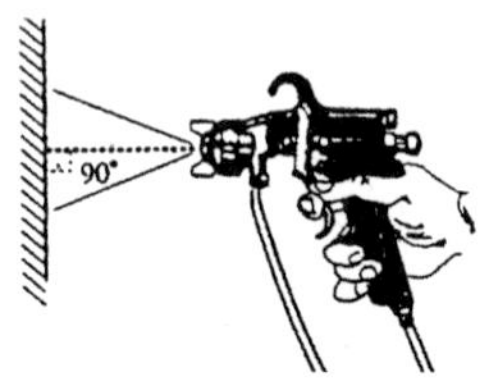

〈뿜칠〉

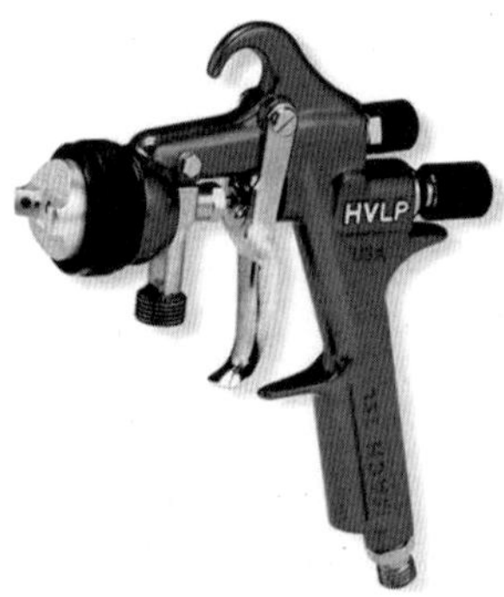

〈스프레이건〉

4. 각종 바탕만들기

(1) 개요

도료가 바탕에 부착을 저해하거나 부풀음, 터짐, 벗겨지는 원인이 될 수 있는 요소는 유분, 수분, 진, 금속 녹 등이 있다.

(2) 바탕만들기 순서

바 탕 면	순 서
목부바탕 처리방법	① 오염, 부착물의 제거 ② 송진처리(긁어내기, 휘발유 닦기) ③ 연마지 닦기 ④ 옹이땜(셀락니스칠) ⑤ 구멍땜(퍼티먹임)
철부 바탕 처리방법	① 오염 부착물 제거 ② 유류제거(휘발유, 비눗물 닦기) ③ 녹제거(샌드블라스트, 와이어 브러시) ④ 화학처리 ⑤ 피막마무리(연마지)
플라스터 회반죽, 모르타르, 콘크리트면 처리방법	① 건조 ② 오염 부착물 제거 ③ 구멍땜(석고) ④ 연마지 닦기

〈퍼티 먹임 장면〉

5. 도장(칠하기)

(1) 수성 페인트 순서

3 공 정	① 바탕만들기 → ② 초벌 → ③ 정벌
5 공 정	① 바탕만들기 → ② 바탕누름 → ③ 초벌 → ④ 연마 → ⑤ 정벌

(2) 유성 페인트 순서

목부 바탕	① 바탕만들기 → ② 연마 → ③ 초벌칠 → ④ 퍼티먹임 → ⑤ 연마 → ⑥ 재벌칠 1회 → ⑦연마 → ⑧ 재벌칠 2회 → ⑨ 연마 → ⑩ 정벌칠
철부 바탕	① 바탕처리 → ② 녹막이칠 → ③ 연마지 닦기 → ④ 구멍땜 및 퍼티먹임 → ⑤ 재벌 → ⑥ 정벌칠

(3) 바니시(니스)칠 순서

일반적 공정	① 바탕처리 → ② 눈먹임 → ③ 색올림 → ④ 왁스 문지름
목재면 외부 공정	① 바탕처리 → ② 눈먹임 → ③ 초벌착색 → ④ 연마지 닦기 → ⑤ 정벌착색 → ⑥ 왁스 문지름

Ⅱ. 수장공사

1. 도배공사

(1) 준비작업

① 시공 전 72시간, 시공 후 48시간 경과시까지는 온도가 16℃ 이상 유지한다.(평상시 보관온도는 4℃)

② 바탕면 건조상태(특히, 석고보드 곰팡이 발생, 미장보수 부위 미건조 등)를 확인한다.

③ 녹발생 예상 부위는 방청도료 등으로 바탕처리한다.

④ 이음 부위, 갓둘레 부위 들뜸 방지조치 및 풀칠을 제거한다.

(2) 풀칠방법

종 류	방 법
봉투바름	종이 주위에 풀칠하여 붙이고, 주름은 물을 뿜어둔다.
온통바름	종이 전부에 풀칠하며, 순서는 중간부터 갓둘레로 칠해나간다.
비늘바름	종이 한쪽부분에 풀칠하는 것

〈봉투바름〉 〈온통바름〉

(3) 벽도배 시공순서

① 바탕처리 → ② 초배지 바름 → ③ 재배지 바름 → ④ 정배지 바름

2. 바닥공사

(1) 리놀륨 깔기

① 시트류의 신축이 끝날 때까지 충분한 기간 동안 임시로 펴놓은 다음 접착제를 바탕면에 발라 들뜸이 없이 펴 붙인다.

② 시공순서

① 바탕처리 → ② 깔기계획 → ③ 임시깔기 → ④ 정깔기 → ⑤ 마무리

(2) 온수난방 온돌공사 시공순서

① 바닥콘크리트
② 방습층 설치
③ 단열재 깔기
④ 자갈 채움
⑤ 버림콘크리트
⑥ 파이프 배관
⑦ 미장모르타르
⑧ 장판지 마감

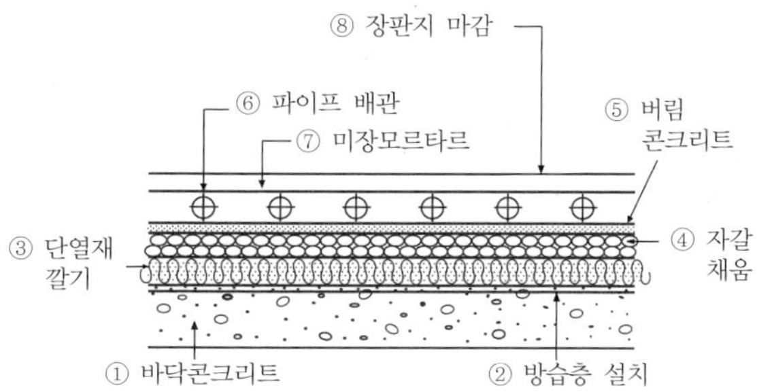

〈온수난방 온돌공사〉

(3) 액세스 바닥(access floor)

① 정의

정방형의 바닥 패널을 받침대로 지지시켜 만든 이중바닥구조로서 공조설비, 배관설비, 전기, 컴퓨터 설비 등의 설치와 유지관리, 보수의 편리성과 용량조정 등을 위하여 사용된다.

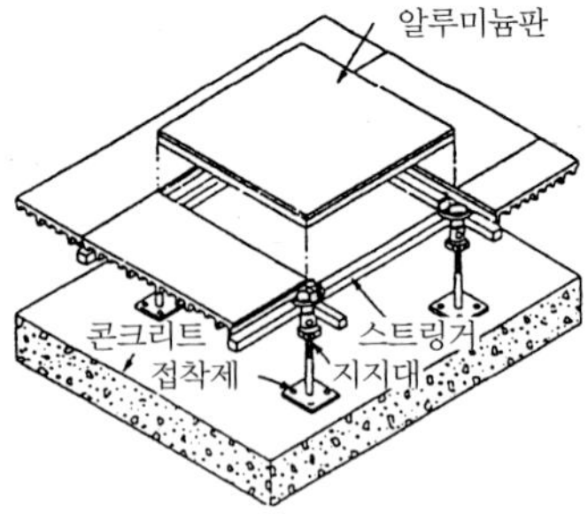

② 특징

㉮ 쾌적한 사무환경 조성
㉯ 보수용이 및 유지관리 유리
㉰ 선로의 소음을 차단하는 효과
㉱ 제품의 표준화, 규격화, 단일화
㉲ 정전기에 대한 효과

3. 단열공사

(1) 단열공법의 종류

종 류		특 징
벽 설치 위치	① 외단열	단열재를 구조체 외측, 외벽에 시공 설치하는 공법
	② 내단열	단열재를 구조체 내부에 설치 시공
	③ 중단열	단열재를 구조체 중간에 설치
시공공법	① 성형판 단열재 붙임공법	구조체 동시 타설 가능, 접합부의 수가 적으므로 습기투과 방지 가능
	② 현장발포공법	발포수지(우레아폼)가 대표적이다. 복잡한 형상의 공간에도 골고루 압입주입이 가능
	③ 뿜칠공법	어떤 복잡한 형상의 단면에도 골고루 시공이 가능하다.

(2) 단열재의 구비조건

① 열전도율이 낮을 것.
② 흡수성이 낮을 것.
③ 투습성이 적고, 내화성이 있을 것.
④ 비중이 작고 상온에서 가공성이 좋을 것.
⑤ 내후성, 내산성, 내알칼리성 재료로 부패되지 않을 것.
⑥ 균질한 품질과 가격이 저렴할 것.
⑦ 유독가스 발생이 적고 인체에 유해하지 않을 것.

4. 결로 발생원인과 대책

(1) 정의

실내온도가 낮고 상대습도가 높을 때 발생하며, 실내·외의 기온차가 클수록 많이 발생한다. 한여름과 한겨울에 특히 심하게 나타나게 된다.

(2) 발생원인

① 기후조건(온도, 일사, 바람 등)에 따라 결로 발생
② 건축물이 밀집되어 일조량, 통풍이 나쁠 때 결로 발생
③ 건축물의 단열 불량 및 방습층 부족과 열화
④ 내장재의 방습성능 부족 및 건조 불량
⑤ 생활습관에 의한 실내 수증기 배출
⑥ 콘크리트, 새시, 방습층 등의 기밀성 부족

(3) 방지대책

① 열관류율 및 투습성이 적은 단열재 사용
② 냉교 발생 부위 및 단열재 관통부 주변의 단열보강
③ 우각부 및 벽 내부 코너의 이중단열
④ 실내의 온도변화를 적게 하고 각 실의 온도를 균일화할 것.
⑤ 겨울에는 실내온도를 낮게, 여름에는 실내온도를 높게 유지할 것.
⑥ 방습층 설치 및 이음부의 철저한 시공

5. 해체공사

(1) 해체의 필요성

기능적 측면	토지효율 극대화, 저층을 고층으로, 인텔리전트 빌딩화
설비적 측면	전기, 가스, 급배수, 냉난방의 노후화, 기능저하에 의한 필요성
내구적 측면	사용수명, 내용연한이 다한 건물의 해체
사회적 측면	법규에 의한, 공익을 위한, 정책에 의한 해체 필요성 제기

(2) 해체에 따른 공해방지 대책

① 소음 및 진동에 따른 대책 수립
② 분진발생 억제 대책 수립
③ 지반침하에 대한 대비책 강구
④ 폐기물 처분에 주의

(3) 해체공법의 종류

종 류	내 용
기계적 충격	breaker 이용, 천공기, steel ball에 의한 방안
유압에 의한 방법	재키, 압쇄기, 파쇄기, 강재 대형 절단기
화약에 의한 방법	폭파해체법
정적 파쇄법	생석회 이용, 새로운 파쇄제에 의한 해체

〈breaker에 의한 해체 장면〉

〈압쇄기에 의한 해체 장면〉

〈절단공법 장면〉

〈폭파해체 장면〉

부 록

베노토공법의 시공 장면
지반 팽이말뚝공법공사 시공 장면
철근콘크리트공사 시공 장면
유로폼 공정절차
프리스트레스콘크리트공사 시공 장면
철골공사 시공 장면
경량철골반자틀공사 시공 장면
ALC블록공사 시공 장면
내부벽체 및 바닥 돌붙임공사 시공 장면
타일붙이기 공사 시공 장면
시트방수공사 시공 장면

1. 베노토공법의 시공 장면

(1) 케이싱(외관) 튜브 삽입 장면

(2) 굴착 장면

(3) 배수모터 삽입 및 외관 내 청소작업

(4) 철근망 삽입 장면

(5) 트레미관 삽입 장면

(6) 콘크리트 호퍼 설치 후 콘크리트 타설

2. 지반 팽이말뚝공법공사 시공 장면

(1) 팽이말뚝 현장반입

(2) 팽이말뚝 현장적재

(3) 팽이말뚝 고정 기준철근 시공

(4) 팽이말뚝 지반에 매입

(5) 팽이말뚝 위에 잡석다짐시공

(6) 팽이말뚝 위에 철근배근시공

(7) 팽이말뚝 시공완료 후 장면

3. 철근콘크리트공사 시공 장면

(1) 기둥철근배근 작업

(2) 기둥에 벽철근배근 작업

(3) 기둥에 벽철근배근 작업

(4) 철근 방청(부식방지) 시공 장면

(5) 거푸집 작업완료

(6) 시멘트 저장창고

(7) 콘크리트타설 장면

(8) 콘크리트 이음줄눈 장면

(9) 콘크리트타설 후 기계마감 장면

4. 유로폼 공정절차

(1) 기존 유로폼 수리 전

(2) 기존 유로폼 탈착

(3) 기존 유로폼 교정작업

(4) 기존 유로폼 쇼트 전 장면

(5) 기존 유로폼 쇼트 후 장면

(6) 기존 유로폼 디핑 전

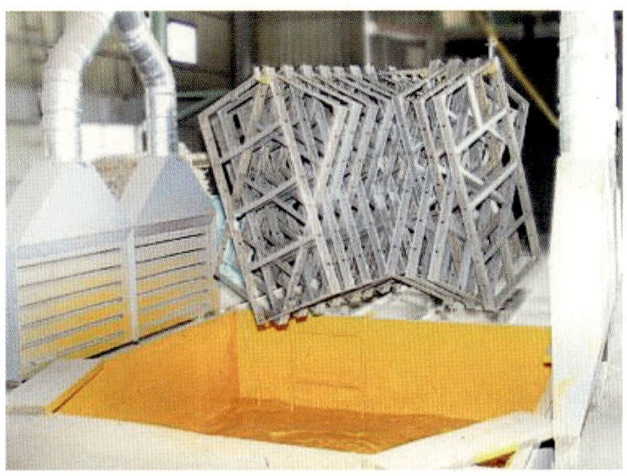

(7) 기존 유로폼 디핑 후 장면

(8) 유로폼 조립 장면

(9) 유로폼 공정 후 적재 장면

5. 프리스트레스콘크리트공사 시공 장면

(1) 프리스트레스 라인작업장 장면

(2) 철근배근 및 형틀설치 장면

(3) PS강선 상세 장면

(4) PS강선 설치작업 장면

(5) PS강선 인장하는 장면

(6) 프리스트레스콘크리트 시공완료 장면

6. 철골공사 시공 장면

(1) 철골부재 절단 장면

(2) 철골부재 먹매김 장면

(3) 철골부재 구멍뚫기 완료

(4) 철골부재 녹막이칠 작업

(5) 철골기둥 용접접합 완료

(6) 철골주각부 베이스플레이트 완료

(7) 철골세우기

(8) 철골기둥 수직도 조정작업

(9) 철골 완료 후 내화피복 작업

7. 경량철골반자틀공사 시공 장면

(1) 인서트 설치

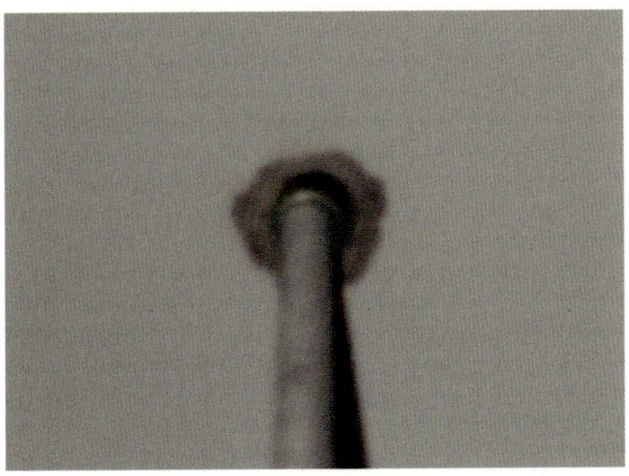

(2) 행거볼트 설치

(3) 반자틀 설치

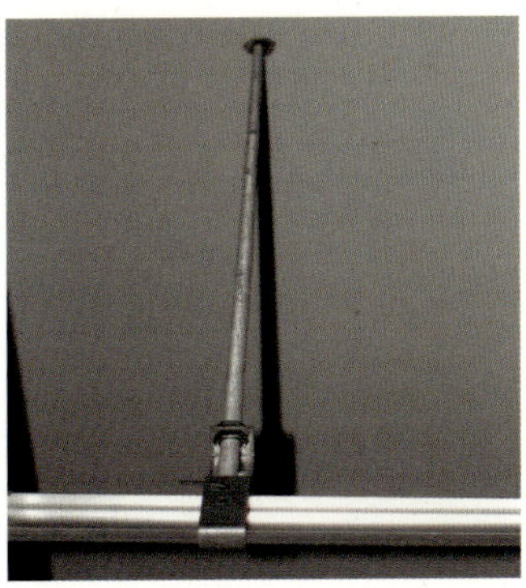

(4) MS바 설치

(5) 반자틀 위 아미텍스마감

8. ALC블록공사 시공 장면

(1) 바닥고름 작업 및 방습지 설치

(2) 삽을 이용한 접착모르타르 바르기

(3) 블록쌓기 시공

(4) 블록절단 작업

(5) 조적면 수평보기

(6) ALC블록 시공완성 장면

(7) ALC블록 미장마감 장면

(8) ALC블록 시공완성 장면

9. 내부벽체 및 바닥 돌붙임공사 시공 장면

(1) 벽체 프레임 설치작업

(2) 벽체 돌붙임 완성 장면

(3) 바닥 돌붙임 전 모르타르 시공 장면

(4) 바닥 돌붙임 시공 장면

(5) 바닥 돌붙임 완성 장면

10. 타일붙이기 공사 시공 장면

(1) 벽바탕 모르타르 바름 장면

(2) 벽바탕 모르타르 바름 장면

(3) 벽타일 치장줄눈마감 시공

(4) 바닥바탕 모르타르 바름 장면

(5) 바닥타일 붙이기시공

11. 시트방수공사 시공 장면

(1) 방수바탕면 보강 장면

(2) 프라이머 도포 장면

(3) 코너부위 보강 장면

(4) 바닥에 시트부착 장면

(5) 벽에 시트부착 장면

(6) 시트이음부 보강 장면

(7) PE필름 깔기 장면

(8) 시트 위 누름콘크리트 타설 장면

스마트 건축시공

2021년 3월 10일 1판 1쇄 발행
2023년 9월 10일 1판 2쇄 발행

저　　자　김창훈 · 박 신
　　　　　조병후 · 최순묵

발 행 인　강 해 작
발 행 처　기 문 당
주　　소　서울시 성동구 무학봉28길 4-1
전　　화　02)2295-6171(代)~5
팩　　스　02)6971-8188
출판등록　1976. 10. 7(1-44)
홈페이지　http://www.kimoondang.com
I S B N　978-89-6225-902-5　93540